普通高等教育“十三五”规划教材

Web应用&移动应用开发系列规划教材

Java EE YINGYONG KAIFA JIAOCHENG

Java EE应用开发教程

编　著　吴志祥　张　智　曹大有
　　　　焦家林　赵小丽
参　编　肖　念　鲁屹华　王　静
　　　　王晓锋　惠　苗　柯　鹏

華中科技大學出版社
http://www.hustp.com
中国·武汉

内 容 提 要

本书系统地介绍了Java EE应用开发的基础知识和实际应用，共分9章，包括Web应用开发基础知识、JSP技术、Servlet与MVC开发模式、表现层框架Struts 2、Hibernate和MyBatis等ORM框架、Spring框架与SSH整合、Spring MVC框架、企业级Java Bean开发和项目管理工具Maven的使用等。

本书以实用为出发点，其内容从简单到复杂，循序渐进，结构合理，逻辑性强。每个知识点都有精心设计的典型例子说明其用法，每章配有标准化的练习题及其答案、实验指导。与本书配套的教学网站，包括教学大纲、实验大纲、各种软件的下载链接、课件和案例源代码下载、在线测试等。

本书可以作为高等院校计算机专业和非计算机专业学生的Web开发教材，也可以作为Web编程爱好者的参考书。

图书在版编目(CIP)数据

Java EE应用开发教程/吴志祥等编著. —武汉：华中科技大学出版社，2016.8(2021.12重印)
普通高等教育“十三五”规划教材
ISBN 978-7-5680-1495-3

Ⅰ. ①J… Ⅱ. ①吴… Ⅲ. ①JAVA语言-程序设计-高等学校-教材 Ⅳ. ①TP312.8

中国版本图书馆CIP数据核字(2015)第321878号

Java EE应用开发教程
Jave EE Yingyong Kaifa Jiaocheng

吴志祥　张　智　曹大有　焦家林　赵小丽　编著

策划编辑：康　序
责任编辑：史永霞
封面设计：孢　子
责任监印：朱　玢
出版发行：华中科技大学出版社(中国·武汉)　　电话：(027)81321913
武汉市东湖新技术开发区华工科技园　　邮编：430223
录　　排：华中科技大学惠友文印中心
印　　刷：武汉开心印印刷有限公司
开　　本：787mm×1092mm　1/16
印　　张：18.25
字　　数：455千字
版　　次：2021年12月第1版第3次印刷
定　　价：42.00元

前　言

目前，市场上关于 Java EE 的相关书籍比较多，但真正从零基础开始、内容简明而又系统的教材并不多见。为此，笔者组织一线相关教师编写了这本符合高校教学需要的 Java EE 教材。

本书系统地介绍了 Java EE 应用开发的基础知识和实际应用，共分 9 章，包括 Web 应用开发基础知识、JSP 技术、Servlet 与 MVC 开发模式、表现层框架 Struts 2、Hibernate 和 MyBatis 等 ORM 框架、Spring 框架与 SSH 整合、Spring MVC 框架、企业级 Java Bean 开发和项目管理工具 Maven 的使用等。其内容从简单到复杂，循序渐进，结构合理，逻辑性强。

本书以实用为出发点，每个知识点都有精心设计的典型例子说明其用法，每章后配有习题及实验。与本书配套的教学网站，包括了教学大纲、实验大纲、各种软件的下载链接、课件和案例源代码下载、在线测试等，极大地方便了教与学。

本书写作特色鲜明，一是教材结构合理，作者对教材目录设置进行了深思熟虑的推敲，在正文中指出了相关章节知识点之间的联系；二是知识点介绍简明，例子生动并紧扣理论，很多例子是作者精心设计的；三是在教材中通过大量的截图，清晰地反映了用户库、jar 包、软件包、类(或接口)四个软件层次；四是通过综合案例的设计与分析，让学生综合使用 Java EE 应用开发的各个知识点；五是有配套的上机实验网站，包括实验目的、实验内容、在线测试(含答案和评分)和素材的提供等。

本书可以作为高等院校计算机专业和相关专业学生学习“Java EE 架构”等课程的教材，也可以作为 Web 开发者的参考书。

Java EE 开发比其他 Web 开发门槛高，具体表现在以下几个方面。

(1) 对 Java 编程知识有较高要求，如 Java 集合框架、泛型、可变参数、单例模式与工厂模式等，在 Java EE 开发中均会涉及。

(2) Java Web 项目可以使用不同的框架方式，它们依赖大量的 jar 包，其版本的不同可能带来问题。例如，使用 Spring MVC 3.2 完成的项目，换成 Spring MVC 4.1 后，可能会由于 JSON 包的版本没有相应提升而出现 Ajax 请求失效的现象。

(3) 各种框架在提高开发效率的同时，也屏蔽了许多技术细节，如基于对象查询的 Hibernate 框架、实现系统松耦合、易于维护的 Spring 框架。

(4) Java EE 开发所涉及的软件和技术特别多，如集成开发环境、数据库、构建企业级应用的多种服务器软件、CSS 样式技术、JS 技术、 Ajax 技术和管理项目 jar 的 Maven 技术等。

(5) 需要掌握单元测试和动态调试模式的使用，特别是后者，以便在程序运行中出现异常时能跟踪调试。

本书由吴志祥和张智老师整体构思，并与曹大有、焦家林和赵小丽等老师共同编著，具体分工如下：曹大有老师完成了第一、二章的编写，赵小丽老师完成了第三、九章的编写，吴志祥和张智老师共同完成了第四、五、六章的编写，焦家林老师完成了第七、八章的编写。

本书可以作为高等院校计算机专业和非计算机专业学生的 Web 开发教材，也可以作为 Web 编程爱好者的入门参考书。

获取本书配套的课件、案例源代码等教学资料，可访问 http://www.wustwzx.com。

强烈建议使用 MyEclipse 2013 及以上版本，最好能使用 MyEclipse 2016。

需要特别感谢的是孙陈同学，他全程参与了教材案例的设计与测试。

由于编者水平有限，书上错漏之处在所难免，在此真诚欢迎读者多提宝贵意见，读者可通过访问作者的教学网站 http://www.wustwzx.com 与作者 QQ 联系，以便再版时更正。

编者

2016 年 8 月于武汉

目 录

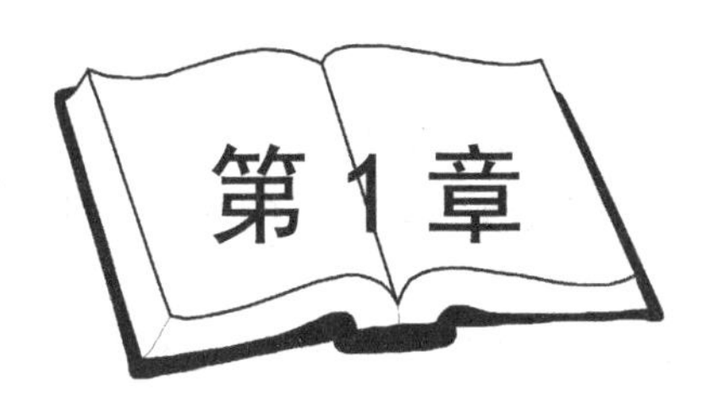

Web 应用开发基础

计算机的应用经历了从桌面型(指安装在本机上运行的桌面软件，即单机版本)到多用户型(指一台主机带若干终端，即多用户版本)再到 Web 型(指采用 B/S 体系的网站系统)，最终延伸到以手机客户端为代表的移动平台系统。Web 应用使人们超越了时间、地理位置的限制，可以方便地处理各种各样的信息。

作为 Web 应用开发的基础，本章主要介绍了 B/S 体系的含义、搭建 Java Web 应用开发环境和使用 JDBC 方式访问 MySQL 数据库；此外，还介绍了 Java 单元测试和动态调试方法。学习要点如下：

- 理解 Web 应用与传统的桌面应用方式的不同；
- 掌握 Java Web 服务器的运行环境；
- 掌握 MyEclipse 开发环境的使用；
- 掌握使用 JDBC 访问 MySQL 数据库的方法；
- 掌握 Java 单元测试和动态调试的使用方法。

1.1 网站与网页基础

1.1.1 Web 应用体系与 B/S 模式

在 Internet 网站中，存放着许多服务器，最重要的服务器是 Web 服务器，客户端通过浏览器等软件来访问 Web 服务器里的网站。

访问网站，最终是对网站里网页的访问。通过访问网页，人们能够查询所需要的信息，也能提交信息并将其保存在数据库服务器里。

网页分为静态网页与动态网页两种。静态网页采用 HTML 的标签语言编写，动态网页除了包含静态的 HTML 代码外，还包含了只能在服务器端解析的服务器代码。动态网页是与静态网页相对应的，通常以.aspx、.jsp、.php 等作为扩展名，而静态网页通常以.html 作为扩展名。

注意：

(1) 动态网页与网页上的各种动画、滚动字幕等视觉上的动态效果没有直接关系，动态网页是采用动态网站技术生成的网页，它可以是纯代码。

(2) 动态网页需要使用某种运行于服务器端的脚本语言编写。脚本分为客户端脚本与服务器端脚本两大类，第 1.1.4 小节将介绍 JavaScript 客户端脚本，第 2 章的 JSP 页面里包含 JSP 服务器脚本。

包含动态网页的网站称为动态网站，其主要特征是服务器能实现与客户端的交互、数据库存储等。

在 B/S 中，客户端使用浏览器等应用程序与 Web 服务器进行通信，并使用超文本传送 HTTP (hypertext transfer protocol)。

网络协议是分层的。其中，HTTP 是建立在 TCP 之上的一种应用层协议，Web 应用中使用 HTTP 作为应用层协议，用以封装 HTTP 文本信息，然后使用传输层协议 TCP/IP 将客户端与 Web 服务器之间的通信信息发到网络上。

注意：在网络应用中，除了 B/S 模式，还有 C/S 模式。C/S 模式的一个典型例子是学校内部的刷校园卡消费系统，刷卡终端与服务器连接的形式采用硬件终端的形式。

1.1.2 常用 HTML 标记及其使用

HTML(hypertext markup language)，即超文本标记语言，用于描述 Web 页面的显示格式。在 HTML 中，所有的标记符都是用一对尖括号括起来的，绝大部分标记符是成对出现的，包括开始标记符和结束标记符。开始标记符和相应的结束标记符定义了该标记符作用的范围。结束标记符与开始标记符的区别是结束标记符在<号之后有一个斜杠。例如，定义一个向上滚动的新闻的 HTML 代码为：

```
<marquee width="300" height="280" direction="Up">滚动新闻文本</marquee>
```

除了<marquee>标记外，常用的 HTML 标记如下。

- 超链接标记<a>：用于设计超链接。
- 区隔标记<span>：用于修饰特定的文本。
- 区块标记<div>：具有 float、padding 和 margin 等 CSS 样式属性，这些 CSS 样式属性是<span>不具备的。
- 图像标记<img>：用于引入图像。
- 段落标记<p>：可以对一个段落应用 CSS 样式。
- 换行标记
：起换行作用，单标记名后的斜杠表示自闭。
- 列表标记<ul>或<ol>：需要配合<li>标记使用。
- 表格标记<table>、<tr>、<td>和<th>：常用于数据显示。
- 面内框架标记<iFrame>：定义页内框架。
- 表单标记<form>：需要内嵌若干<input>标记。

注意：在客户端，页面呈现的过程就是浏览器程序解释 HTML 标记的过程。

表单常用来制作客户端的信息录入界面或登录界面。当用户单击“提交”按钮后，浏览器地址栏将出现一个新的 HTTP 请求，跳转至表单处理页面，接收用户提交的信息并做相应的处理。一个表单定义的示例代码如下：

```
<form name="表单名称" method="post" action="表单处理程序" >
    ……  <!--定义接收用户数据输入的表单元素-->
```

```
    <input type="Submit" value="提交">
</form>
```

如果不指定表单的 action 属性值，则默认由本页面自处理。表单自处理的 JSP 页面，参见第 2.4.2 小节项目 MemMana1 里的会员登录页面 mLogin.jsp 等。

对于文件上传表单(使用了标记<input type="file" name="wjy"/>，必须对表单使用属性 enctype="multipart/form-data"。页面浏览时，会出现选择文件的按钮 浏览... ，单击它后出现选择文件对话框。文件上传表单，参见项目 MemMana4 的后台管理功能。

在表单内，还可以用命令按钮来响应客户端的单击事件，其定义方法如下：

```
<input type="button" value=? onClick="客户端脚本方法">
```

注意：

(1) 表单的 method 属性值一般指定为"post"，它也是默认值。

(2) 提交按钮/重置按钮，只能作为表单里的最后元素。

(3) 提交按钮通常是表单必需的，而重置按钮则不然。

(4) 定义表单元素时，一般要使用 name 属性，因为客户端脚本和服务器脚本是按元素名称来获取提交值的。

(5) 在网站开发实务中，对表单提交的数据进行有效性验证的方式有两种，一种方式是定义表单的 onSubmit 事件来实现客户端脚本进行验证(参见案例项目 MemMana1 之会员注册页面 mRegister.jsp)，另一种是在服务器程序中验证。显然，客户端验证可以减轻 Web 服务器的压力，值得推荐。

页面框架是指页面里的一块区域，使用 Div 布局页面时，可以将某个 Div 定义为页内框架，其方法是使用成对的 HTML 标记<iFrame>及</iFrame>，定义格式如下：

```
<div><iFrame src="预载页面" name="框架名"  width=""  height="" ></iFrame></div>
```

其中，src、name、width 和 height 是 iFrame 标记的四个常用属性，但 src 不是必需的。

页内框架应用于超链接中，将链接页面的内容输出到指定的页内框架中，而不是打开一个新窗口，引用方法如下：

```
<a href="目标页面" target="页内框架名">
```

注意：

(1) 使用页内框架，避免频繁打开新窗口，使浏览过程更加连贯，从而改善用户体验。

(2) 使用页内框架的示例，参见项目 MemManal 的主页 index.jsp。

1.1.3 CSS 样式与 Div 布局

1. CSS 样式技术

CSS 是 1996 年底产生的新技术，是 cascading style sheet 的缩写，译名为层叠样式表。CSS 是一组样式，它并不属于 HTML，把 CSS 样式应用到不同的 HTML 标记中，可扩展 HTML 功能，如调整字间距、行间距、取消超链接的下划线效果、多种链接效果等，这是原来的HTML标记无法实现的效果。

使用CSS技术，除了可以在单独网页中应用一致的格式外，对于大网站的格式设置和维护更具有重要意义。将CSS样式定义到样式表文件中，然后在多个网页中同时应用该样式表中的样式，就能确保多个网页具有一致的格式，并且能够随时更新(只需更新样式表文件)，从而大大降低网站的开发和维护工作量。

由于CSS样式的引入，HTML新增了<style>和<span>两个标记，对所有产生页面实体元素的HTML标记都可以使用属性style、class或id来应用CSS样式。

常用的CSS选择器的特性如下。

- 类选择器：在<style>标记内定义时，样式名前缀为“.”，由用户决定哪些对HTML标记使用class属性来应用该样式。
- ID选择器：在<style>标记内定义时，样式名前缀为“#”，对HTML标记使用id属性来应用该样式，且要求应用本ID样式的页面元素是唯一的。
- 标签选择器：在<style>标记内，以HTML标记作为样式名(无前缀)，用来重新定义HTML标记的外观(自动应用于相应的HTML标记)。
- 伪类选择器：对超链接的不同状态的样式的定义，包括a:hover(鼠标位于超链接上时)等。

注意：

(1) 当不涉及JavaScript脚本(含jQuery)时，ID样式与类样式可以互换。ID选择器的唯一性是指应用ID样式的页面元素应当是唯一的。

(2) 对一个页面元素同时应用多种样式时，其选择器名称之间使用空格隔开。

(3) 上面的伪类选择器是复合内容选择器(也称组合选择器)的一种使用形式。

专业的网页设计软件Dreamweaver(以下简称DW)，提供了样式面板，可以进行CSS样式的可视化操作。编辑网页时，使用样式面板可以创建CSS样式。在指定CSS样式属性(字体大小、颜色和行高)、单击“确定”按钮后，将在页面头部产生成对标记<style>和</style>，其代码如下：

```
<style type="text/css">
  .zw {
    font-size: 12px;     /*字体大小，像素为单位*/
    color: #F00;      /*颜色为红色*/
    line-height:20   /*文字的行高*/
}
</style>
```

多个选择器之间使用空格分隔，表示需要根据文档的上下文关系(也称父子关系)来确定HTML标记应用或者避免的CSS样式，即通过CSS样式来实现准确定位。例如：

```
.faces .face1{  /*face1也称后代选择器*/
   /*定义类选择器face1的CSS样式属性*/
```

```
}
.menu {
    /*定义类选择器menu*/
}
.menu ul{
    /*定义作为后代的标签选择器ul的CSS样式属性*/
}
.menu ul li{
    /*定义辈分更低的后代的标签选择器li的CSS样式属性*/
}
.menu ul li a{
    /*定义辈分更低的后代的标签选择器a的CSS样式属性*/
}
```

每个 HTML 标记所生成的页面元素，都有其默认的外观。例如，HTML 标记<a>所产生的超链接，在默认情况下，存在下划线。在实际的网站开发时，通常通过重新定义 HTML 标记<a>样式，可以取消默认的下划线，例如：

```
<style type="text/css">
    a {
        text-decoration: none;    /*取值none时无下划线，取值为underline时有下划线*/
        font-size: 18px;    /*设置链接文字的大小*/
}
</style>
```

与伪类选择器对应的样式称为伪类样式。例如除了 a:hover 外，还有 a:active(超链接被选中时)、a:visited(超链接被访问时)和 a:link(没有被访问时)都是伪类样式。

内联样式是通过 style 属性把 CSS 样式属性键值对引入到定义对象的 HTML 标记，例如：

```
<span style="font-size: 24px; color: red;">文字</span>
```

CSS 滤镜是 CSS 样式的扩展，它能将特定效果应用于文本容器、图片或其他对象。CSS 滤镜通常作用于 HTML 控件元素，如 img、td 和 div 等。

在 CSS 样式中，通过关键字 filter 引入滤镜。例如，对于空间文字，应用 shadow 滤镜可以实现文字的阴影效果，其 CSS 样式的属性如下：

```
filter:shadow(color=cv,direction=dv)
```

其中：滤镜参数 color 表示阴影的颜色，cv 值可使用代表颜色的英文单词，如 red、blue、green 等，也可以使用色彩代码；参数 direction 表示阴影的方向，dv 取值为 0～360。

注意： 不同的浏览器对滤镜的支持是有区别的。例如，Shadow 滤镜只有 IE 浏览器支持，而其他浏览器不支持。

外部样式是指样式的定义在一个单独的文件里，该样式文件以.css 作为扩展名。建立外部样式文件后，可以在网站的每个页面里引用它，用于统一网站风格。

在 DW 中，引用外部样式的一个快捷方法是从站点文件面板拖曳 CSS 样式文件至页面代码窗口里的头部(</title>)，此时会在页面代码窗口里增加如下代码：

```
<link rel="stylesheet" type="text/css" href="带路径的样式文件名.css">
```

2. CSS+Div 布局

在使用 Div 布局的页面里，通常情况下，页面里最外面的那个大 Div，一般需要设置成水平居中，其方法是应用如下的 CSS 样式属性：

```
margin:0 auto;     /*margin-right与margin-left属性值为auto*/
```

当 Div 嵌套时，同一级别的多个 Div，其默认位置关系是上下关系，要改变成左右关系，只需要对同一级别的多个 Div 设置如下的 CSS 样式属性：

```
float:left;     /*并排多个Div*/
```

Div 常用的 CSS 样式属性如表 1.1.1 所示。

表 1.1.1　Div 常用的 CSS 样式属性

CSS 属性名	功 能 描 述
position	定位属性，常用取值为 absolute、relative，默认值为 static
left 和 top	定义左上角点，适用于 absolute 和 relative 两种定位方式，相对父 Div
right 和 bottom	定义右下角点，适用于 absolute 和 relative 两种定位方式，相对父 Div
width 和 height	定义 Div 的宽度和高度，以像素为单位
text-align	定义 Div 里面内容的对齐方式
border	定义 Div 的边框，以像素为单位
background	定义 Div 背景图片
float	浮动，取值 left 或 right，常用于实现 Div 的并排
margin	外填充，用于设置 Div 之间的间距，可按“上右下左”的顺序分别设置
padding	内填充，用于设置 Div 与其内部元素的间距，也可分别设置
overflow	取值为 hidden 时，隐藏超出 Div 尺寸的内容，不破坏整体布局
z-index	定义层叠加的顺序，取值整数，值越大，就越靠上

Div 除了通过 style 属性应用内联 CSS 样式外，还可以通过 class 属性应用类样式或通过 id 属性应用 ID 样式。

为了分析页面里各元素应用的 CSS 样式与页面布局，建议读者使用 Google 浏览器。右键单击页面元素，在弹出的快捷菜单中选择“审查元素”命令或按功能键 F12，会出现图 1.1.1 所示的效果。

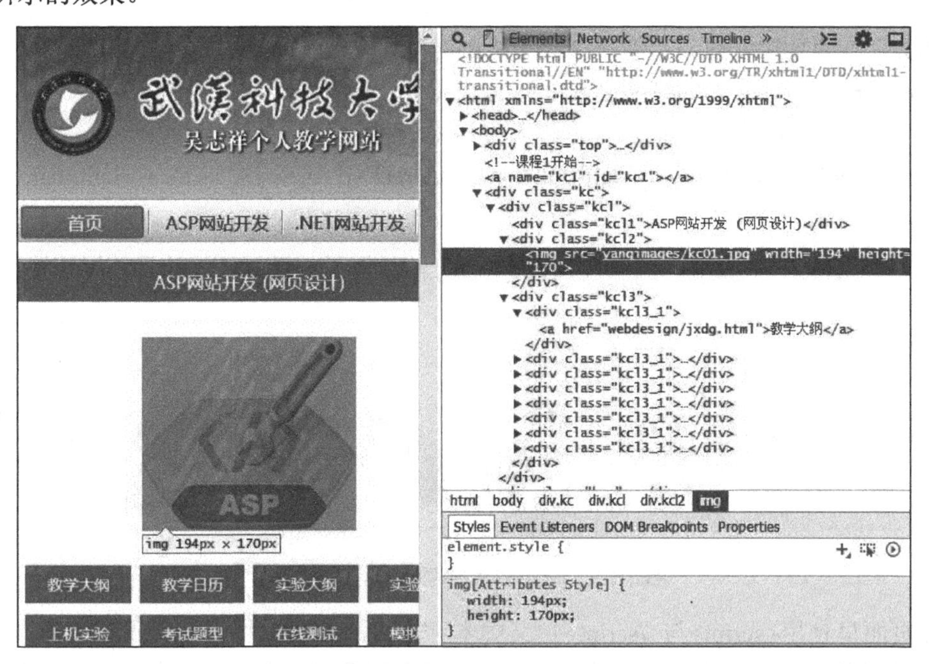

图 1.1.1　使用 Google 浏览器分析页面元素应用的 CSS 样式

1.1.4　客户端脚本 JavaScript、jQuery 及 Ajax

1. JavaScript

JavaScript(以下简称 JS)是一种脚本语言，用于编写页面脚本以实现对网页客户端行为的控制。目前的浏览器都内嵌了 JS 引擎，用来执行客户端脚本。网页设计人员还可以使用优秀的 JS 功能扩展库 jQuery 或第三方提供的 JS 脚本。

JS 内置了几个重要对象，主要包括日期/时间对象 Date、数组对象 Array、字符串对象 String 和数学对象 Math 等。其中：Date、Array 和 String 是动态对象(本质上是类)，它们封装了一些常用属性和方法，使用前需要使用 new 运算符创建其实例；而 Math 是静态对象，不需要实例化就可以直接使用其方法及属性。

对于嵌入到网页中的 JS 来说，其宿主对象就是浏览器提供的对象。在浏览器对象模型中，顶级对象是 window 对象，表示浏览器的窗口，提供了产生警示消息框方法 alert()、客户端确认方法 confirm()、定时器方法 setTimeout()和 setInterval()。

在浏览器窗口里，可以包含文档、框架和访问历史记录等几个常用的二级对象。其中，location 对象具有 href 属性，常用于实现客户端跳转；document 具有如下 3 个常用方法。

- write(exp)：向浏览器窗口输出表达式 exp 的值。
- getElementById ("id")：获取应用了唯一样式 id 的页面元素。

● history()：返回先前的历史访问记录。

注意：在 JS 脚本里使用浏览器对象时，浏览器对象名称通常需要小写，这与 HTML 标记名称及其属性名称相同，使用 JS 内置对象时，其名称及其方法名需要严格区别大小写。

例如，在页面中实时显示客户端计算机的时间，其代码如下：

```
<div class="row11"><span id="dtps">date and time</span></div>
<script><!--客户端脚本，window对象的定时器方法-->
    setInterval("document.getElementById('dtps').innterHTML=new Date().toLocaleString()",100);
</script>
```

作为 JS 的另一个应用，在项目 MemMana1 里制作了一组循环滚动且首尾相连的图片，如图 1.1.2 所示。

图 1.1.2　一组图片首尾相连的滚动效果

在页面里使用<script>与</script>定义脚本称为内部脚本，将脚本代码存放在一个扩展名为.js 文件里，这样的脚本称为外部脚本。为了在页面里使用外部脚本，需要在页面里先引入外部脚本文件，其格式如下：

```
<script src="JS文件" type="text/javascript"></script>
```

2. jQuery

为了简化 JavaScript 的开发，一些用于前台设计的 JavsScript 库诞生了。JavaScript 库封装了很多预定义的对象和实用函数，能帮助使用者建立具有高难度和交互的 Web 2.0 特性的客户端页面，大大提高前台页面的逻辑控制开发速度，并且兼容各大浏览器。jQuery 就是当前比较流行的 JavaScript 脚本库。

注意：

(1) 访问 jQuery 的官方网站 http://jquery.com，可以下载 jQuery 的各种版本，其中文件名中带 min 的，表示压缩版本。

(2) 用户开发的 JS 脚本只定义了方法，而 jQuery 则不然(是基于对象的)。

对于一个 DOM 对象，只需要用 $() 把 DOM 对象包装起来，就可以获得一个 jQuery 对象，即 jQuery 对象就是通过 jQuery 包装 DOM 对象后产生的对象。转换后的 jQuery 对象，可以使用 jQuery 中的方法。

文档加载完毕后，默认要执行的代码(如初始化等)通常使用匿名函数的形式，其代码框架如下：

```
$(document).ready(function(){
        alert("开始了");
```

```
        //还可以使用其他进行初始化的代码
});
```

注意：$(document)的作用是将 DOM 对象转换为 jQuery 对象，注册事件函数 ready()时使用一个匿名方法作为参数。

通常情况下，我们使用如下三种方式获取 jQuery 对象。

- 根据标记名：$("label")，其中，label 为 HTML 标记。例如，选择文档中的所有段落时用 p。
- 根据 ID：$("#id")，例如，div 的 id。
- 根据类：(".name")，其中，name 为样式名。

jQuery 为 jQuery 对象预定义很多方法，其常用方法如表 1.1.2 所示。

表 1.1.2　jQuery 提供的常用方法

方 法 名	功 能 描 述
css("key"[,val])	获取/设置 CSS 属性(值)
toggleClass("css")	切换到新样式 CSS 方法
addClass("name")	增加新样式 CSS 的应用，参数 name 为样式名
removeClass("name")	取消应用的 CSS 样式，参数 name 为样式名
parent()	选择特定元素的父元素
next()	选择特定元素的下一个最近的同胞元素
siblings()	选择特定元素的所有同胞元素
hide("slow")	隐藏(慢慢消失)文字，且不保留物理位置
show()	不带效果方式显示，会自动记录该元素原来的 display 属性值
slideToggle(mm)	通过使用滑动效果(高度变化)来切换元素的可见状态。如果被选元素是可见的，则隐藏这些元素；如果被选元素是隐藏的，则显示这些元素。其中，变量时间 mm 以毫秒为单位
next(["css"])	获得页面所有元素集合中具有 CSS 样式且最近的同胞元素。省略参数时，获得某个元素集合中的下一个元素
siblings(["css"])	查找同胞元素(不包括本身)中应用了 CSS 样式的元素，形成一个子集
find("css")	查找某个元素集合中应用了样式 CSS 的元素，得到它的一个子集
slideUp(["mm"])	向上滑动来隐藏元素，可选参数 mm 取值为"slow""fast" 或毫秒

jQuery 的一个应用是制作折叠菜单，参见项目 MemMana1 的后台管理菜单。

除了专业的 JS 库外，许多编程爱好者也纷纷推出了自己的 JS 特效脚本。通过网络，可以搜索大量的由第三方提供的 JS 特效脚本，供我们开发网站使用。

注意：使用 IE 内核的浏览器调试脚本时，通过使用 window.alert(data)来输出目标数据 data；而使用非 IE 内核的浏览器时，通过使用 console.log(data)来输出目标数据 data。

3. Ajax

Ajax 是 asynchronous JavaScript and XML 的英文缩写。传统的 Web 应用程序开发模式是：对于客户端的 HTTP 请求，Web 服务器响应 HTML 数据；使用 Ajax 技术后，服务器页面不直接向 HTML 页面传输信息，而是将 JS 脚本作为中间者，这样不会刷新客户端的整个页面(而是局部刷新)。

Ajax 是异步传输技术，其最大好处是改善了用户体验(尤其是用于实时股票系统中)。传统的 Web 应用程序与使用 Ajax 技术的 Web 应用程序的比较如图 1.1.3 所示。

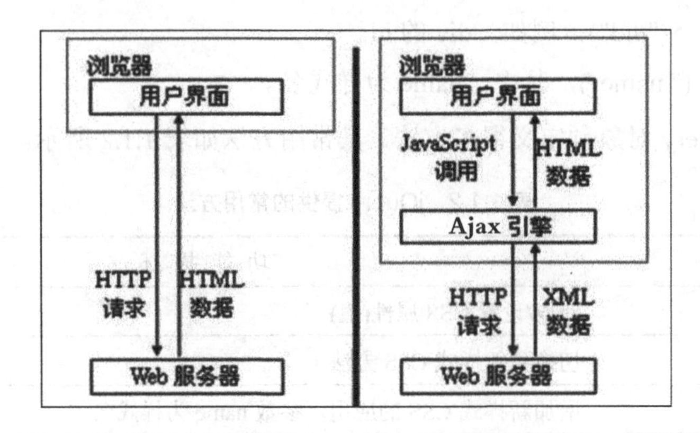

图 1.1.3 传统的 Web 应用程序与使用 Ajax 技术的 Web 应用程序比较

最初的 Ajax 使用过程较为烦琐，使用 Ajax 核心对象 XMLHttpRequest，它出现在 JS 脚本程序里，并通过它的 open()方法创建与 Web 服务器的通信。

jQuery 提供处理 Ajax 请求的相关方法，简化了编程。例如，在 Struts 项目里同时使用 jQuery 和 Ajax 技术的一个示例，参见项目 MemMana4 的后台管理员登录页面 adminLogin.jsp(第 4.5.2 小节)。

1.2 Java 与 Java EE 概述

1.2.1 Java 与 JDK

JDK(Java development kit)是具有开源特性和跨平台特性的程序设计语言，且具有面向对象特性。JDK 是 Java 语言的软件开发工具包，用于移动设备、嵌入式设备上的 Java 应用程序和 Web 应用程序。JDK 是整个 Java 开发的核心，它包含了 Java 的运行环境、Java 工具和 Java 基础类库。

为了 Java Web 开发，需要建立 Windows 系统环境变量 JAVA_HOME，其值为 Java 的安装路径，其方法是右击计算机→属性→高级→环境变量→编辑用户变量，操作如图 1.2.1 所示。

注意：

(1) C 语言一般认为是中级语言，可用来编写操作系统程序，而 Java 是致力于企业级应用开发的语言。

(2) 推荐使用 JDK 1.7。

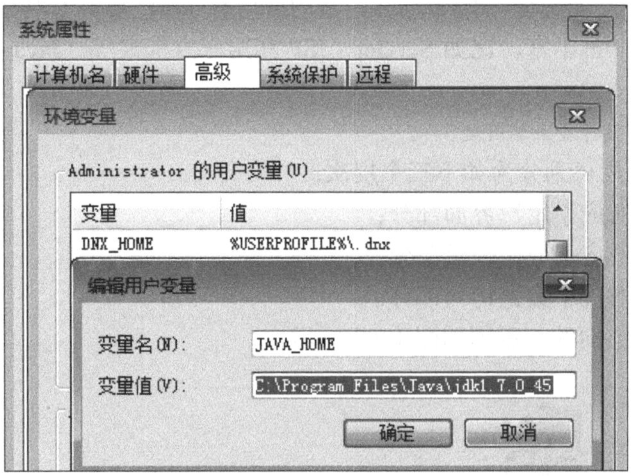

图 1.2.1　建立 Windows 环境变量 JAVA_HOME

1.2.2　Java EE/Web 及其开发模式

目前，Java 应用通常有如下三个版本。

- Java SE：Java2 平台的标准版(Java Standard Edition)，针对普通 PC 应用。
- Java EE：Java2 平台的企业版(Java Enterprise Edition)，针对企业级应用，以前的称呼是 J2EE。
- Java ME：Java2 平台的微型版(Java2 Micro Edition)，针对嵌入式设备(如智能手机)及消费类电器。

Java EE 不是编程语言，也并非一个产品，而是一系列的技术规范，它已成为企业级开发的首选平台之一。Java EE 基本架构如图 1.2.2 所示。

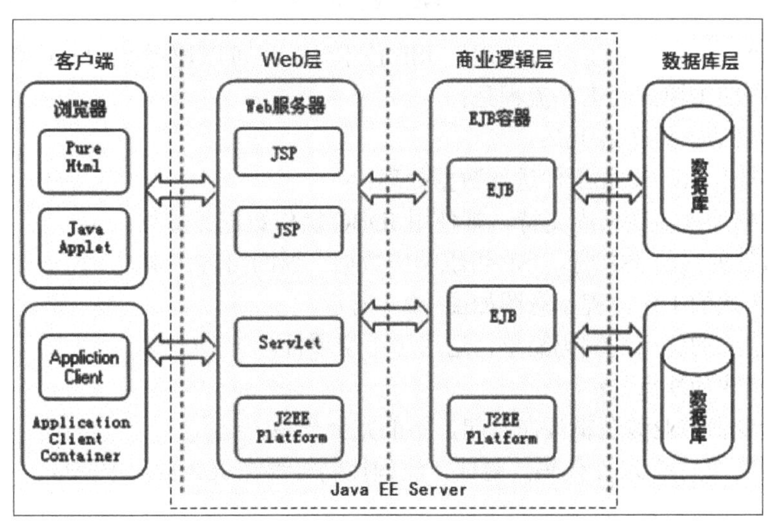

图 1.2.2　Java EE 基本架构

Java Web 是用 Java 技术来解决相关 Web 互联网领域问题的技术总和。Web 包括 Web 服务器和 Web 客户端两部分。Java 在客户端的应用有 Java Applet(现在使用的很少)，Java 在服务器端的应用非常丰富，比如 Servlet、JSP 和第三方框架等。Java 技术对 Web 领域的发展注入了强大的动力。

注意：Java EE 多用于企业级开发。

大多数 Web 应用可划分为如下三个层次：

- 表示层，对应于用户界面部分；
- 业务层，对应于应用逻辑部分；
- 数据层，对应于数据访问部分。

Web 应用三个层面的示意图如图 1.2.3 所示。

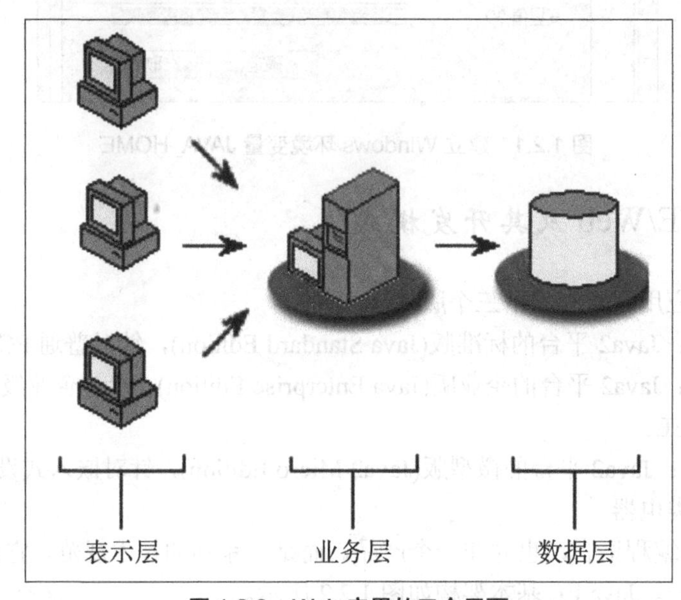

图 1.2.3 Web 应用的三个层面

Java Web/EE 开发，除了可以使用纯 JSP 技术外，还可以使用 Model 1 和 Model 2 两种开发模式。Model 1 模式的工作流程是：

- 客户将请求提交给 JSP；
- JSP 调用 JavaBean 组件进行数据处理；
- 如数据处理需数据库支持，则使用 JDBC 操作数据库数据；
- 当数据返回给 JSP 时，JSP 组织响应数据，返回给客户端。

Model 1 模式的工作流程示意图如图 1.2.4 所示。

Model 1 模式的优点是编码简单，适用于小型项目。

Model 1 模式的缺点是：

- 显示逻辑与业务逻辑混在一起，不能完全分离；
- 页面嵌入大量 Java 代码，验证，流程控制等都在 JSP 页面中完成；

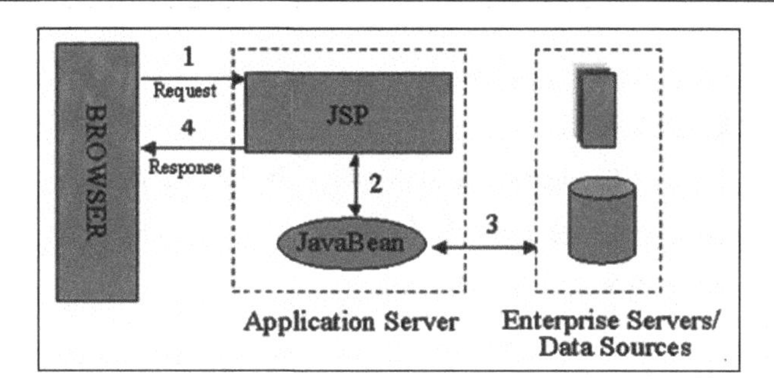

图 1.2.4　Model 1 模式工作流程示意图

- 不适用于中大型项目。

Model 2 模式克服了 Model 1 的不足，其工作流程是：

- 客户的请求信息首先提交给 Servlet 控制器；
- 控制器选择对当前请求进行数据处理的 Model 对象；
- 控制器对象选择相应的 View 组件作为客户的响应信息并返回；
- JSP 使用 JavaBean 中处理的数据进行数据显示；
- JSP 把组织好的数据以响应的方式返回给客户端浏览器。

Model 2 模式的优点是：

- 多个视图共享一个模型，提高代码重用性，降低代码维护量；
- 模型返回的数据与显示逻辑分离，模型数据可用于任何显示技术；
- 应用被分隔为三层，降低各层间耦合，提高了应用的扩展性；
- 控制层把不同的模型和不同的视图组合在一起，完成不同的请求（控制层包含了用户请求权限的概念）；
- MVC 不同的层各司其职，每一层的组件具有相同的特征，更符合软件工程化管理要求。

Model 2 模式的缺点是增加了代码编写和配置文件的工作量。

Model 2 模式的工作流程示意图如图 1.2.5 所示。

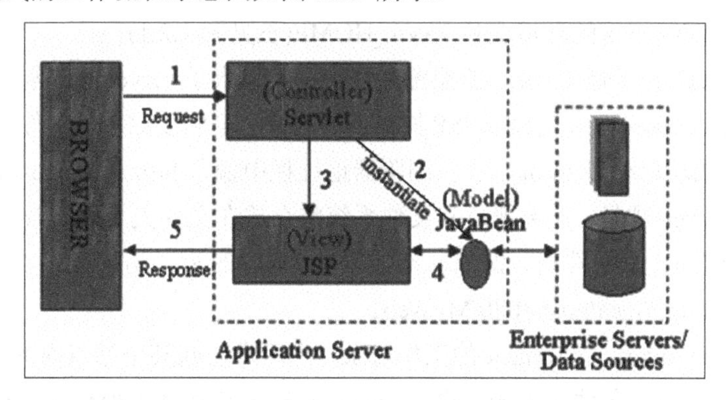

图 1.2.5　Model 2 模式工作流程示意图

Struts 是基于 Model 2 的 MVC 框架，是对 Servlet 的进一步封装，它使用了核心的过滤器，将用户的 HTTP 请求转入 Struts 框架处理。

注意：

(1) Model 1 模式开发，详见第 3.1 节。

(2) Model 2 模式也称为基于 Servlet 的开发 MVC 模式，详见第 3.2 节。

(3)基于 MVC 模式的框架开发，将在第 4 章详细介绍。

(4) EJB 用于构造企业级的分布式应用，详见第 8 章。

1.3 搭建 Java Web 应用的开发环境

1.3.1 使用绿色版的 Web 服务器 Tomcat 7

绿色版的 Apache Tomcat 7(以下简称 Tomcat)无须安装。解压后的 Tomcat 文件系统如图 1.3.1 所示。

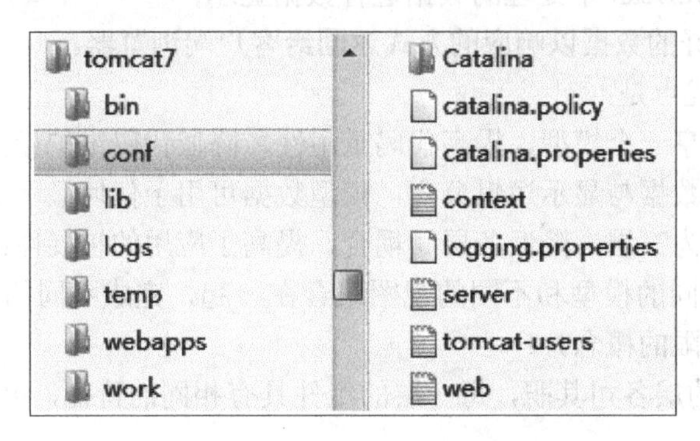

图 1.3.1 Tomcat 文件系统

双击 tomcat7\bin\ startup.bat，可以启动 Tomcat 服务器。当然，前提是要有 Java 运行环境，建立了 Windows 系统的环境变量 JAVA_HOME(参见图 1.2.1)。

文件夹 tomcat7\conf 是 Tomcat 的配置文件夹，其包含了 server.xml 等几个配置文件。

文件夹 tomcat7\webapps 是存放 JSP 网站的文件夹，其内的 ROOT 文件夹对应于 Tomcat 的默认站点，在成功启动 Tomcat 后，在浏览器地址栏中输入 http://localhost:8080 即可访问。

用户开发的 Web 项目，在部署后其文件系统将存放在文件夹 tomcat7\webapps 里，不同的 Web 项目对应同一个文件夹。例如，部署项目 MyWeb 后，访问该站点的方法是在浏览器地址栏里输入 http://localhost:8080/MyWeb。

文件夹 tomcat7\work 是 Tomcat 的工作目录，当用户访问某个站点内的 JSP 页面时，该 JSP 页面将对应 work 文件夹里的一个 Servlet 源程序及其真正处理用户请求的编译版本(Servlet 详见第 3.2 节)。

每个站点默认配置的主页是 index.jsp，这可从配置文件 web.xml 里查到。当然，主页是可以重新设定的。

1.3.2　下载、安装和配置 MyEclipse 2013

访问教学网站 http://www.wustwzx.com，从 Java EE 课程版块里可以找到 MyEclipse 2013(以下简称 MyEclipse)的下载链接。在下载、解压和安装后，需要使用其包含的破解工具破解后才能长期使用。

MyEclipse 环境配置的好坏直接关系到 Web 开发效率的高低。

1. 统一 MyEclipse 文档的字符编码为 utf-8

使用文本编辑软件，编辑 MyEclipse 安装目录的根目录里的 myeclipse.ini 文件，在文档最后增加如下一行代码：

```
-Dfile.encoding=utf-8
```

这样，在 MyEclipse 里编辑的文档都将以 utf-8 格式保存。

2. 设置 MyEclipse 使用的 JRE

开发 Java Web 项目，当然需要有 Java 运行时环境。首先，在 MyEclipse 里，要创建一个 JRE，其方法是添加一个 JRE 并指向已经安装的 Java 安装目录，如图 1.3.2 所示。

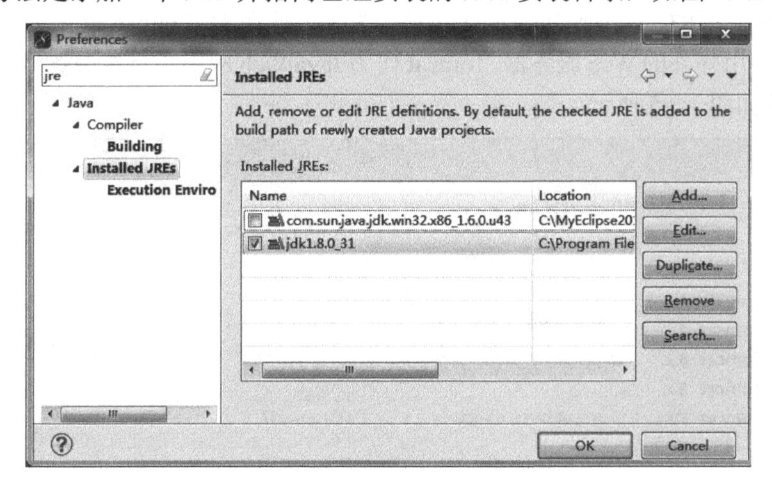

图 1.3.2　在 MyEclipse 里指定 Java 运行时所在的目录

然后，在 MyEclipse 里指定 JRE，操作如图 1.3.3 所示。

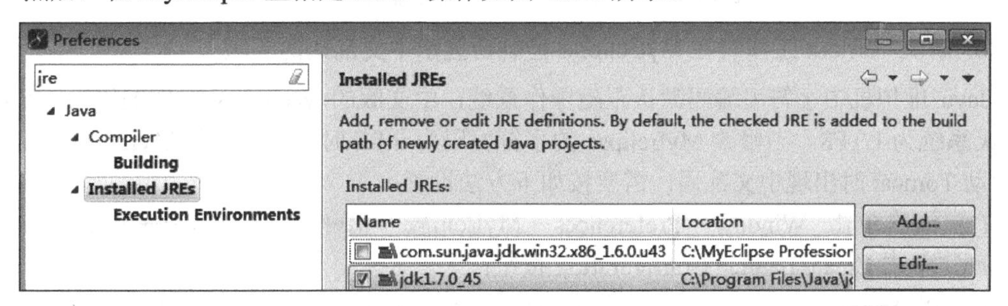

图 1.3.3　在 MyEclipse 里指定 Java 运行时环境

3. 指定 JDK 编译器的编辑级别为 1.7

在 MyEclipse 首选项 Preferences 关于 Java 的设置中，除了添加和应用 Java 运行时环境 JRE 外，还有一个重要的操作是设置 Java 的编译级别，其操作如图 1.3.4 所示。

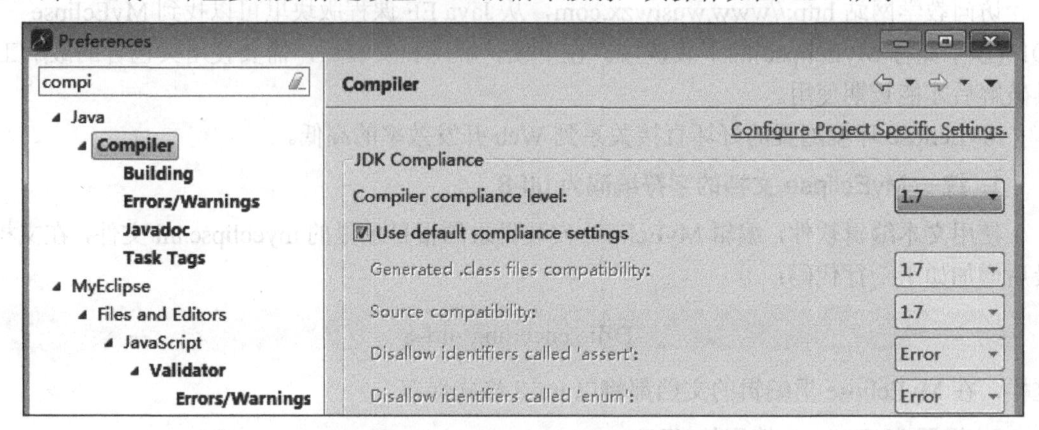

图 1.3.4　在 MyEclipse 里指定 JDK 1.7

4. 指定外部的 Tomcat 作为 Web 服务器

Web 服务器是运行 Web 应用系统的主体，为了方便在 MyEclipse 中开发和调试 Web 项目，我们通常使用外部的 Web 服务器。Tomcat 作为 Java Web 应用的首选服务器，在 MyEclipse 中设置的方法如图 1.3.5 所示。

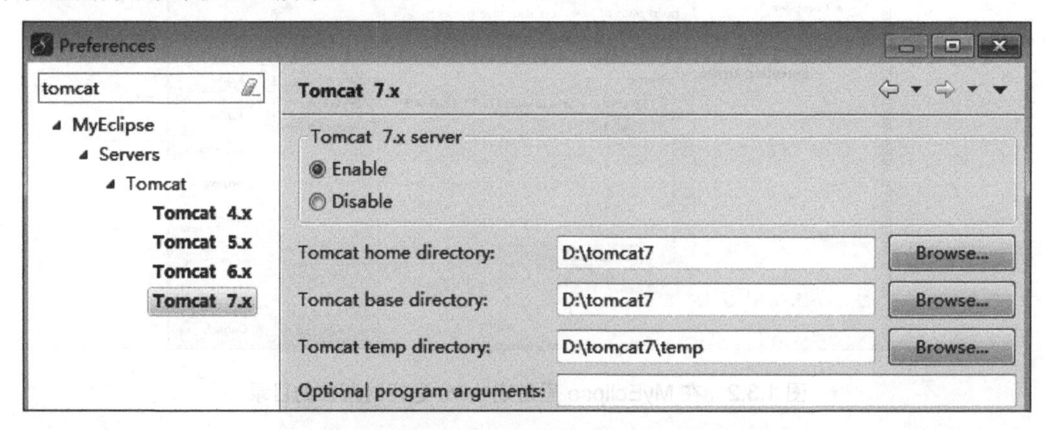

图 1.3.5　在 MyEclipse 里指定外部的 Tomcat 7

5. 解决 Tomcat 工作时在 MyEclipse 控制台显示中文乱码的问题

Java 虚拟机中字符串编码默认跟随操作系统，中文版的 Windows 系统编码为 GBK，Linux 系统为 UTF8。当修改 MyEclipse 的字符编码为 utf-8 时，为了避免 MyEclipse 控制台在启动 Tomcat 时出现中文乱码，需要按如下方法设置：

(1) 依次单击 Window→Preferences→MyEclipse→MyEclipse Server→Tomcat 7.x→Launch，单击 Create Launch Configuration 按钮；

(2) 在 Arguments 选项卡中，添加-Dfile.encoding=utf-8 参数到 VM 参数中，如图 1.3.6 所示。

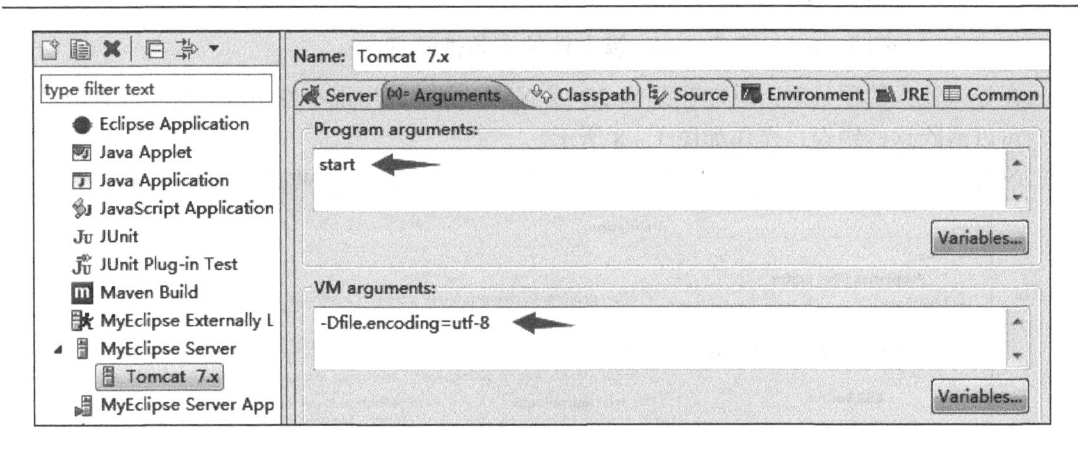

图 1.3.6　设置 Tomcat 7 工作时在 MyEclipse 控制台的字符编码

这样，MyEclipse 中就有了 Tomcat　7.x [custom]，以后调试/部署项目就使用它。

注意：按上述方法设置后，需要重新启动 Tomcat 服务器才能生效。

6. 配置 Tomcat 管理员，管理服务器项目的运行

为了以 Tomcat 管理员身份登录、管理 Web 项目，需要编辑 Tomcat 系统文件 conf\tomcat-users.xml，其代码如下：

```
<?xml version='1.0' encoding='utf-8'?>
<tomcat-users>
    <role rolename="manager"/>
    <role rolename="manager-gui"/>
    <user username="tomcat" password="s3cret" roles="manager-gui,manager"/>
</tomcat-users>
```

访问 Tomcat 默认主页 http://localhost:8080，单击按钮 **Manager App**，输入用户名(tomcat)和密码(s3cret)后，出现管理员界面，如图 1.3.7 所示。

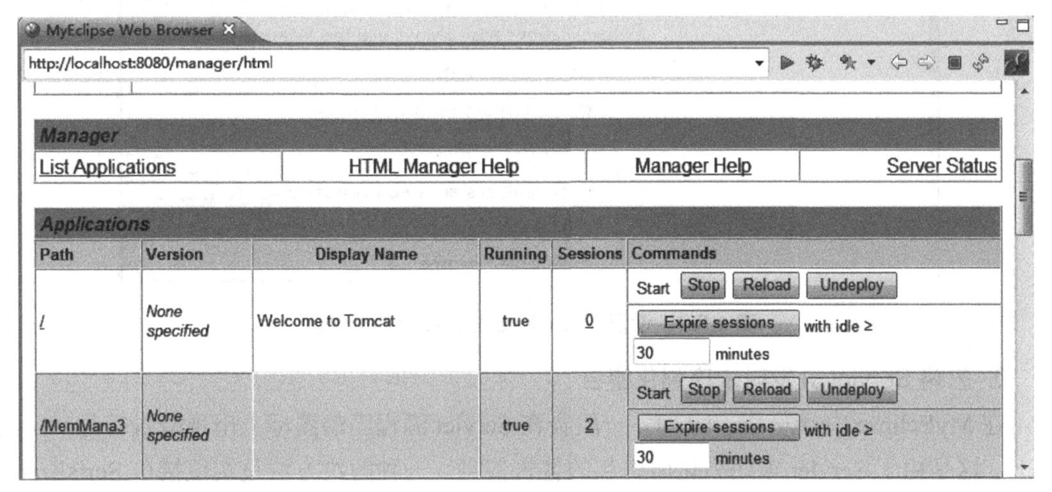

图 1.3.7　以 Tomcat 7 管理员身份登录，管理 Web 项目

7. 取消 MyEclipse 对 JS 和 XML 等文件的有效性验证

在导入他人的项目时，可能在某些 JS 或 XML 文件前出现小红叉。这时设置取消验证，可以消除这些错误，操作如图 1.3.8 所示。

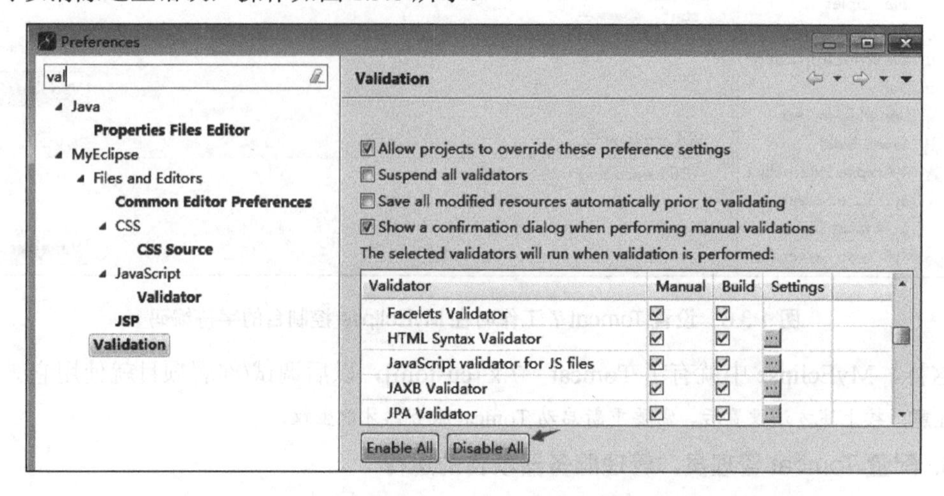

图 1.3.8 在 MyEclipse 中取消对 JS 和 XML 等文件的有效性验证

8. 设置 MyEclipse 默认使用的浏览器

同一页面，如果使用不同内核的浏览器，则页面效果可能存在差异。为调试方便，MyEclipse 允许用户设置默认使用的浏览器。这是以使用谷歌浏览器为例进行讲解。设置 MyEclipse 内置的浏览器为谷歌浏览器 Google Chrome 的方法如图 1.3.9 所示。

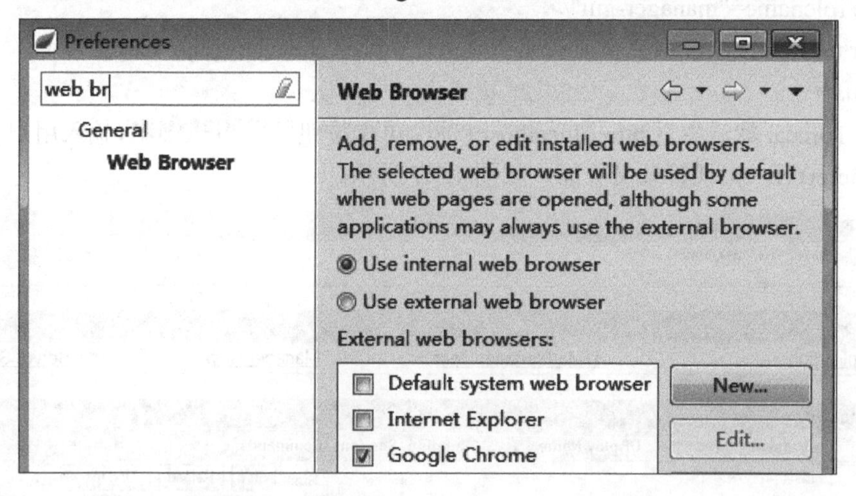

图 1.3.9 设置 MyEclipse 默认使用的浏览器

9. 忽略 Servlet 开发时未序列化警告

在 MyEclipse 中开发 Servlet 时，一般会在 Servlet 源程序的图标上出现警告符号。实际上，这是由于 Servlet 未序列化而引起的警告信息。一种解决方法是实现接口 Serializable 并添加默认的 serial version ID；另一种方法是忽略这种警告信息，操作如图 1.3.10 所示。

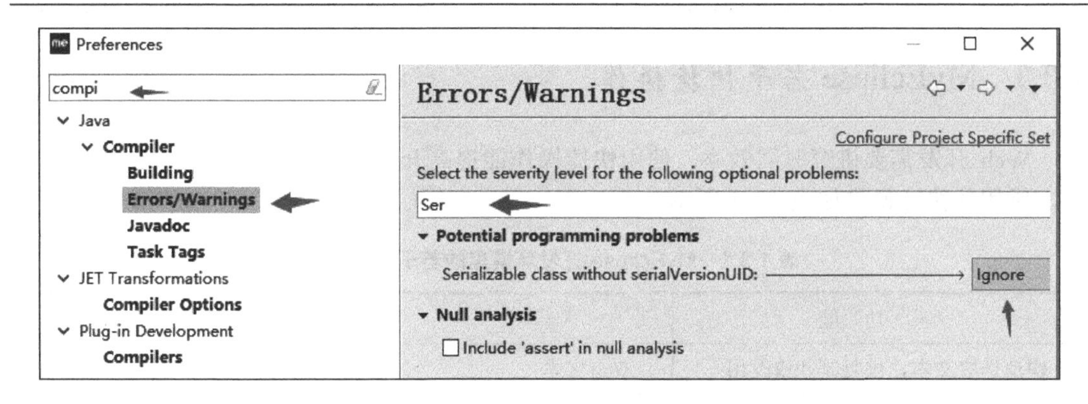

图 1.3.10 忽略 Servlet 未序列化的警告设置

10. 设置 Java 内容编辑助手

在 MyEclipse 中编辑 Java 程序时，为了获得对类(或接口)和变量等名称的自动提示，我们需要设置 Java 关于编辑器的内容助手，在Auto activation triggers for Java:右边的文本框中输入“.abcdefghijklmnopqrstuvwxyzABCDEFGHIJKLMNOPQRSTUVWXYZ”即可，操作如图 1.3.11 所示。

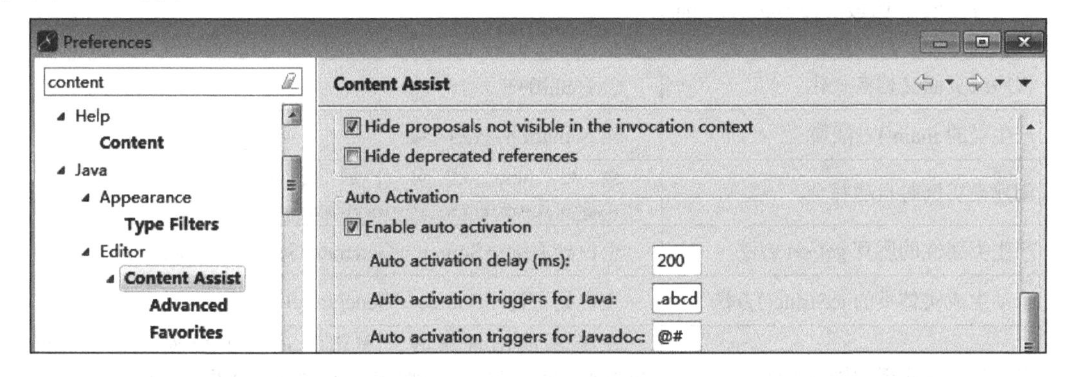

图 1.3.11 设置 Java 编辑时的自动提示

11. 取消英文拼写检查

在 MyEclipse 中编辑 Java 程序或文档时，为了避免英文拼写检查出的警告信息，我们可以通过使用 Window→Preferences→General→Editors→Text Editors→Spelling，取消默认的勾选，操作如图 1.3.12 所示。

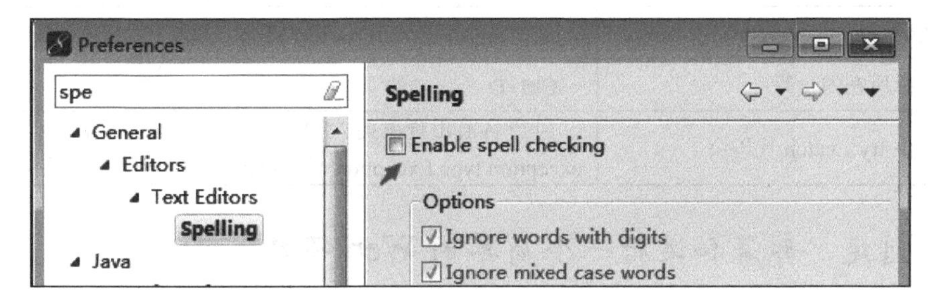

图 1.3.12 取消文本或程序里的拼写检查

1.3.3 MyEclipse 若干快捷操作

Web 开发需要讲究时间效率，使用快捷操作能提高开发效率。在 MyEclipse 开发环境里，常用的快捷操作如表 1.3.1 所示。

表 1.3.1 MyEclipse 开发环境里的若干快捷操作

功 能	操作(或快捷键)
快速选取文本，供复制和修改用	双击文本
项目或文件的重命名	选中对象，按功能键 F2
搜索包含特定字符的文档	Ctrl+H
产生控制台输出命令 System.out.println()	输入 sysout 后按回车键
关闭所有已打开的文档	Ctrl+Shift+W
最大化(或还原)编辑或信息显示窗口	双击标题栏
自动导入所需要(或去掉不必引入)的软件包	Ctrl+Shift+O
程序或页面文档格式化	Ctrl+Shift+F
产生类的 main()方法块	输入 main 后按回车键
创建类实例时自动补全	输入 new 类名()后按 Ctrl+1，然后单击 Assign statement to new local variable (Ctrl+2, L)
产生类属性的所有 get/set 方法	空白处右键→Source→Generate Getters and Setters
自动生成实体类的 toString()方法	空白处右键→Source→Generate to String()
自动生成要实现的接口方法块	在类名前出现图标时，单击图标，在出现提示信息 must implements the inherited abstract method 时，单击 Add unimplemented methods
查看类(或接口)提供的所有方法	按 Ctrl 键，当鼠标在类(或接口)名上呈现超链接时单击，再单击左边 Package Explorer 窗口里的图标
注释代码	选中文本后按 Ctrl+Shift+/键
标签、标签属性及属性值的自动提示	Alt+/
取消代码注释	选中文本后按 Ctrl+Shift+\键
删除光标所在的一行	Ctrl+D
自动产生 try…catch 代码块	当类名前出现图标时，单击图标，在出现提示信息 Unhanded exception type Exception 时，单击 Surround with try/catch

1.3.4 创建、部署和运行一个简单的 Web 项目

MyEclipse 菜单栏中单击 File→New→Web Project，会出现新建项目对话框，如图 1.3.13 所示。

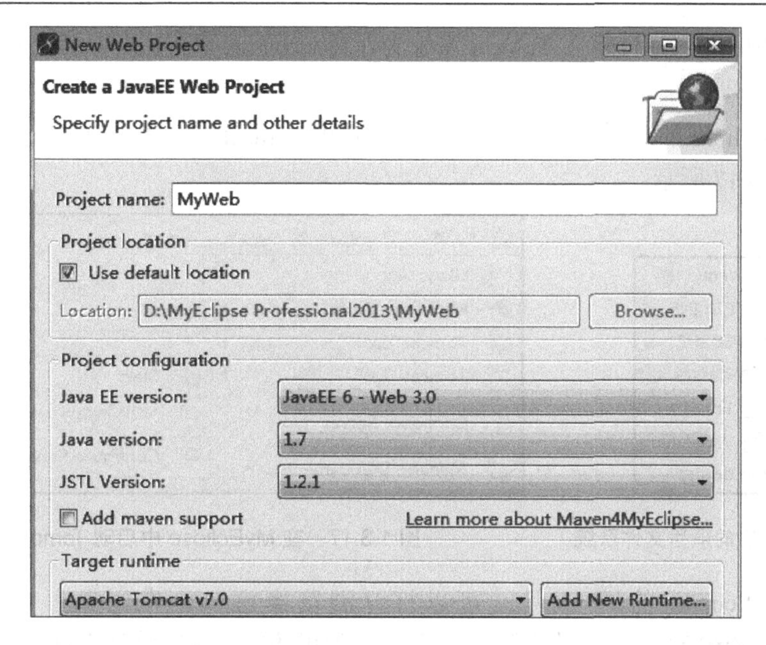

图 1.3.13　在 MyEclipse 中新建一个 Web 项目

输入项目名称 MyWeb 并选择相关参数后，将在 MyEclipse 工作空间里创建一个与项目名相同的项目文件夹，如图 1.3.14 所示。

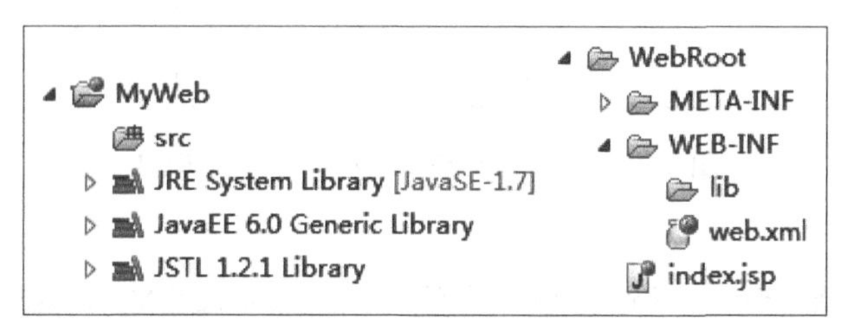

图 1.3.14　Web 项目中的 MyWeb 文件系统

注意：在 MyEclipse 2013 中创建 Web 项目的过程中，需要勾选自动创建 web.xml 文件，这是与以前版本相比的一个不同点。

一个 Web 项目，对应于一个 JSP 网站。通过使用 MyEclipse 工具栏里的工具，可以将 Web 项目部署到 Tomcat 服务器，其操作界面如图 1.3.15 所示。

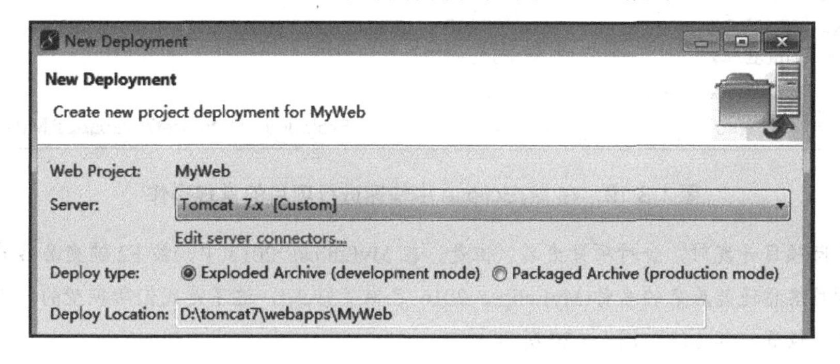

图 1.3.15　在 MyEclipse 中部署 Web 项目至 Tomcat

项目 MyWeb 发布后，将在 Tomcat 系统文件夹 webapps 里生成与项目名对应的文件夹，如图 1.3.16 所示。

使用 MyEclipse 的 工具，可以启动或停止 Tomcat 服务器。例如，启动 Tomcat 的操作，如图 1.3.17 所示。

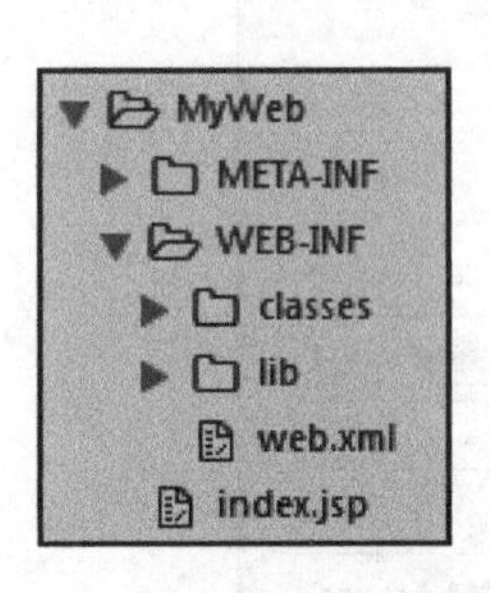

图 1.3.16 部署后的项目文件系统

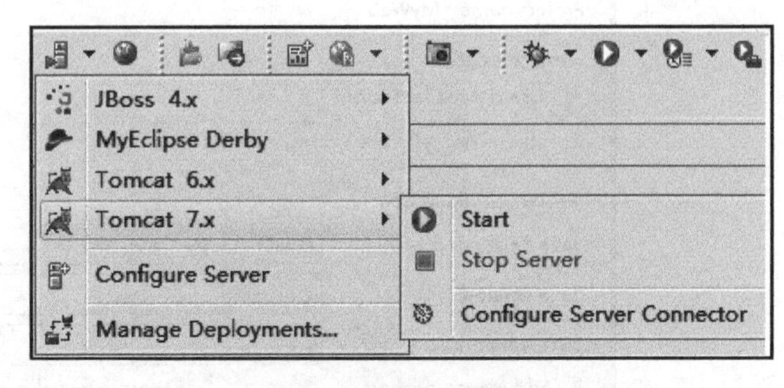

图 1.3.17 在 MyEclipse 中启动 Tomcat

单击 MyEclipse 的 工具，可以打开浏览器窗口。在浏览器地址栏中输入 http://localhost:8080/MyWeb/，如图 1.3.18 所示，便可访问站点的默认主页。

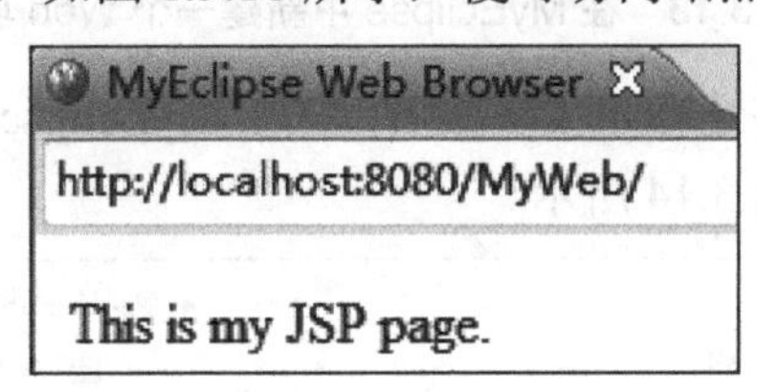

图 1.3.18 在 MyEclipse 中浏览 Web 项目

注意：

(1) 快速完成项目部署和服务器的启动/停止等常规操作，可以使用 MyEclipse 下方的选项卡及工具，如图 1.3.19 所示。

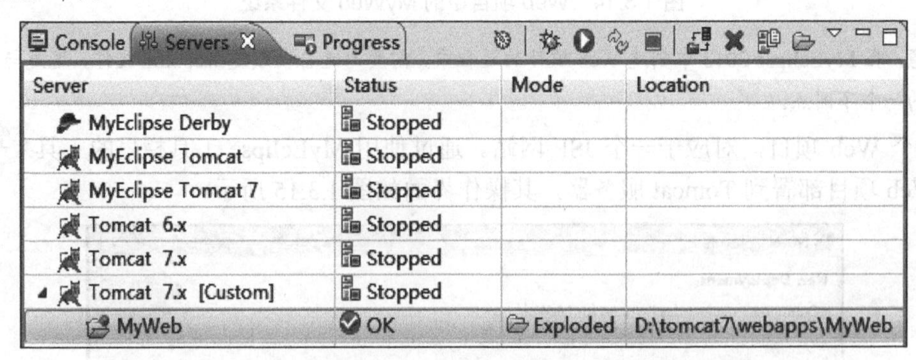

图 1.3.19 在 MyEclipse 中快速进行项目的常规操作

(2) 在实际项目开发时，会对项目更名。但是，在 MyEclipse 2013 中，按 F2 键更名后若直接发布，则服务器的项目名称还是原来的名称(MyEclipse 2016 已做了修正)，这不是我们所期望的。为此，我们还需要对项目进行设置，其方法如图 1.3.20 所示。

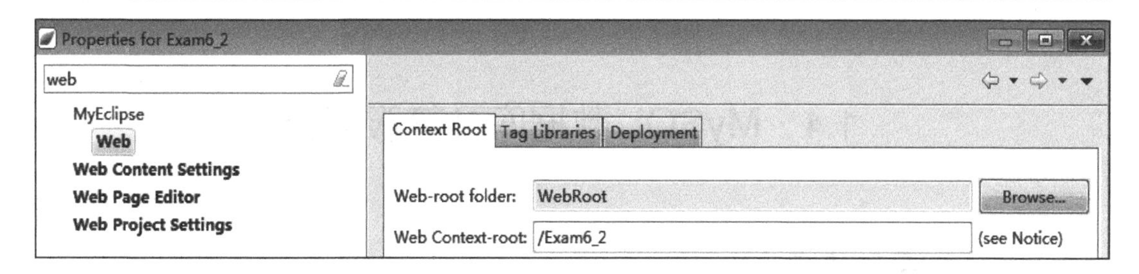

图 1.3.20　在 MyEclipse 2013 中更改项目发布后的名称

1.3.5　Java Web 项目结构分析

从 Web 项目图 1.3.14 可知，在 MyEclipse 2013 中创建 Web Project 时，除了包含必需的系统库 JRE System Library 外，还包含做 Web 开发必需的系统库 JavaEE 6.0 Generic Library，以及任选的 JSTL 标签库(JSTL 用法参见第 2.3.2 小节)。此外，用户可以将第三方提供的相关.jar 文件以用户库的形式出现在 MyEclipse 里，以供项目开发时调用。

项目里的类资源文件夹 src 是特殊的文件夹，主要用于存放 Java 源程序和 Struts 配置文件等。部署项目时，用户编写的资源文件夹里的*.java 文件对应(即自动编译)的.class 文件以及配置文件被复制到 Tomcat 的项目的 WEB-INF/classes 文件夹里。

部署项目时，项目所用到的.jar 包也会被复制到 Tomcat 的项目的 WEB-INF/lib 文件夹里。

1.3.6　Java Web 项目中文乱码产生原因及解决方案

Web 开发中，文档编码(含数据库编码)、请求时提交的数据编码和响应数据的编码不统一，都将产生页面的中文乱码。

为了统一文档的编码，在 MyEclipse 的配置文件里，通常通过-Dfile.encoding=code 来指定文档编码，code 一般为 utf-8(下同)。在创建数据库时也选择与之相应的编码，在连接数据库的字符串里，也要指定相应的编码。

表单提交数据时，通过使用方法

```
request.setCharacterEncoding("code")
```

设置请求信息的字符编码。其中，request 为请求对象。

当响应信息包含中文时，应使用方法

```
response.setContentType("text/html;charset=code");
```

来设置响应信息的字符编码。其中，response 为响应对象。

注意：

(1) 尽管浏览器允许手工修改编码，但一般不这样做，应当让浏览器根据程序里的设定自动选择。

(2) request 和 response 是 JSP 的内置对象，参见第 2.2 节。

1.4 MySQL 数据库及其服务器

1.4.1 数据库概述与 MySQL 安装

MySQL 既指目前最流行的开源数据库服务器软件，也指该服务器管理的 MySQL 数据库本身。数据库不仅定义了存储信息的结构，还存放着数据。

MySQL 是一种关系型数据库软件。关系型数据库通常包含一个或多个表。一个表由若干行(也称记录)组成，每条记录由若干相同结构的字段值组成。

作者教学网站的 Java EE 课程版块里有 MySQL 数据库软件的下载链接。在安装 MySQL 数据库过程中需要注意如下几点：

- MySQL 服务器的通信端口默认值是 3306，当不能正常安装时，一般是端口被占用造成的，此时要回退并重设端口(如改成 3308)；
- 字符编码(character set)一般设置为 utf-8；
- 设定 root 用户的密码，在以后的编程时要使用。本教材案例设定密码与用户名一致，即 root。

MySQL 安装成功的界面，如图 1.4.1 所示。

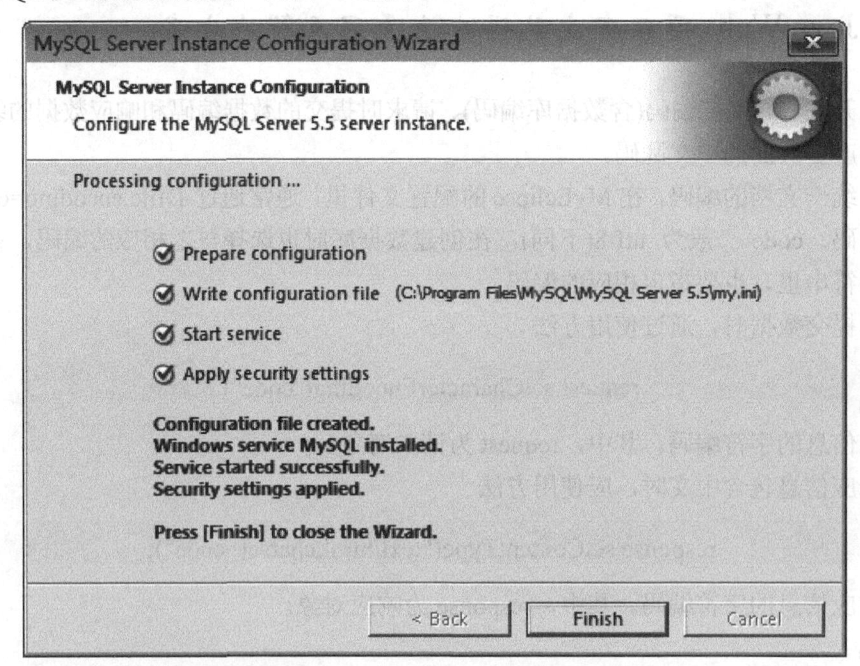

图 1.4.1 My SQL 安装成功的界面

MySQL 安装完成后，系统提供客户端程序。运行时，要求输入 root 用户的登录密码，登录成功后的界面，如图 1.4.2 所示。

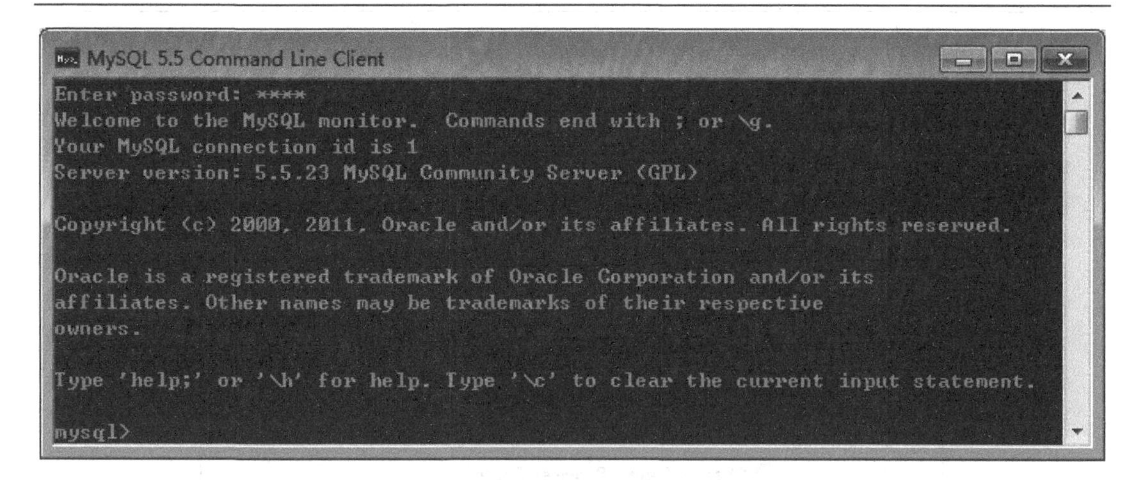

图 1.4.2 MySQL 的命令行方式

在 MySQL 命令行方式下操作数据库，需要操作者牢记许多命令及其使用格式，一般比较容易出错。

在创建数据库内表结构时，通常应设置主键，以保证记录的唯一性。例如，将学生表里的学号字段设置成主键后，在输入记录时，如果重复输入了相同的学号，系统便会立刻警告并阻止。

查询是一种询问或请求，通过使用 SQL(structured query language，结构化的查询语言)命令，我们可以向 MySQL 数据库服务器查询具体的信息，并得到返回的记录集。

SQL 提供了多表连接查询的功能，这与数据库的第二范式是相对应的。

注意：

(1) 数据库(服务器)软件有多种，除了 MySQL 外，还有 SQL Server、Oracle 等。

(2) 数据库查询使用 select 命令。

(3) 对数据库的增加、删除和修改分别使用 insert、delete 和 update 命令。

1.4.2 MySQL 前端工具 SQLyog

SQLyog 提供了极好的图形用户界面(GUI)，可以用一种更加安全和易用的方式快速地创建、组织、存取 MySQL 数据库。此外，SQLyog 提供了对数据库的导入和导出功能，其使用非常方便。

注意：

(1) 类似的软件有很多，如 Navicat 和 MySQL Front 等。

(2) 作者教学网站的 Java EE 课程版块里有 SQLyog 软件的下载链接。

初次使用 SQLyog 时，需要填写登录 MySQL 服务器的相关信息。创建 MySQL 数据库和执行外部的 SQL 脚本文件，可使用服务器的右键菜单，如图 1.4.3 所示。

注意：

(1) 创建数据库时，一个重要的设置是指定存储字符的编码，一般设置为 utf-8。

(2) 如果存在同名的数据库，则执行 SQL 脚本后，原来的数据库被覆盖(即重写)。

图 1.4.3 使用 SQLyog 创建数据库或执行外部 SQL 脚本文件

导出某个数据库的 SQL 脚本的方法是对某个数据库应用右键菜单，如图 1.4.4 所示。

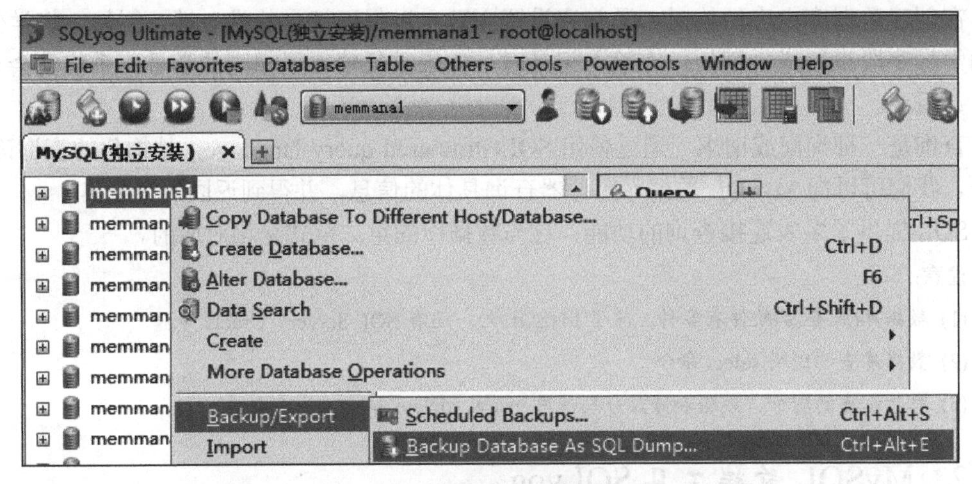

图 1.4.4 使用 SQLyog 导出创建数据库的 SQL 脚本

在导出的数据库脚本文件里，可以查看到创建和使用数据库的命令代码：

```
CREATE DATABASE 'memmana1'    DEFAULT CHARACTER SET utf-8;
USE 'memmana1';
```

1.4.3 在 Java 项目中以 JDBC 方式访问 MySQL 数据库

JDBC(Java database connectivity，Java 数据库连接)是一套用 Java 语言实现的用于执行 SQL 语句的 Java API，它封装了与数据库服务器通信的细节，开发者通过调用 JDBC API 编写 Java 应用程序来发送 SQL 语句对数据库进行访问。

java.sql 包提供了核心的 JDBC API，这表现为访问数据库必须使用的类、接口和各种访问数据库的异常类，如图 1.4.5 所示。

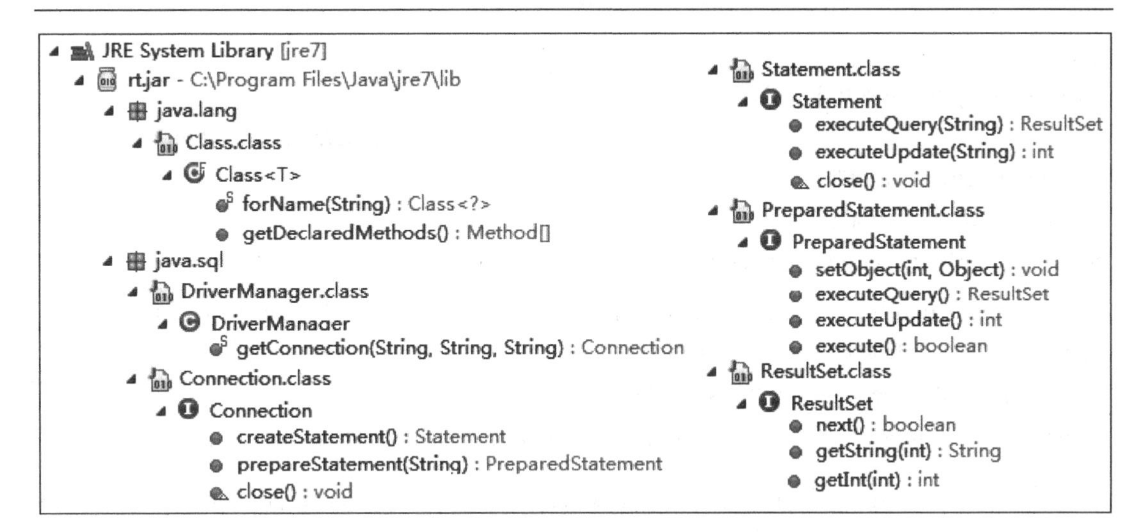

图 1.4.5　以 JDBC 方式访问数据库的主要类与接口

为了使用 JDBC 方式访问 MySQL 数据库，通常将 MySQL 提供的驱动包复制到 Web 项目文件夹 WebRoot/WEB-INF/lib 里，然后在程序里使用如下命令：

```
Class.forName("com.mysql.jdbc.Driver");
```

其中，MySQL 驱动包的驱动程序 Driver.class 如图 1.4.6 所示。

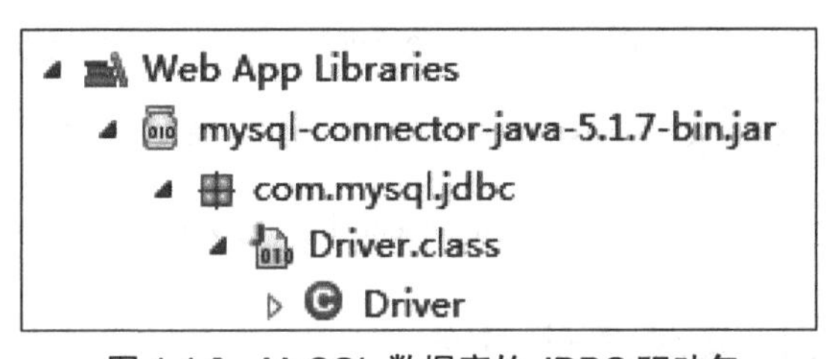

图 1.4.6　MySQL 数据库的 JDBC 驱动包

注意：对项目构造 jar 包路径的方法不是唯一的。实际开发中，使用较为普遍的是使用项目名称的右键菜单项 Build Path 的子选项，如图 1.4.7 所示。

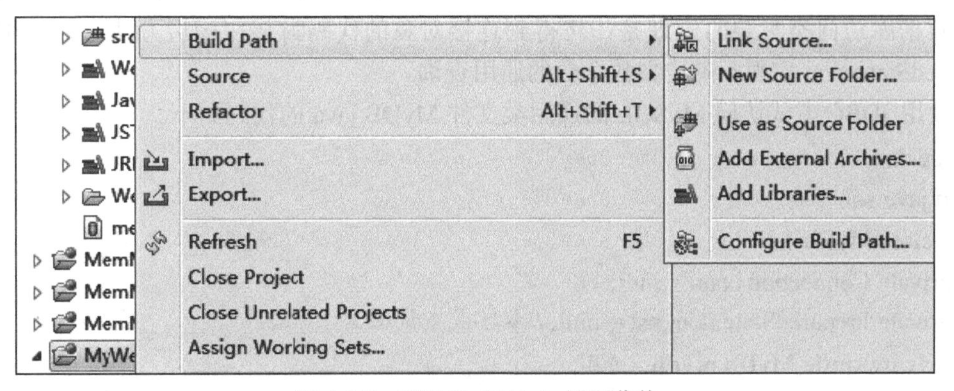

图 1.4.7　项目 Build Path 设置菜单

创建 Connection 接口对象的方法是使用静态方法 DriverManager.getConnection()，一个

示例代码如下：

```
String url = "jdbc:mysql://localhost:3306/test?
                                    useUnicode=true&characterEncoding=utf-8";
String username = "root";
String password = "root";
conn = DriverManager.getConnection(url, username, password);
```

对 Connection 应用方法 createStatement()，创建一个 PreparedStatement 接口对象，以将 SQL 语句发送到数据库，其格式如下：

```
String sql="可以包含占位参数?的SQL命令";
PreparedStatement pst=conn.createPreparedStatement(sql);   //预编译
```

使用占位参数(?)的查询，称为参数式查询。在执行查询前，必须使用接口 PreparedStatement 提供的 setObject()方法给参数赋值。

```
pst.setObject(int,Object);   //int为占位符序号，Object为参数值
```

对数据库的增加、删除和修改，即 SQL 是 insert、delete 或 update 命令，应使用如下的命令：

```
pst.executeUpdate();   //返回值为影响的记录行数
```

对数据库的选择查询，即 SQL 为 select 命令时，使用如下命令即可：

```
ResultSet rs=pst.executeQuery();   //得到记录集
```

注意：不带任何参数的 SQL 语句可以使用 Statement 接口(对象)。

1.4.4 封装 MySQL 数据库访问类

在开发含有数据库访问的动态页面时，为了实现代码的重用性和通用性，通常的做法是把访问数据库的代码封装到某个类里。

数据库访问类封装的原理是：将得到连接对象的代码封装在构造方法里，使用接口 PreparedStatement 实现不确定参数个数的通用查询。

使用 JDBC 方式访问 MySQL 的通用类文件 MyDB.java 的代码如下。

```
package dao;
import java.sql.*;
public class MyDb {
    private Connection conn = null;
    private PreparedStatement pst = null; //参数式查询必需
    private static MyDb mydb = null;
    private MyDb() throws Exception {     // 私有的构造方法，外部不能创建实例
        Class.forName("com.mysql.jdbc.Driver");
```

```
        String url = "jdbc:mysql://localhost:3308/DatabaseName?
                                    useUnicode=true&characterEncoding=utf-8";
        String username = "root";   //用户名
        String password = "root";   //密码
        conn = DriverManager.getConnection(url, username, password);
    }
    public static MyDb getMyDb() throws Exception{
        if(mydb==null)      //单例
            mydb=new MyDb();   //单例模式避免了对数据库服务器的重复连接
        return    mydb;
    }
    public ResultSet query(String sql, Object... args) throws Exception {
        // SQL命令中含有通配符，可变参数可以传递离散或数组两种方式的参数
        pst = conn.prepareStatement(sql);
        for (int i = 0; i < args.length; i++) {
            pst.setObject(i + 1, args[i]);
        }
        return pst.executeQuery();
    }
    public boolean cud(String sql, Object... args) throws Exception {
                                                    //增加_c，修改_u，删除_d
        pst = conn.prepareStatement(sql);
        for (int i = 0; i < args.length; i++) {
            pst.setObject(i + 1, args[i]);
        }
        //返回操作查询是否成功
        return pst.executeUpdate() >= 1 ? true : false;
    }
    public void closeConn() throws Exception { //关闭数据库访问方法
        if (pst != null && !pst.isClosed())
            pst.close();
        if (conn != null && !conn.isClosed())
            conn.close();
    }
}
```

注意：

(1) 对数据库的查询可分为选择查询和操作查询，分别对应于方法 query()和 cud()。

(2) 方法的第二参数是可变长参数，调用时实参值个数应与通配符个数相等。

(3) 可变实参可以传递离散或数组两种方式的参数。

(4) 类方法的第一参数的SQL命令中可以不包含任何通配符。

(5) PreparedStatement提供的方法executeQuery()的返回值类型是int，指示命令影响的行数；而使用方法execute()的类型返回值类型是boolean，指示命令是否执行。方法executeQuery与execute()都能完成对数据库的更新（包括删除和增加）。

1.5 Java单元测试与动态调试

1.5.1 单元测试JUnit 4

为了测试类方法的正确性，可以使用Java的单元测试JUnit 4。首先，需要对项目引用系统库JUnit 4，其方法是：右击项目名→Build Path→Add Libraries→JUnit→JUnit 4，在要测试的方法前加上注解@Test。

类文件编码完成后，通过双击方式来选中某个方法名，然后使用快捷菜单Run As→JUnit Test来运行该方法。一个使用JUnit 4进行方法测试的界面如图1.5.1所示。

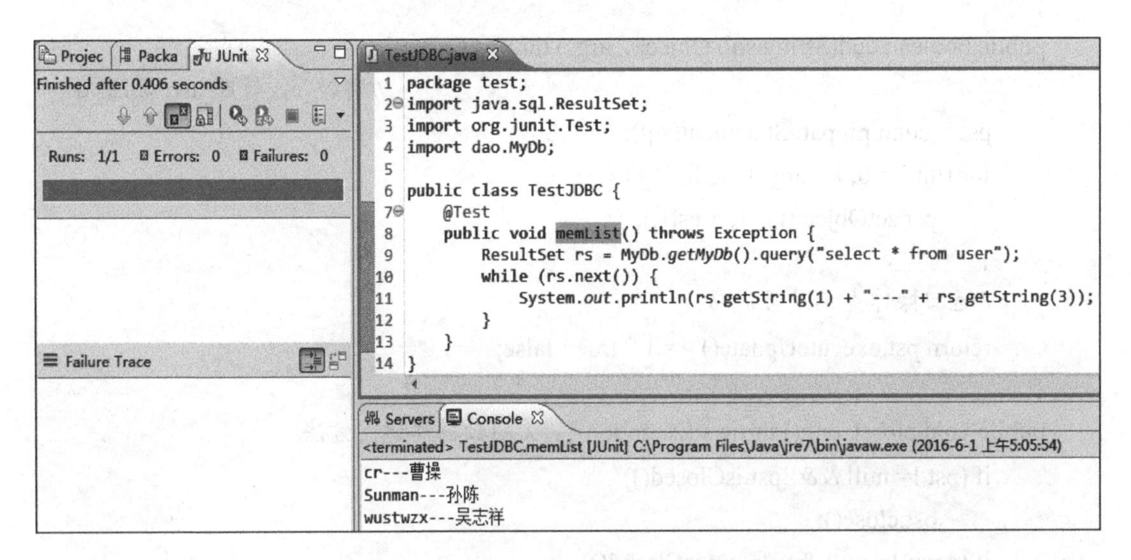

图1.5.1 一个使用JUnit 4进行方法测试的界面

注意：

(1) 单元测试通过时，有绿条出现，否则出现红条。

(2) 单元测试的优点是不必写很多含有main()方法的Java类来测试一个类的不同方法的正确性。

1.5.2　动态调试模式 Debug

为了跟踪程序的运行，通常需要使用动态调试模式(Debug)，其原理是：在代码窗口左边的浅灰色区域双击以设置断点(此时显示●)或取消断点(双击●)，然后单击爬虫工具，从而以 Debug As 方式来运行程序。

在动态调试时，通过按 F6 键(单步方式)或 F8 键(直接跳到下一个断点)，可以动态地观察到内存变量(或对象属性)的值和控制台的输出结果。

一个同时使用单元测试 JUnit 4 和动态调试程序的界面，如图 1.5.2 所示。

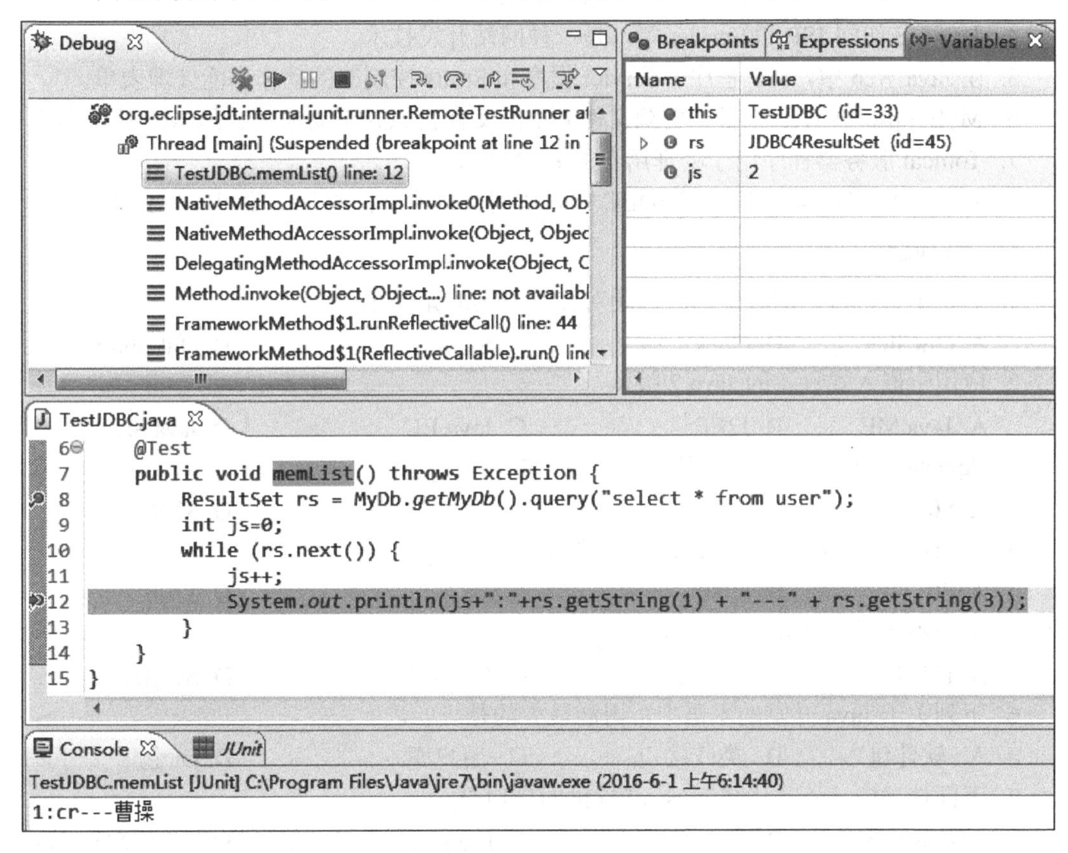

图 1.5.2　一个同时使用 JUnit 4 和动态调试程序的界面

注意：

（1）动态调试方法可以单独使用，例如对含有 main()方法的 Java 程序应用 Debug 模式。

（2）使用 Debug 调试后，需要单击红色的停止按钮■并选择 MyEclipse 视图后，才能切换视图到默认的模式。

（3）空指针异常(即使用了空值对象)是常见的运行错误，使用 Debug 调试能非常容易地检查出其原因。

习 题 1

一、判断题

1. JSP 页面不能包含 HTML 标签。
2. JavaScript 脚本可实现表单提交数据的客户端验证。
3. Java 编程时，开发者不必引入包 java.lang。
4. Java EE 如同 JSP 和 Servlet 等，是一种网站开发技术。
5. 在 Java Web 中，JSP 程序、Servlet 程序和 Struts 控制器的动作都能处理表单。
6. MyEclipse 中 Web 项目的资源文件夹里的文件会原封不动地部署到 Web 服务器里。
7. Tomcat 服务器程序用于处理用户的 FTP 请求。
8. Java 程序或者 Web 程序以 JDBC 方式访问数据库时，必须下载相应的驱动包。

二、选择题

1. 对表单进行客户端验证的方法是对标签<form>定义事件____。
   A. OnClick　B. Click　C. Submit　D. OnSubmit
2. 应用于嵌入式设备的 Java 2 版本是____。
   A. Java ME　B. J2EE　C. Java EE　D. Java SE
3. Apache Tomcat 服务器默认使用的通信端口是____。
   A. 80　B. 8080　C.8088　D. 3306
4. MySQL 数据库服务器默认使用的通信端口是____。
   A. 80　B. 8080　C.8088　D. 3306
5. 下列不属于网站开发技术的是____。
   A. HTML　B. JavaScript　C. Java EE　D. Servlet
6. 下列关于 Java 开发的术语中，内涵最大的是____。
   A. 软件包　B. 类或接口　C. 用户库　D. jar 包
7. 下面选项中，不是由包 java.sql 提供的接口是____。
   A. Connection　B. ResultSet　C. PreparedStatement　D. DriverManager

三、填空题

1. 在 MyEclipse 中，自动导包的快捷键是____。
2. 在 MyEclipse 中，格式化程序文本(含 JSP 页面代码)的快捷键是____。
3. Tomcat 服务器内置的站点对应于系统文件夹 webaaps 下名为____的子文件夹。
4. 使用 JDBC 提供的____接口能实现对数据库的参数式查询。
5. 网站开发中，对中文(含国际字符)的编码通常采用____和 gb2312(或 gbk)。

实验 1　Web 应用开发基础

一、实验目的

1. 掌握 Java Web 开发环境的搭建。
2. 掌握在 MyEclipse 里创建及部署 Java Web 工程的方法。
3. 掌握使用 JDBC API 访问 MySQL 数据库的一般步骤。
4. 掌握 MySQL 前端软件 SQLyog 的使用。
5. 掌握 JUnit 4 和动态调试的使用方法。

二、实验内容及步骤

【预备】访问本课程上机实验网站 http://www.wustwzx.com/javaee，下载本章实验内容的源代码(含素材)并解压，得到文件夹 ch01。

（一）建立 JSP 网站运行环境

(1) 安装 Java JDK 1.7，建立指向该安装目录的 Windows 环境变量 JAVA_HOME。

(2) 从作者教学网站里下载绿色版的 Tomcat 7，解压至 d:\tomcat7。

(3) 双击运行 d:\tomcat7\bin\startup.bat 后（不要关闭服务器窗口），在浏览器地址栏中输入 http://localhost:8080，访问 Tomcat 服务器内建的默认站点。

(4) 访问 http://www.wustwzx.com，从 Java EE 课程版块里下载 MyEclipse 2013，安装后运行破解工具，并按文档进行破解操作。

(5) 修改 MyEclipse 2013 安装目录里的配置文件 myeclipse.ini，使用 utf-8 编码。

(6) 在 MyEclipse 2013 里使用外部的 Web 服务器 Tomcat 7。

(7) 在 MyEclipse 2013 里设置 Java 内容编辑助手。

(8) 逐步掌握表 1.3.1 所列的若干快捷操作。

(9) 通过设置虚拟机 VM 参数，解决 Tomcat 工作时在 MyEclipse 控制台出现中文乱码问题。

（二）在 MyEclipse 中新建一个 Web 项目，在部署后进行浏览测试

(1) 在 MyEclipse 中新建一个名为 MyWeb 的 Web Project。

(2) 单击工具栏中的部署工具，选择 Web 项目，在选择 Web 服务器后，再选择默认的开发模式，添加项目 MyWeb。

(3) 使用 MyEclipse 下方的 Servers 选项，启动 Tomcat 7 并查看控制台显示的启动信息。

(4) 打开浏览器，分别访问 http://localhost:8080 和 http://localhost:8080/MyWeb。

(5) 单击 MyEclipse 下方的停止按钮后，使用 Servers 选项删除已经部署的 Web 项目。

(6) 使用 Servers 选项的添加部署菜单(Add Deployment)，在选择 Web 项目后，再选择非默认的产品模式。

(7) 查验在 d:\tomcat7\webapps 里建立了文件 MyWeb.war，没有项目文件夹 MyWeb。

(8) 使用 Servers 选项启动 Tomcat，查验已经在 d:\tomcat7\webapps 里建立了文件夹

MyWeb。

（三）使用 JDBC 访问 MySQL 数据库、单元测试 JUnit 和动态调试

(1) 访问 http://www.wustwzx.com，从 Java EE 课程版块里下载 MySQL 数据库软件，安装并牢记 MySQL 的安装密码。

(2) 从开始菜单里运行 MySQL 客户端，在命令行方式下输入登录 MySQL 服务器的用户名（root）及密码。登录成功后，输入“quit;”后退出。

(3) 安装 MySQL 的前端软件 SQLyog，首次运行需要输入登录 MySQL 服务器的用户名（root）及密码。

(4) 在 MyEclipse 中，导入解压文件 ch01 里名为 Java_Foundation 的 Java 项目。

(5) 在 SQLyog 里执行项目 Java_Foundation 的脚本文件 src/jdbc/memmana.sql，创建名为 memmana 的数据库。

(6) 查看使用 JDBC 访问 MySQL 数据库的通用类文件 src/jdbc/MyDb.java。

(7) 查看测试类 src/jdbc/TestJDBC.java 对类 MyDb 的调用。

(8) 分别对类 TestJDBC 做选择查询和操作查询的单元测试。

(9) 对测试类方法设置断点后进行单元动态调试。

三、实验小结及思考

(由学生填写，重点写上机中遇到的问题。)

使用纯 JSP 技术开发 Web 项目

JSP(Java server page)技术是 Java 技术家族的一部分，也是 J2EE 的一个组成部分。本章主要介绍了 JSP 的页面指令和动作标签、处理用户请求的 JSP 内置对象，还介绍了用于简化对 JSP 内置对象的 EL 表达式、用于 MVC 模式开发时所需要的 JSTL 标签，最后介绍了使用纯 JSP 技术实现的会员管理系统及 JSP 页面的动态调试方法。本章学习要点如下：

- 掌握 JSP 页面指令里几个主要属性的用法；
- 了解 JSP 页面里标签指令的作用；
- 掌握 JSP 页面里动作标签的用法；
- 了解 JSP 网站的工作原理；
- 掌握常用 JSP 内置对象(request、response 和 session)的使用方法；
- 掌握常用 EL 表达式的用法。

2.1　JSP 页面概述

JSP 是一种实现静态 HTML 和动态 HTML 混合编码的技术，JSP 程序是在传统的 HTML 文档中插入 Java 程序段或 JSP 标签而形成的，JSP 文档的扩展名为.jsp。JSP 页面结构如图 2.1.1 所示。

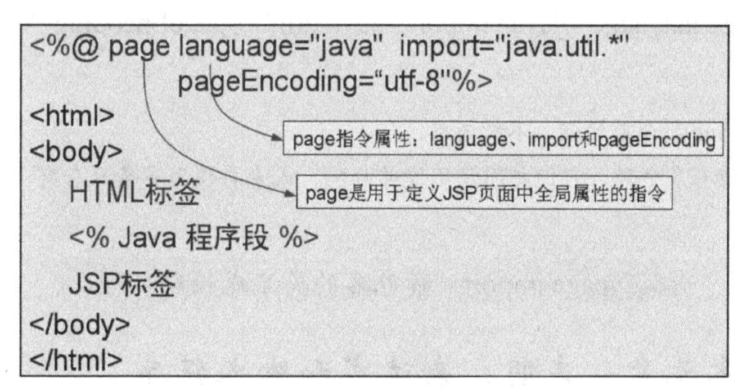

图 2.1.1　JSP 页面组成示意图

JSP 页面执行过程如下：

- JSP 页面中的 HTML 标记符号(静态部分)交给客户端浏览器直接显示；

- 服务器端执行<%和%>之间的Java程序(动态部分)，并把执行结果交给客户端的浏览器显示；
- 服务器端还要负责处理相关的 JSP 标记，并将有关的处理结果发送到客户的浏览器；
- 当多个客户端请求同一个JSP页面时，Tomcat服务器会为每个客户启动一个线程，线程负责响应相应的客户端请求。

请求JSP网站里的JSP页面时，执行过程如图2.1.2所示。

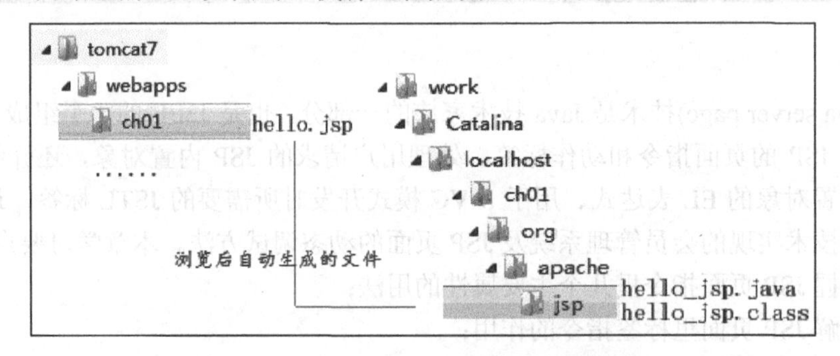

图 2.1.2　Web 服务器执行 JSP 页面的过程

注意：用户除了请求JSP页面外，还可以请求Servlet(参见第3.2节)或者是动作控制器的某个动作(参见第4章)。

2.1.1　JSP页面里的page指令

JSP页面里的page指令是JSP页面必需的，它声明了如下信息：

- 使用language属性，定义服务器的脚本语言类型；
- 使用import属性，指定JSP程序需要导入的类与接口；
- 使用pageEncoding属性，声明生成的页面的字符编码。

page指令的一个示例用法如下：

```
<%@ page language="java" import="java.util.* " pageEncoding="utf-8"%>
```

注意：

(1) JSP页面的page指令前的@，不能省略。

(2) import属性值有多个时，它们之间使用逗号分隔，或者再使用多条只含有import属性的page指令，即

```
<%@page import="带包名的类名或接口名"%>
```

2.1.2　JSP脚本元素：声明、表达式和脚本程序

1. 声明<%!...%>

声明<%!...%>用于在JSP页面中定义在整个页面内都有效的方法和变量，其用法格式如下：

```
<%! 声明变量或方法 %>
```

注意：在“<%”与“!”之间不要空格。

2. 表达式<%=...%>

JSP 表达式用于把 Java 程序处理的结果数据输出到页面，其使用格式如下：

```
<%=变量或有返回值的方法名()%>
```

注意：变量或方法名后没有分号。

3. 脚本程序段<%...%>

脚本程序段是指用 Java 语言编写的嵌在“<%...%>”标记内的程序段，可以进行变量定义、赋值和方法调用。

2.1.3　文件包含指令 include

JSP 页面包含指令 include 通过 file 属性将某个 JSP 文档包含到当前页面中，该指令的使用格式如下：

```
<%@ include file="文件名.jsp"%>
```

使用本方法，能方便地将显示网站主页头部的文件(通常命名为 header.jsp)或底部的文件(通常命名为 footer.jsp)包含到当前 JSP 页面中，能达到一改全改、统一网站外观的目的。

注意：

(1) 页面包含指令可以出现在页面<body>标签内的任何位置；

(2) 避免被包含的.jsp 文件与当前页面定义相同的 Java 脚本变量；

(3) header.jsp 与 footer.jsp 等被包含的 JSP 页面里，一般不使用标记<html>、<title>和<body>标签，但要使用 page 指令。

(4) 如果要向被包含的文件传递数据，则需要使用 JSP 动作标签<jsp:include>(参见第 2.1.5 小节)。

2.1.4　引入标签库指令 taglib

JSP 页面标签指令 taglib 的使用格式如下：

```
<%@ taglib prefix="标签前缀" uri="标签库描述符" %>
```

注意：uri 属性指定了 JSP 要在 web.xml 中查找的标签库描述符，它是标签描述文件(*.tld)的映射。在标签描述文件中，定义了标签库中各个标签的名字，并为每个标签指定一个标签处理类。

例如，在 MVC 模式及其框架开发的项目(详见第 3 章和第 4 章)里，为了在 JSP 里使用 JSTL 标签(参见第 2.3.2 小节)接收 Servlet 或动作控制器转发而来的数据，需要在 JSP 里使用 taglib 指令，其使用格式如下：

```
<%@ taglib prefix="c" uri="http://java.sun.com/jsp/jstl/core" %>
```

又如，在 Struts 项目(详见第 4 章)的 JSP 页面里，在使用 Struts 标签前，需要在页面里使用 JSP 的标签指令 taglib 引入 Struts 标签库，其用法格式如下：

```
<%@ taglib prefix="s" uri="/struts-tags"%>
```

2.1.5 JSP 动作标签

JSP 动作标签用来控制 Web 容器的行为，它包括<jsp:include>、<jsp:forward>、<jsp:useBean>、<jsp:setProperty>、<jsp:getProperty>、<jsp:plugin>、<jsp:fallback>、<jsp:param>和<jsp:params>等多种标签。

1. 包含文件动作标签<jsp:include>

动作标签<jsp:include>用于在当前 JSP 页面中嵌入另一个页面，其基本用法格式如下：

```
<jsp:include page="页面" flush=true/>
```

当向嵌入的 JSP 页面传递参数时，其用法格式如下：

```
<jsp:include page="JSP页面" flush="true" >
    <jsp:param name="p1" value="v1">
<jsp:param name="p2" value="v2">
    …
</jsp:include>
```

注意：

(1) 属性 flush="true"，表示清除保存在缓冲区中的数据。

(2) 动作标签<jsp:param>嵌入在动作标签<jsp:include>内，起传递参数的辅助作用。

(3) 在接收参数的页面里，需要使用方法 request.Parameter()方法。

2. 请求转发动作标签<jsp:forward>

动作标签<jsp:forward>用于转发请求，其基本用法格式如下：

```
<jsp: forward page="页面" />
```

当向转发的 JSP 页面传递参数时，其用法格式如下：

```
<jsp: forward page="JSP页面">
    <jsp:param name="p1" value="v1">
    <jsp:param name="p2" value="v2">
    …
</jsp: forward >
```

注意：

(1) 动作标签<jsp:param>与<jsp:include>和<jsp:forward>一起使用。

(2) <jsp:forward>从一个 JSP 文件传递信息到另外一个 JSP 文件后，<jsp:forward>后面的部分将不会被执行，而<jsp:include>是将包含的文件放在 JSP 中和它一起执行。

3. JavaBean 动作标签 <jsp:useBean>、<jsp:setProperty>和<jsp:getProperty>

动作标签<jsp:useBean>用于在 JSP 页面里创建一个 JavaBean 实例；而动作标签

<jsp:setProperty>和<jsp:getProperty>分别用于设置 JavaBean 属性和获取 JavaBean 属性，需要与动作标签<jsp:useBean>一起使用。

动作标签<jsp: JavaBean>及相关标签的用法，详见第 3.1 节。

4. Java 插件动作标签 <jsp:plugin>

动作标签<jsp:plugin>可以在页面中插入 Java Applet 小程序或 JavaBean，它能够在客户端运行，并根据浏览器的版本转换成<object>或<embed>标签。当转换失败时，由动作标签<jsp:fallback>显示提示信息，其用法格式如下：

```
<jsp:fallback>提示信息文本</jsp:fallback>
```

此外，还可以使用动作标签<jsp:params>向 Applet 或 JavaBean 传递参数，动作标签<jsp:params>只能与<jsp:plugin>一起使用，其使用格式如下：

```
<jsp:params>
    <jsp:param name="p1" value="v1">
    <jsp:param name="p2" value="v2">
    …
</jsp: params >
```

注意：

(1) 动作标签<jsp:fallback>和<jsp:params>是辅助动作标签<jsp:plugin>的。

(2) Applet 是一种特殊的 Java 程序,它本身不能单独运行,需要嵌入在一个 HTML 文件中,借助于浏览器来解释执行。

【例 2.1.1】使用 JSP 动作标签<jsp:forward>实现请求转发。

【功能说明】在页面 example2_1_1.jsp 中，产生一个 10 以内的随机整数，这个整数大于或等于 5 时，转发到页面 example2_1_1a.jsp 中，显示随机数和相关说明信息；这个整数小于 5 时，转发至页面 example2_1_1b.jsp 中，显示随机数和相关说明信息。转发后，浏览器地址栏中仍然是页面 example2_1_1.jsp 地址(即不是通常的跳转)，连续按 F5 键刷新时，其内容会发生变化。

页面 example2_1_1.jsp 产生一个随机数并将其转发至其他页面，其代码如下：

```
<%@ page language="java" import="java.util.*" pageEncoding="utf-8"%>
<HTML>
 <HEAD>
  <TITLE>使用forward动作标签</TITLE>
 </HEAD>
 <BODY>
  <%
    int i=(int)(Math.random()*10);//产生随机数
    if(i>=5){
  %>
```

```
    <jsp:forward page="example2_1_1a.jsp">
        <jsp:param name="sjs" value="<%=i%>" />
    </jsp:forward>
  <%
    }else{
  %>
    <jsp:forward page="example2_1_1b.jsp">
        <jsp:param name="sjs" value="<%=i%>" />
    </jsp:forward>
  <%}%>
 </BODY>
</HTML>
```

当随机数大于或等于 5 时，将转发至页面 example2_1_1a.jsp，本页面显示转发过来的参数，其主体部分的代码如下：

```
<BODY>
  <%
   String sjs=request.getParameter("sjs");//接收参数
  %>
  页面中产生的随机数是：<%=sjs%></br>
  您得到的数大于或等于5。<hr/>
  提示：连续按F5刷新页面，可以观察到页面内容的变化！
</BODY>
```

页面 example2_1_1a.jsp 用于当随机数小于 5 时的请求转发，其主体部分的代码如下：

```
<BODY>
  <%
   String sjs=request.getParameter("sjs");//接收参数
  %>
  页面中产生的随机数是：<%=sjs%></br>
  您得到的数小于5。<hr/>
  提示：连续按F5刷新页面，可以观察到页面内容的变化！
</BODY>
```

页面浏览效果，如图 2.1.3 所示。

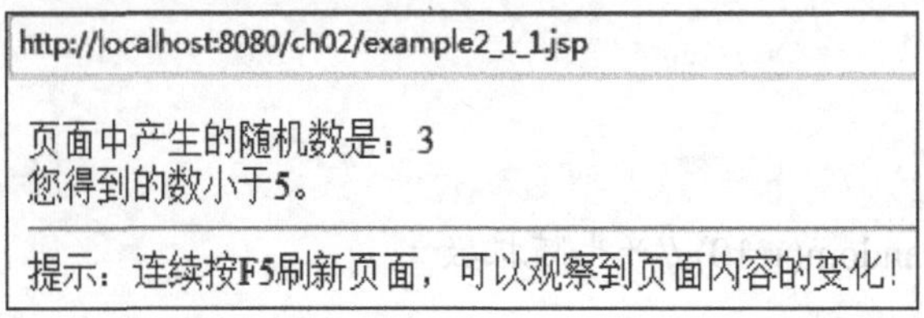

http://localhost:8080/ch02/example2_1_1.jsp

页面中产生的随机数是：3
您得到的数小于5。

提示：连续按F5刷新页面，可以观察到页面内容的变化！

图 2.1.3 页面 example2_1_1.jsp 浏览效果

2.2　JSP 内置对象与 Cookie 信息

JSP 容器(如 Tomcat)为用户创建了 9 个可以直接使用的内置对象，它们分别是 out，response，request，session，application，config，pagecontext，page 和 exception。所有这些对象在 Tomcat 容器启动时自动创建，程序员在 JSP 程序里可以直接使用这些对象(属性或方法)。

2.2.1　向客户端输出信息对象 out

JSP 内置对象 out，用来向客户端发送数据(文本级)，其内容将显示在客户端浏览器中。out 的常用方法是 println(exp)。其中，exp 可以是普通文本、含有变量的表达式，甚至是作为特殊字符串的 JS 脚本。例如：

```
out.println("<script>alert('你还没有登录......')</script>");
```

注意:

(1) <%out.println(exp)%>与 JSP 表达式用法<%=exp%>等效。

(2) out 为抽象类 java.io.Writer 的实例。

(3) out 对象的 println()方法的换行功能在浏览器中失效。页面中需要换行时，可在输出字符串中加上特殊的字符串，如加上特殊的字符串——HTML 换行标记“
”。

2.2.2　响应对象 response

response 对象代表服务器对客户端请求的响应，它所常用的方法如表 2.2.1 所示。

表 2.2.1　response 对象的常用方法

方　法　名	功 能 描 述
sendRedirect(String location)	重定向请求，产生页面跳转
setContentType("text/html;charset=code")	设置响应信息的字符编码，其中 code 常取 utf-8
getWriter()	获取 PrinterWriter 类型的响应流对象
void setHeader(String name, String value)	设置页面自动刷新和自动跳转
addCookie()	建立 Cookie 信息，向客户端写入一个 Cookie

注意:

(1) response 对象是接口 javax.servlet.http.HttpServletResponse 的实例。

(2) response.sendRedirect()产生客户端跳转，此时地址栏会相应地变化。前面介绍的 JSP 转发动作标签<jsp:forward>属于服务器端跳转。

(3) 使用 Servlet 实现的转发，属于服务器端跳转(参见第 3.2 节)，Servlet 转发不会引起浏览器地址栏里地址的变化。

2.2.3 请求对象 request

JSP 内置对象 request 是接口 javax.servlet.http.HttpServletRequest 的实例，是 JSP 最重要的内置对象之一，封装了客户端请求的相关信息。

对象 request 主要封装了表单提交的数据、超级链接时传递的参数、客户端的 IP 地址和 Cookie 信息等，对象具有获取这些信息的相关方法，如表 2.2.2 所示。

表 2.2.2 request 对象的常用方法

方 法 名	功 能 描 述
String request.getParameter("name")	获得客户端的请求数据，对应于参数 name 的值
String[] request.getParameterValues("name")	获得客户端的请求数据，对应于参数 name 的数组
void setCharaterEncoding("code")	设定请求信息的编码，code 通常取值 utf-8
void setAttribute("kn",obj)	属性设置，kn 为键名，obj 为任意类型的键值
Object getAttribute("kn")	属性获取，返回值为顶级的 Object 类型
String getRemoteAddr()	获取客户端 IP 地址
HttpSession getSession()	获得会话对象

【例 2.2.1】使用 JSP 内置对象处理含有复选项的表单。

表单页面 example2_2_1.jsp 的完整代码如下：

```
<%@ page language="java" import="java.util.*" pageEncoding="utf-8"%>
<html>
  <head>
        <title>含有复选的表单页面</title>
  </head>
<form action="example2_2_1a.jsp">
    姓名<input type="text" name="username"><br>
    选出你喜欢吃的水果：<br>
    <input type="checkbox" name="checkbox1" value="apple">苹果
    <input type="checkbox" name="checkbox1" value="watermelon">西瓜
    <input type="checkbox" name="checkbox1" value="peach">桃子
    <input type="checkbox" name="checkbox1" value="grape">葡萄
    <br> <input type="submit"   value="提交">
</form>
</html>
```

表单处理页面 example2_2_1a.jsp 的完整代码如下：

```
<%@ page language="java" import="java.util.*" pageEncoding="utf-8"%>
<html>
  <head>
        <title>处理含有复选的表单页面</title>
  </head>
<BODY>
    你好，<%=request.getParameter("username")%> <br>
    <%
    String love=new String("你喜欢吃的水果有：");
    String[] params = request.getParameterValues("checkbox1");
    if( params!=null )  {
        for(int i=0;i<params.length;i++)
        love+=params[i]+"    ";
    }
   %>
   <%=love%>
</BODY>
</html>
```

表单提交前后的运行效果如图 2.2.1 所示。

图 2.2.1　表单提交前后的运行效果

2.2.4　会话对象 session

当一个客户端访问一个 Web 服务器时，可能会在这个服务器的多个页面之间反复跳转，服务器应当通过某种办法来识别这是来自同一个客户端的不同请求，这种办法通常就是使用 session 对象。

从一个客户端打开浏览器并连接到服务器，到客户端关闭浏览器离开这个服务器的过程，称为一个会话。JSP 内置对象 session 就是代表服务器与客户端所建立的会话。

当一个客户首次访问服务器上的页面时，服务器将产生一个 session 对象，同时自动分配一个 String 类型的 ID 号，它是由不重复的字母和数字组成的系列。

当客户端再访问服务器的其他页面时，服务器不再分配给客户端新的 session，直到客户端关闭浏览器，session 对象才被取消。

session 用来保存客户端状态信息，由 Web 服务器完成。Web 服务器通过读取客户端提交的 session 来获取客户端的状态信息。存储在服务器缓存区的 session 信息，不会因为网页的跳转而消失或者变化。

通过 session，可以实现在一个会话期间的多页面间的数据共享/传递。

session.setAtrribute(String name, Object value)用 value 来初始化 session 对象的某个属性(name 指定)值，如果指定的属性不存在，则新建一个；如果已存在，则更改 name 属性的值。

session.getAtrribute(String name)可以获得由 name 指定名称的 session 对象属性的值，方法返回的是一个 Object 对象，因此，对返回的对象要用强制转换的方式将其转换为此对象原来的类型。如果属性不存在，则返回空值(null)。

session 信息保存的有效期，通过 session. setMaxInactiveInterval(int n)可以设置。如果通过方法 session.getMaxInactiveInterval()获取的值是一个负数，则表明该 session 用户永远不会超时。

注意：session 对象是 javax.servlet.http.HttpSession 接口的实例化对象。

session 对象的常用方法如表 2.2.3 所示。

表 2.2.3 session 对象的常用方法

方 法 名	功 能 描 述
getId()	返回 JSP 引擎创建 session 对象时设置的唯一 ID 号
isNew()	返回服务器创建的一个 session，客户端是否已经加入
setAttribute(属性名,值)	设置指定名称的属性值
getAttribute(属性名)	获取指定的属性值
getValueNames()	返回一个包含此 session 中所有可用属性的数组
removeValue(String name)	删除 session 中指定的属性
setMaxInactiveInterval(int n)	设置 session 信息的有效期，默认值为 1800 秒(30 分钟)
getMaxInactiveInterval()	获取 session 信息的有效期
invalidate()	取消 session，使 session 不可用

注意：

(1) 除 session 标识这个特殊的信息写在客户端硬盘外，其他都保存在服务器端。

(2) 关闭浏览器时，并不立即释放所有 session 对象占用的内存空间，因为 session 对象有一定的生命周期，所以，session 对象在关闭浏览器且到期时才会消失。

(3) 在同一台计算机中，使用不同的浏览器同时打开若干个窗口访问 JSP 网站，Web 服务器对 session 标识的产生有一定的差异。例如，IE 浏览器产生的 session 标识相同(即认为是同一用户)，而 360 浏览器产生的 session 标识不同(即认为是不同的用户)。

【例 2.2.2】用户登录与注销。

登录表单页面 exampl2_2_2.jsp 的代码如下：

```
<%@ page language="java" import="java.util.*" pageEncoding="utf-8"%>
<html>
```

```
  <head>
     <title>用户登录与注销</title>
   </head>
  <body>
   <form   action="example2_2_2a.jsp" method="post">
            姓名<input type="text" name="username"/><br>
           密码<input type="password" name="password"/><br>
        <input type="submit"   value="登录" id="submit"/>
   </form>
  </body>
</html>
```

表单处理程序 exampl2_2_2a.jsp 的代码如下：

```
<%@ page language="java" import="java.util.*" pageEncoding="utf-8"%>
<%
    String username=request.getParameter("username");
    String password=request.getParameter("password");
    if(username.equals("wustzz")&&password.equals("123456")){
        out.print("登录成功，欢迎"+username);
        session.setAttribute("username",username);
           out.print("</br><a href='example2_2_2b.jsp'>example2_2_2b.jsp页面</a>");
        out.print("</br><a href='example2_2_2.jsp'>注销</a>");
    }
    else{
        out.print("用户名或密码不正确,3秒钟之后重新登录");
         response.setHeader("refresh","3;url='example2_2_2.jsp'") ;
    }
%>
```

登录成功页面 exampl2_2_2b.jsp 的代码如下：

```
<%@ page language="java" import="java.util.*" pageEncoding=" utf -8"%>
<%
    if(session.getAttribute("username")==null){
        out.print("你还没有登录,3秒钟之后重新登录");
         response.setHeader("refresh","3;url='example2_2_2.jsp'") ;
    }
    else{
%>
    欢迎<%=(String)session.getAttribute("username") %>
```

```
    <br/>
    =====example2_2_2b.jsp页面内容=====<br/>
    <a href="example2_2_2c.jsp">注销</a>
<%} %>
```

注销程序 exampl2_2_2c.jsp 的代码如下：

```
<%@ page language="java" import="java.util.*" pageEncoding=" utf -8"%>
<%
    session.invalidate() ;   //让session信息失效
    response.sendRedirect("example2_2_2.jsp");
%>
```

用户成功登录后的运行效果，如图 2.2.2 所示。

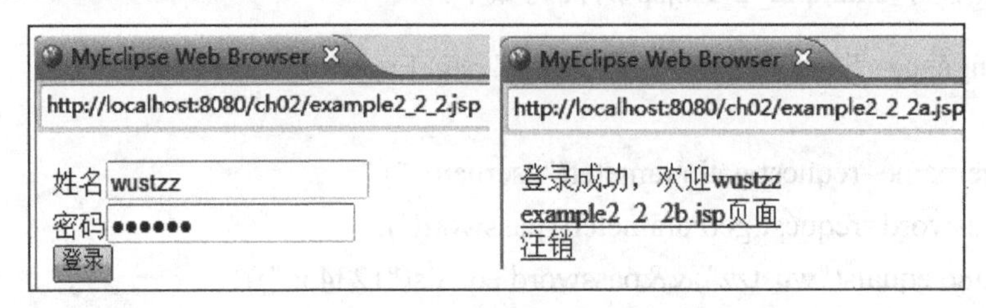

图 2.2.2 用户登录与注销界面

2.2.5 应用的共享对象 application

Web 服务器一旦启动，就会自动创建 application 对象，并一直保持，直到服务器关闭。

application 对象负责提供应用程序在服务器中运行时的一些全局信息，客户端使用的 application 对象都是一样的。在此期间，在任何地方对 application 对象相关属性的操作，都将影响到其他用户对此的访问。

application 对象可以实现用户数据的共享和传递。

application.setAttribute(String name, Object value)用 value 来初始化 application 对象某个属性(name 指定)的值。如果指定的属性不存在，则新建一个；如果已存在，则更改 name 属性的值。

application.getAttribute(String name)用来获得由 name 指定名称的 application 对象属性的值，其方法返回的是一个 Object 对象。因此，对返回的对象要用强制转换的方式将其转换为此对象原来的类型。如果属性不存在，则返回空值(null)。

对象 application 在服务器启动后自动产生，这个对象存放的信息在多个会话和请求之间能实现全局信息共享。

使用 application 类型的变量可以实现站点中多个用户之间在所有页面中的信息共享。

注意：

(1) 对象 application 是 javax.servlet.ServletContext 接口类型的实例。

(2) application 为全局变量，而 session 变量是局部变量。

一旦分配了 application 对象的属性，它就会持久地存在，直到关闭或重启 Web 服务器。application 对象针对所有用户，在应用程序运行期间会持久地保存。JSP 内置对象 application 的常用方法，如表 2.2.4 所示。

表 2.2.4　application 对象的常用方法

方 法 名	功 能 描 述
setAttribute(属性名,属性值)	设置指定属性名称的属性值
getAttribute(属性名)	获取指定的属性值
getServerInfo()	返回当前版本 Servlet 编译器的信息
getRealPath()	得到虚拟目录对应的物理目录(绝对路径)
getContextPath()	获取当前的虚拟路径名称(相对网站根目录而言)
getAttributeNames()	获取所有属性的名称
removeAttribute()	删除指定属性

【例 2.2.3】使用 JSP 内置对象 session 和 application，统计页面访问次数。

【设计要点】

(1) 使用 application 对象的属性保存页面的访问量；

(2) 当有新 session 时，访问量加 1；

(3) 首次访问时，设置 application 对象表示访问量的 num 属性。

页面 example2_2_3.jsp 的完整代码如下：

```
<%@ page language="java" import="java.util.*" pageEncoding=" utf -8"%>
<html>
  <head>
     <title>页面访问次数统计</title>
   </head>
  <body>
    <%
        int visit_num;
        String strNum=(String)application.getAttribute("num");
        if(strNum!=null)
             visit_num=Integer.parseInt(strNum);
        else
             visit_num=1; //首次访问
        if(session.isNew())   //判断是否为新会话(用户)
             visit_num=visit_num+1;
        application.setAttribute("num",String.valueOf(visit_num));
     %>
     <h3>欢迎您！您是本页面的第<%=visit_num%>位访客。</h3><hr/>
```

```
复制访问地址，使用另一个不同类型的浏览器访问，以观察人数的变化(增加)
  </body>
</html>
```

页面浏览效果，如图 2.2.3 所示。

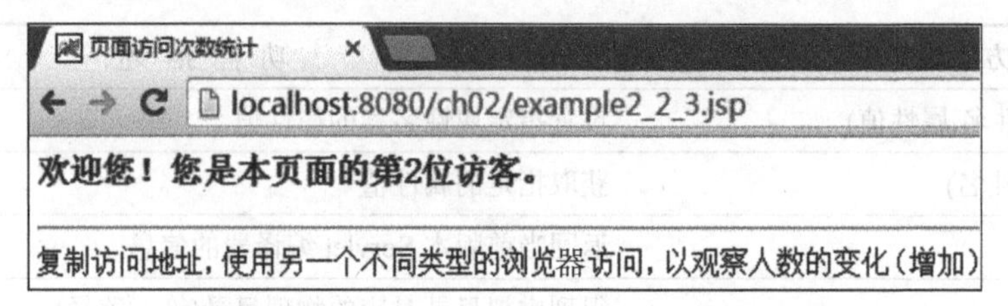

图 2.2.3 页面 example2_2_3.jsp 浏览效果

注意：

(1) 由于没有将访问量写入数据库，所以在服务器重启后将重新统计。

(2) 在同一台机器上测试时，新开浏览器窗口是否作为一个新 session，不同的浏览器处理不一样，选择 360 浏览器可以增加人数，而 IE 不增加。

(3) JSP 网站在线人数的统计通过监听器实现，参见第 3.5.2 小节。

2.2.6 页面上下文对象 pageContext

对象 pageContext 是抽象类 javax.servlet.jsp.PageContext 的一个实例，表示该 JSP 页面上下文。通过 pageContext 对象，可以访问页面内的所有对象，或者重新定向客户端的请求。抽象类 PageContext 的定义，如图 2.2.4 所示。

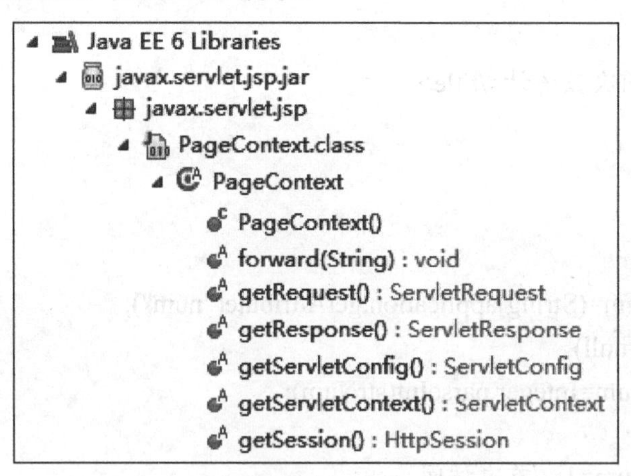

图 2.2.4 抽象类 PageContext 的定义

注意：

(1) 在实际项目开发中，很少使用 pageContext 对象，因为可以直接调用 request 和 response 等内置对象的相关方法。

(2) 在 Servlet 中，经常对 ServletContext 这个上下文内容接口编程，参见第 3.2 节。

2.2.7　Cookie 信息的建立与使用*

Cookie，有时也用其复数形式 Cookies，又称为浏览器缓存，是指某些网站为了辨别用户身份、进行 session 跟踪而储存在用户本地终端上的数据(通常经过加密)。最新的规范是 RFC6265。

Cookie 是由服务器端生成的，发送给 User-Agent(一般是浏览器)，浏览器会将 Cookie 的 key/value 保存到某个目录下的文本文件内，下次请求同一网站时就发送该 Cookie 给服务器(前提是浏览器设置为启用 Cookie)。

Cookie 名称和值可以由服务器端定义。对于 JSP 而言，也可以直接写入 jsessionid，这样服务器就知道该用户是否为合法用户以及是否需要重新登录等，服务器可以设置或读取 Cookies 中包含的信息，借此维护用户与服务器会话的状态。

Cookie 可以保持登录信息到用户下次与服务器的会话，换句话说，下次访问同一网站时，用户会发现不必输入用户名和密码就已经登录了(当然，不排除用户手工删除 Cookie)。还有一些 Cookie 在用户退出会话的时候就被删除了，这样可以有效保护个人隐私。

Cookie 在生成时就会被指定一个 Expire 值，它就是 Cookie 的生存周期，在这个周期内 Cookie 有效，超出周期 Cookie 就会被清除。如果页面将 Cookie 的生存周期设置为 0 或负值，则在关闭浏览器时就马上清除 Cookie。

注意：

(1) 使用浏览器选项菜单可以设置 Cookie 的安全级别。

(2) Cookie 信息是指存放在客户端硬盘里的信息。

Cookie 信息与 JSP 内置对象存在关联。例如：Web 服务器为来访者自动创建的 Session ID，就以 Cookie 形式存放；Cookie 信息的建立与获取，需要分别使用 response 和 request 对象。

类 Cookie 的定义，如图 2.2.5 所示。

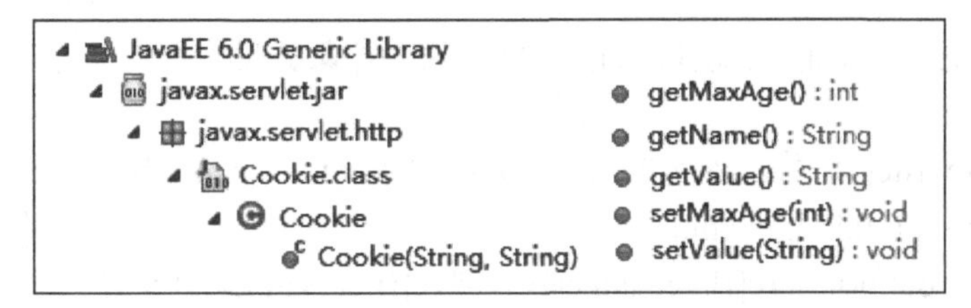

图 2.2.5　类 Cookie 的定义

建立一个 Cookie 信息，需要使用 Cookie 类的构造方法，其用法格式如下：

```
Cookie名= Cookies("属性名",属性值);
```

为了将某个 Cookie 信息发送至客户端，还需要使用 response. addCookie()方法。

获取存放在客户端硬盘里的 Cookie 名称信息，其用法格式如下：

```
Cookie[] 存放的属性数组名=request.getCookies();
```

在 JSP 中，通过 getValue()方法可以获取属性值。使用 setMaxAge(int expiry)方法来设置 Cookie 的存在时间，参数 expiry 应是一个整数。expiry 为正值，表示 Cookie 将在这么多秒以后失效；为负值，表示当浏览器关闭时，该 Cookie 将会被删除。

注意：

(1) 方法 request.getCookies()获取的是存放 Cookie 信息的对象数组。

(2) Web 服务器为来访者建立的 session 标识，是自动建立的 Cookie 信息。

Cookie 类提供的主要方法，如表 2.2.5 所示。

表 2.2.5　Cookie 类提供的主要方法

方 法 名	功 能 描 述
Cookie(String name,String value)	构造方法，实例化对象
Cookie[] getCookies()	获取客户端设置的全部 Cookie
getName()	获得 Cookie 的属性名
getValue()	获得 Cookie 的属性值
setMaxAge(int)	设置 Cookie 的保存时间，单位为秒

【例 2.2.4】Cookie 信息的建立与使用。

读取所有 Cookie 信息的页面 example2_2_4r.jsp 的源代码如下：

```
<%@ page language="java" import="java.util.*" pageEncoding="utf-8"%>
<html>
  <head>
     <title>Cookie信息处理.读</title>
  </head>
  <body>
    <%
        Cookie[]c=request.getCookies();//读取Cookie对象数组
        if(c!=null){
            out.write("目前，本机可用的Cookie信息如下：<hr/>");
            for(int i=0;i<c.length;i++)
                out.println(c[i].getName()+"---"+c[i].getValue()+"<br/>");
            }
        else
            out.write("本机目前没有可以使用的Cookie信息！");
     %>
  </body>
</html>
```

建立两条 Cookie 信息的页面 example2_2_4w.jsp 的源代码如下：

```
<%@ page language="java" import="java.util.*" pageEncoding="utf-8"%>
```

```
<html>
  <head>
     <title>Cookie信息处理·写</title>
   </head>
  <body>
    <%
          Cookie myCookie1=new Cookie("xm","wzx"); //创建对象
          Cookie myCookie2=new Cookie("pwd","abc123");
          myCookie1.setMaxAge(5); //设置存活时间(有效期)为5秒
          myCookie2.setMaxAge(15); //设置存活时间(有效期)为5秒
          response.addCookie(myCookie1); //写入客户端硬盘
          response.addCookie(myCookie2);
          out.write("已经成功建立了两个自定义的Cookie信息!");
     %>
          <a href="example2_2_4r.jsp">重新获取Cookie信息</a>
  </body>
</html>
```

先浏览页面 example2_2_4w.jsp，再浏览 example2_2_4r.jsp 时的页面效果，如图 2.2.6 所示。

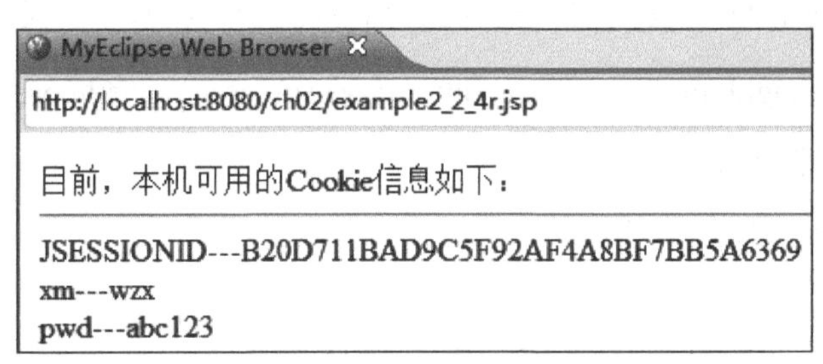

图 2.2.6　Cookie 信息的建立与使用

注意：

(1) JSESSIONID 是用户请求时容器自动创建的并保存在客户端硬盘上的用户标识。

(2) 由于自定义的 Cookie 设置了存活时间，因此，在创建后的 5 秒内浏览 example2_2_4r.jsp 会出现 3 条 Cookie 信息。

2.3　表达式语言 EL 与 JSP 标准标签库 JSTL

2.3.1　表达式语言 EL

JSP 表达式在实际开发中应用广泛，因为该表达式能实现对 pageContext、session 和

request 等内置对象的简化访问，包括请求参数、Cookie 和其他请求数据的简单访问。

表达式语言(EL，expression language)是一种简单、容易使用的语言，并且可以表示快速访问 JSP 内置对象和 JavaBean 组件。调用 EL 表达式的一般格式如下：

```
${表达式}
```

例如，在 JSP 页面中输出 session.getAttribute("un")时，可以使用与之等效的 EL 表达式

```
${sessionScope.un} 或 ${un}
```

又如，与 request.getAttribute("pwd")等效的 EL 表达式是：

```
${requestScope.pwd} 或 ${pwd}
```

2.3.2 JSP 标准标签库 JSTL

JSTL(Java server pages standarded tag library，即 JSP 标准标签库)是由 JCP(Java community Process)所制定的标准规范，它主要提供给 Java Web 开发人员一个标准通用的标签库，并由 Apache 的 Jakarta 小组来维护。

Web 程序员能够利用 JSTL 和 EL 来开发页面，取代传统直接在页面上嵌入 Java 程序的做法，以提高程序的阅读性、维护性和方便性。

在 JSP 页面里使用 JSTL 标签时，需要在 JSP 页面开头加入如下代码：

```
<%@ taglib prefix="c" uri="http://java.sun.com/jsp/jstl/core" %>
```

1. 条件执行标签 <c:if>

条件执行标签的一般格式如下:

```
<c:if test="测试条件" >
    标签体
</c:if>
```

执行条件标签的流程是：先计算测试条件表达式，当 test 属性值为真时才执行标签体；否则，跳过条件体而执行后继标签。

2. 循环标签 <c:forEach>

标签<c:forEach>常用于访问集合对象里的各个元素，常用格式如下：

```
<c:forEach  items="${集合名}"  var="变量名">
    标签体
</c:forEach>
```

注意：

(1) 循环标签一般与 EL 表达式连用，其中，items 属性指向转发数据。

(2) 标签<c:forEach>的使用示例，参见会员管理项目 MemMana3 里 index.jsp 页面显示转发的新闻列表数据。

2.4 纯 JSP 技术实现的会员管理项目 MemMana1

2.4.1 项目总体设计及功能

使用纯 JSP 技术完成的会员管理项目 MemMana1 的主页效果，如果 2.4.1 所示。

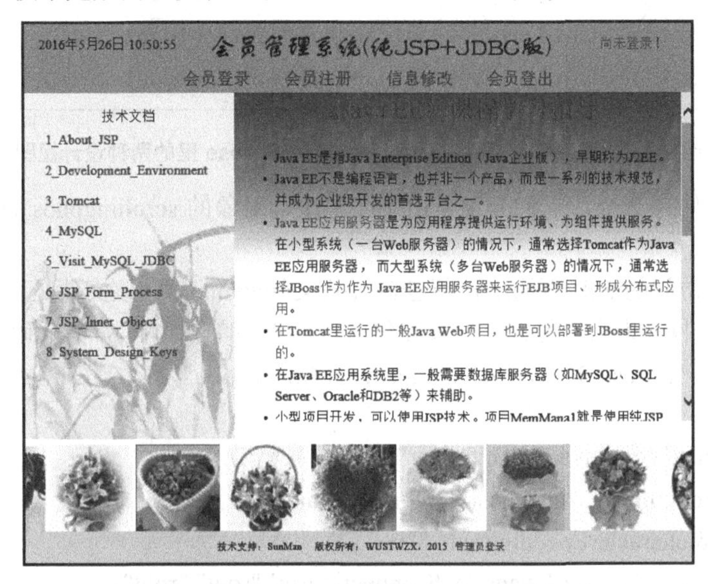

图 2.4.1 一个使用了页内框架布局的主页效果

会员管理项目 MemMana1 的文件系统，如果 2.4.2 所示。

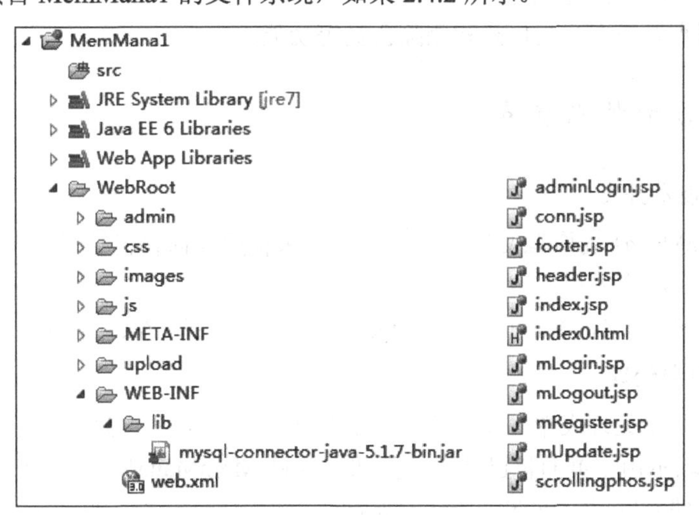

图 2.4.2 项目 MemMana1 的文件系统

页面头部文件 header.jsp 供每个功能页面调用，包含 2 行。其中，第 1 行分为 3 个并排的 Div，第 2 行是并排 UL 列表项完成的水平导航菜单。

页面头部文件 header.jsp 在 MyEclipse 里对应于两种不同内核的浏览器的设计视图，如图 2.4.3 所示。

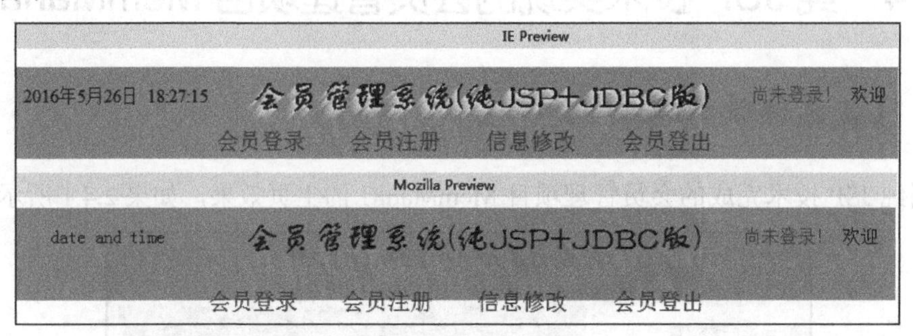

图 2.4.3　页面头部文件 header.jsp 在 MyEclipse 里的两种设计视图

页面底部文件有 2 个，它们分别是用于产生滚动对象的 scrollingphos.jsp 和版权等信息的 footer.jsp。

含有数据库访问的 JSP 页面里，都包含公共文件 conn.jsp，该文件是用来连接 MySQL 数据库的辅助文件(因为它只能被其他页面包含，而不能单独访问)，其代码如下：

```
<%@page import="java.sql.DriverManager,java.sql.Connection"%>
<%
    Class.forName("com.mysql.jdbc.Driver");   //加载驱动
    String url="jdbc:mysql://localhost:3308/memmana1?
useUnicode=true&characterEncoding=utf-8";
    Connection conn=DriverManager.getConnection(url,"root","root");
%>
```

项目 MemMana1 的前台主要有会员注册、会员信息修改、登录与登出等功能，管理员登录后可以使用查看所有会员信息和删除会员等功能。

2.4.2　项目若干技术要点

1. 纯 JSP 技术开发

在项目 MemMana1 的资源文件夹 src 里，未使用任何自己编写的类，是因为业务逻辑及显示都含于 JSP 页面里。

注意：在以后的项目里，会使用自己建立的类文件，这时 src 不再是空的。

2. 使用表单自处理

表单自处理是指处理表单提交的程序与表单页面合二为一，为此，标签<form>的属性 action 不指定，表示由本页面自己处理。例如，项目 MemMana1 里采用自处理方式的用户登录，对应的文件 mLogin.jsp 的主要代码如下：

```
<%@page language="java" pageEncoding="utf-8"
                    import="java.sql.PreparedStatement,java.sql.ResultSet"%>
```

```
<html>
<head>
    <title>会员登录</title>
</head>
<body>
<form method="post">
    会员名称: <input type="text" name="username">*<br/>
    会员密码: <input type="password" name="password"><br/>
    <input type="submit" value="登录"/>        </form>
</body>
</html>
<%@include file="conn.jsp"%>   <!-- 得到连接对象conn -->
<%
String un=request.getParameter("username");
String pw=request.getParameter("password");
//out.print(un);  //加载本页面时， un为null值(无须按提交按钮)
if(null != un){
    if(un.trim().length()>0){   //必填
        String sql="select * from user where username=? and password=?";   //参数式查询
        PreparedStatement pst = conn.prepareStatement(sql);
        pst.setString(1, un);   //注入参数1
        pst.setString(2, pw); //注入参数2
        ResultSet rs = pst.executeQuery();   //预编译
            if(rs.next()){
                //会话跟踪
                session.setAttribute("username", rs.getString(1));
                response.sendRedirect("index.jsp"); //重定向
            }else{
                out.print("<script>alert('用户名或密码错误!');
                                        location.href='index.jsp'</script>");
            }
    }else{
        out.print("<script>alert('用户名不能空!')</script>");
}
%>
```

注意：

(1) 表单处理程序的代码应出现在表单标签<form>之后。

(2) 初次加载本页面时，因为 request.getParameter("username")为 null，所以表单自处理程序需要有空值判断。

(3) 当用户名或密码输入有错误时，先使用浏览器顶级对象 window 的 alert()方法出现消息框，确定后消息框消失，再通过浏览器二级对象 location 实现客户端跳转。如果不使用 JS 实现跳转，而使用 response.sendRedirect()，则用户无法感受有消息框的效果(因为后者是服务器端进行的立即跳转)。

3. 用户注册页面使用客户端 JS 验证

项目 MemMana1 里的会员注册页面，对表单提交元素值的有效性，使用了 JS 脚本验证，对应的文件 mRegister.jsp 主体部分的主要代码如下：

```
<body>
<form name="registerForm" method="post" onsubmit="return check()">
    会员名称：<input type="text" name="username">*<br/>
    会员真名：<input type="text" name="realname"><br/>
    会员密码：<input type="password" name="password"><br/>
    电话号码：<input type="text" name="mobile"><br/>
    年  龄：<input type="text" name="age">*<br/>
    <input type="submit" value="注册"/></form>
<script>
        function check(){  //自定义验证方法
            if(registerForm.username.value==""){
                alert("用户名必须输入！");
                registerForm.username.focus(); //获得焦点
                return false;  //当前端检验出错误时不会提交至服务器
            }
            if(registerForm.age.value==""){
                alert("年龄必须输入！");
                registerForm.age.focus(); //获得焦点
                return false;
            }
            return true;
        }
</script>
</body>
<%
    request.setCharacterEncoding("utf-8");  //避免写入数据库时出现中文乱码
    String un=request.getParameter("username");
    String pw=request.getParameter("password");
    String rn=request.getParameter("realname");
    String tel=request.getParameter("mobile");
    if(null != un){   //处理空值null
        int age =Integer.valueOf(request.getParameter("age"));
```

```
        String sql;
        PreparedStatement pst;
        sql="select * from user where username=?";
        pst = conn.prepareStatement(sql);
        pst.setString(1,un);
        ResultSet rs = pst.executeQuery();
        if(rs.next()){
            out.print("<script>alert('该用户名已经注册!');location.href='index.jsp'</script>");
        }else{
        //写入数据库user表
            sql="insert into user (username,password,realname,mobile,age) values(?,?,?,?,?)";
            pst = conn.prepareStatement(sql);
            pst.setString(1,un);
            pst.setString(2,pw);
            pst.setString(3,rn);
            pst.setString(4,tel);
            pst.setInt(5,age);
            pst.executeUpdate();    //参数式操作查询
            out.print("<script>alert('注册成功!');location.href='index.jsp'</script>");
        }
    }
%>
```

注意：

(1) 表单前端验证，需要在表单标签<form>里定义 onSubmit 事件，其值为 JS 脚本里定义某个方法的返回值，且是逻辑型的。

(2) 因为要在 JS 脚本里访问表单元素，所以，定义表单时需要指定 name 属性值。

(3) 当 JS 脚本检验输入的数据有误时，为了不被提交至服务器，通常是先在方法里输出相应的错误，然后通过语句 return false 实现将输入焦点停留在相应的字段上。

4. 对超链接定义 onClick 事件实现会员删除前的客户端确认

在会员删除页面 WEB-INF/admin/memDelete.jsp 中，删除所选会员前的确认，是对<a>标签定义的 onClick 事件，其代码如下：

```
<a href="memDelete.jsp?un=<%=rs.getString("username")%>"
                         onClick="return window.confirm('Are you sure?')">删除</a>
```

注意：

(1) onClick 和 onSubmit 都是用来执行客户端脚本的。

(2) JS 脚本(方法)用来响应客户端事件。

2.4.3 Web 项目中 JSP 页面的动态调试方法

因为 Web 项目中 JSP 页面里的程序是用 Java 语言编写的，因此，动态调试 JSP 程序的方式与 Java 程序类似。只是调试前，先要在 MyEclipse 控制台选择 Tomcat 后单击爬虫工具来启动 Tomcat。

以调试模式启动 Tomcat 后，浏览 Web 项目时，将会自动定位于首个断点。此时，调试者通过按 F6 键或 F8 键可以动态查看内存里变量或对象的属性值。

注意：

(1) 按 Ctrl+F2 键停止 Tomcat 服务器后，需要单击工具栏中的视图选择按钮，才能从调试视图返回到正常视图。

(2) 调试 JSP 程序，必须以调试模式来启动 Tomcat。

作者在调试项目 MemMana2 的更新页面 mUpdate.jsp(程序)时的界面，如图 2.4.4 所示。

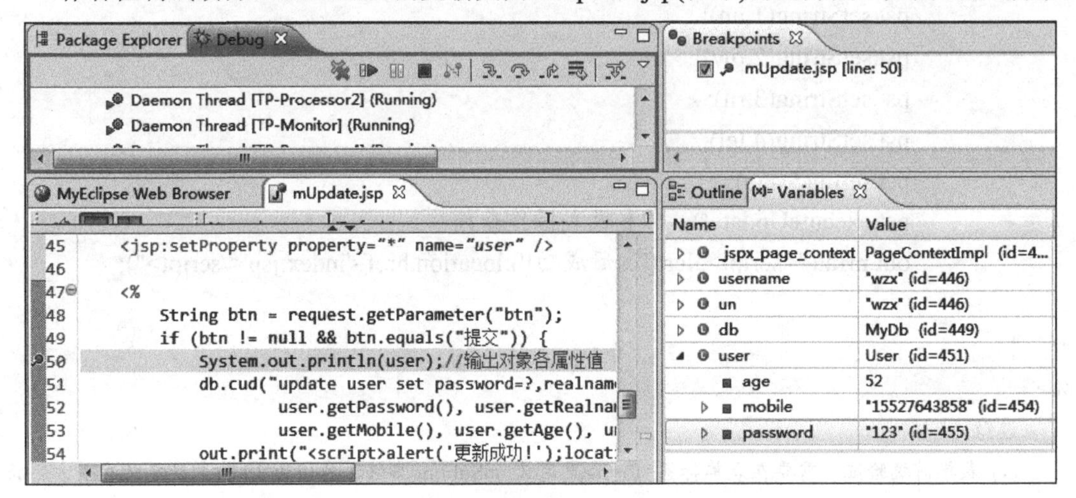

图 2.4.4 对 Tomcat 使用调试模式来运行会员更新页面 mUpdate.jsp

习　题　2

一、判断题

1. JSP 页面里不能包含 JavaScript 脚本。
2. request.getParameter()能获取表单提交元素值或超链接请求时传递的参数。
3. 动作标签<jsp:include>和<jsp:forward>都可以向另一个页面传递参数。
4. 使用动作标签<jsp:forward>会产生新的请求对象。
5. EL 表达式简化了对 JSP 内置对象属性的访问。
6. 获取对象 request 或 session 的属性值时，必须强制转换类型。
7. JSP 页面调试，需要有服务器环境。
8. Cookie 信息与 session 信息一样，保存在服务器端且在访问结束后立即消失。

二、选择题

1. page 指令的________属性用于引入需要的包或类。
   A. extends　　B. import　　C. isErrorPage　　D. language
2. JSP 表达式用法<%=exp%>，可以通过使用内置对象____的方法 println()实现。
   A. out　　B. response　　C. PrintWriter　　D. session
3. 下列 JSP 内置对象中，没有提供属性存取(set/get)操作的是____。
   A. session　　B. application　　C. request　　D. response
4. 下列 JSP 动作标签中，不能独立使用的是____。
   A. <jsp:include>　　B. <jsp:useBean>　　C. <jsp:forward>　　D. <jsp:param>
5. JSP 内置对象____，提供了重定向方法 sendRedirect()。
   A. request　　B. out　　C. response　　D. session
6. 会话跟踪所使用的 JSP 内置对象是____。
   A. request　　B. application　　C. response　　D. session
7. 下列关于 JSP 转发与重定向的说法中，不正确的是____。
   A. 重定向使用 response.sendRedirect()实现
   B. 转发由动作标签<jsp:forward>实现
   C. 重定向和转发时，浏览器地址栏的内容会相应地变化
   D. 转发时不会产生新的请求对象，而重定向会产生新的请求对象

三、填空题

1. 在 MyEclipse 中设计 JSP 页面时，按 Ctrl+____键可以获得代码的联机提示功能。
2. JSP 文件包含指令标签必须使用的属性是____。
3. JSP 程序在服务器端最终被转译成一个____程序。
4. 若表单提交的数据含有中文，则在接收之前，应使用 JSP 内置对象____的方法

setChraracterEncoding()设置字符编码，以避免显示或写入数据库时出现中文乱码。

5. 在 JSP 页面里，与表达式<%=(String)session.getAttribute("username") %>等效的 EL 表达式为____。

6. 获取 Cookie 信息是通过使用 JSP 内置对象____的方法 getCookies()实现的。

7. 将 Cookie 信息写入客户端是通过使用 JSP 内置对象____的相关方法实现的。

实验 2　使用纯 JSP 技术开发 Java Web 项目

一、实验目的

1. 掌握 JSP 文档的一般结构。
2. 掌握 JSP 内置对象 request 和 response 常用方法的使用。
3. 掌握 JSP 内置对象 session 与 application 的使用特点。
4. 掌握 EL 表达式的使用方法。
5. 掌握项目 MemMana1，巩固 HTML 标签和 CSS+Div 布局的使用。
6. 掌握项目 MemMana1 中使用 JS 脚本进行表单客户端脚本验证的用法。
7. 掌握项目 MemMana1 中使用 jQuery 脚本实现后台管理菜单的折叠式效果的用法。
8. 掌握 JSP 页面的动态调试方法。

二、实验内容及步骤

【预备】访问本课程上机实验网站 http://www.wustwzx.com/javaee，下载本章实验内容的源代码(含素材)并解压，得到文件夹 ch02。

(一) 运行小案例，掌握 JSP 基础知识

(1) 在 MyEclipse 中导入 Web 项目 ch02。

(2) 查看页面 index.jsp 获取路径资源(如站点根目录等)的代码后，做浏览测试。

(3) 查看 example2_1_1.jsp 里 JSP 动作标签<jsp:forward>与 Java 代码混合编写的方法。

(4) 查看 example2_1_1.jsp 条件转发的页面后做运行测试，观察页面内容的变化，观察地址栏内容是否有变化，体会转发标签的使用特点。

(5) 查看页面 example2_2_2.jsp 及 example2_1_2.jsp，总结 JSP 动作标签<jsp:include>的使用方法。

(6) 查看页面 example2_2_1.jsp 及 example2_2_1a.jsp，总结 JSP 处理含复选表单的方法。

(7) 查看页面 example2_2_2.jsp 及其相关页面，总结 JSP 内置对象 session 处理用户登录与注销的方法。

(8) 打开统计页面访问次数页面 example2_2_3.jsp，查看其中使用 session 及 application 的代码后，在 MyEclipse 中做浏览测试。复制访问地址后，新打开另一个不同内核的浏览器对其进行访问，观察页面访问次数的变化。

(9) 分别查看页面 example2_2_4r.jsp 及 example2_2_4w.jsp，做浏览测试，总结建立与使用 Cookie 信息的方法。

(二) 导入项目 MemMana1 后，做项目结构分析和运行测试

(1) 在 MyEclipse 中，导入项目 MemMana1。

(2) 使用文本编辑软件，打开项目 MemMana1 里的 SQL 脚本文件，查看相关命令。

(3) 在 SQLyog 里执行项目的 SQL 脚本文件，查验自动创建的数据库 memmana1。

(4) 打开会员登录页面 mLogin.jsp，查看自处理表单的实现逻辑。

(5) 查看在注册页面 mRegister.jsp 中对表单提交数据，进行客户端验证的实现方法。

(6) 结合会员注册页面 mRegister.jsp，做中文乱码试验。

(7) 查看会员删除页面 WEB-INF/admin/memDelete.jsp 里删除指定会员的实现及删除操作的客户端确认的方法。

(8) 查看公共页面 header.jsp 里 EL 表达式的用法。

(9) 查看后台管理菜单页面(位于 WebRoot/admin 文件夹)中使用 jQuery 实现折叠式菜单效果的方法。

3. 动态调试 JSP 页面

(1) 在 MyEclipse 中，打开项目 ch02 里的 index.jsp 页面。

(2) 在 Java 代码里的 String basePath 左边的灰色带区双击，产生一个断点。

(3) 单击 Server 选项里的 Tomcat 后，单击工具，以调试模式启动 Tomcat。

(4) 浏览项目 ch02 后会在断点处停下，边查看页面效果、变量值边按 F6 键(或 F8 键)。

(5) 按 Ctrl+F2 键停止调试，然后切换至通常的 MyEclipse 编辑状态。

三、实验小结及思考

(由学生填写，重点写上机中遇到的问题。)

第3章 使用 MVC 模式开发 Web 项目

使用纯 JSP 技术开发的 JSP 页面，其显示与业务逻辑混合在一起，不利于维护。使用 JavaBean 和 MVC 模式(model-view-controller，模型-视图-控制器)，使得项目层次分明、清晰，特别是使用 MVC 模式，能方便地维护系统。使用 MVC 模式开发，需要掌握 JavaBean 和 Servlet。本章学习要点如下：

- 掌握 MV 开发模式与纯 JSP 开发模式的不同点；
- 掌握使用 JavaBean 自动接收表单提交数据的功能；
- 掌握使用 MVC 模式开发时 Servlet 接收表单提交数据和转发数据的方法；
- 掌握使用 MVC 模式开发时转发与转向的用法区别；
- 了解 Servlet 文件上传的特点；
- 了解 Servlet 监听器的功能及使用；
- 了解 Servlet 过滤器的功能及使用。

3.1 JavaBean 与 MV 开发模式

3.1.1 JavaBean 规范与定义

先分析一个使用纯 JSP 技术编写的页面，其主体部分的代码如下：

```
<body>
    <%! class GF {
        String XM;
        int AGE;
        GF(String xm, int a) {
            XM=xm; AGE=a;
        }
        String getXM() {
            return XM;
        }
    }
  %>
```

```
    <%GF a=new GF("小章",28);%>
    女朋友的姓名：<%=a.getXM() %>
</body>
```

对于上面的页面，业务逻辑和表示层混合在一起，导致可读性差、不易维护、可移植性和重用性差。

JavaBean 是一些可移植、可重用的 Java 实体类，它们可以组装到应用程序中。

JavaBean 和使用 class 定义的一般类有所区别，其定义如下：

- JavaBean(类)打包存放，并声明为 public 类型；
- 类的访问属性声明为 private 类型；
- 具有无参数、public 类型的构造方法；
- 如果属性(成员变量)的名字是 xxxx，则相应地有用来设置属性和获得属性的两个方法。一个 JavaBean 通常包含若干属性，包含一个属性 xxxx 的 JavaBean 的定义如下：

```
package packageName;
public class className{
    private dataType xxxx;
    public void setXxxx(dataType data) {
            this.xxxx=data;
    }
    public dataType getXxxx(){
          return xxxx;
    }
}
```

注意：

(1) set 和 get 后面的第一个字母一般大写。

(2) 设计 JavaBean，主要是写属性的 get/set 方法，在 MyEclipse 中，快速编辑 JavaBean 的方法参见表 1.3.1。

(3) 实体类的 toString()方法不是必需的，它通常供调试程序输出对象时使用，如 System.out.println(user) 将输出对象 user 的所有属性，就是调用实体类 User 的 toString()方法。

3.1.2 与 JavaBean 相关的 JSP 动作标签

在纯 JSP 中， 接收表单数据使用 request.getParameter()方式。显然，如果表单元素个数较多，则在表单处理代码里会出现很多 request.getParameter()语句。

使用 JSP 提供的 JavaBean 动作标签，能实现 JavaBean 对象属性与表单元素属性的关联，即模型对象自动接收表单提交的数据。

在 JSP 页面中，使用动作标签<jsp:useBean>可以定义一个具有一定保存范围、拥有唯一 ID 的 JavaBean 的实例。<jsp:useBean>的语法格式如下：

```
<jsp:useBean id="实例名" scope="保存范围" class="包名.类名">
```

其中，表示保存范围的 scope 属性值共有 4 种，如表 3.1.1 所示。

表 3.1.1　useBean 动作的范围选项(从小到大)

方 法 名	功 能 描 述
page	实例对象只能在当前页面中使用，加载新页面时销毁，为默认值
request	在任何执行相同请求的 JSP 文件中都可以使用指定的 JavaBean，直到页面执行完毕向客户端发出响应或者转到另一个页面为止
session	从创建指定 JavaBean 开始，能在任何使用相同 session 的 JSP 文件中使用 JavaBean，该 JavaBean 存在于整个 session 生命周期中
application	从创建指定 JavaBean 开始，能在任何使用相同 application 的 JSP 文件中使用指定的 JavaBean，该 JavaBean 存在于整个 application 生命周期中，直到服务器重新启动

注意：会员管理项目 MemMana2 里的会员登录、注册和修改页面，都使用了 JavaBean。

3.1.3　MV 开发模式

JSP+JavaBean 是一种常用的 Web 开发模式，称为 Model 1 或 MV 模式。JavaBean 可以较好地实现后台业务逻辑和前台表示逻辑的分离，使得 JSP 程序更加可读、易维护。

JSP 页面可以通过某种方式调用 JavaBean，接收到客户端提交的请求后，会调用 JavaBean 组件进行数据处理。如果数据处理中含有数据库操作，则需要使用 JDBC 操作。当数据返回给 JSP 时，JSP 组织响应数据，返回给客户端。

在 MyEclipse 中使用 MV 模式开发的 Web 项目文件系统结构，如图 3.1.1 所示。

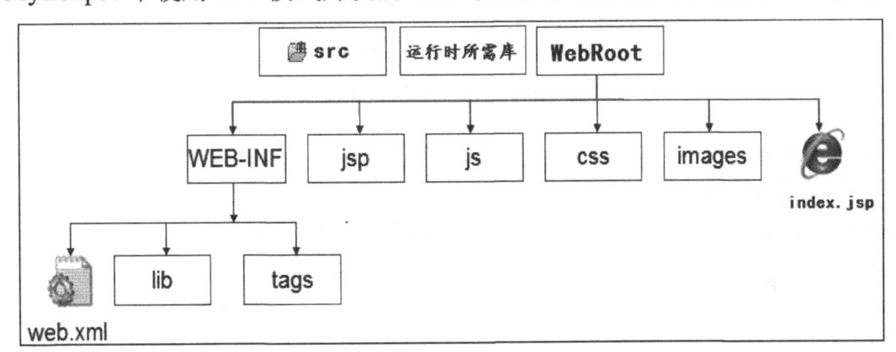

图 3.1.1　在 MyEclipse 中使用 MV 模式开发的 Web 项目文件系统

注意：

(1) JSP 文件存放在项目的根目录里，与 JavaBean 组件的类文件相分离。

(2) 文件夹 WEB-INF\lib 用于存放网站项目所需要的外部 jar 包。当 jar 包数量过多时，一般使用建立用户库的方式(参见第 4.1.2 小节)。

(3) MV 开发模式是一种过渡模式，因为此时 JSP 页面里还可能存在 Java 脚本程序。MVC 开发模式才是真正常用的。

在 MyEclipse 中使用 MV 模式开发的 Web 项目，部署到 Web 服务器后的文件系统结构，如图 3.1.2 所示。

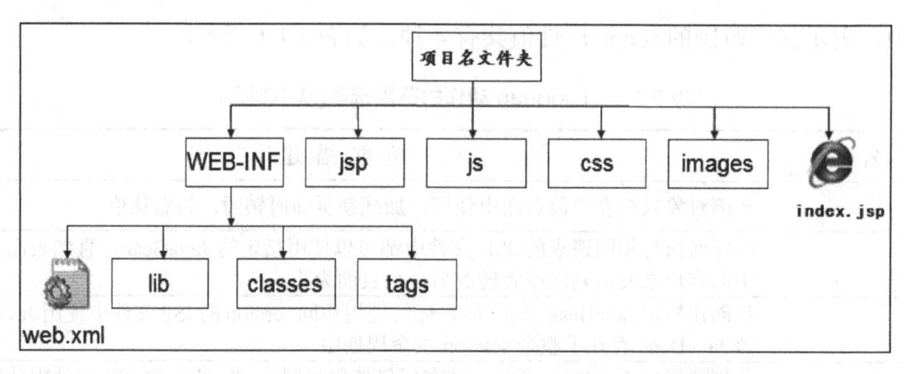

图 3.1.2 MV 模式开发的 Web 项目部署后的文件系统

注意：

(1) 比较项目部署前后的文件系统可知，资源文件里 src 里的 Java 程序编译后存放到文件夹 classes 中。

(2) 文件夹 lib 存放 jar 包文件，而文件夹 classes 存放用户开发的源程序对应的.class 文件。

【例 3.1.1】使用 JavaBean 封装数据和业务逻辑，输入三条边，判断是否构成三角形。若构成三角形，则输出三角形的面积。

项目 Example3_1_1 文件系统，如图 3.1.3 所示。

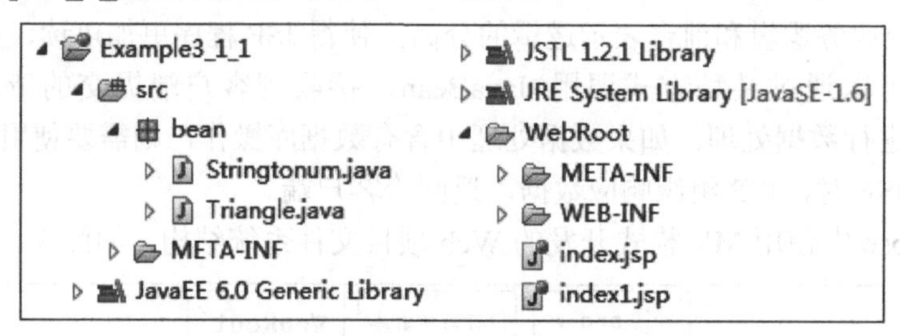

图 3.1.3 项目 Example3_1_1 文件系统

项目 Example3_1_1 的运行效果，如图 3.1.4 所示。

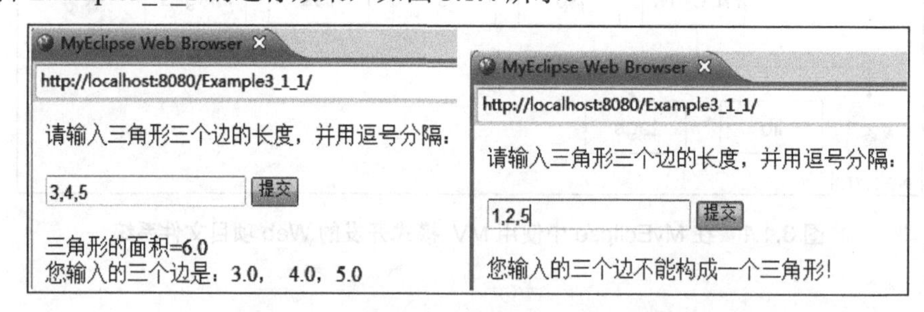

图 3.1.4 项目 Example3_1_1 运行效果

bean/Stringtonum.java 是一个 JavaBean，封装了三角形三条边及从一个字符串分离出三条边的方法；bean/Triangle.java 也是一个 JavaBean，封装了三角形的三条边、判断构成三角形的方法和面积计算方法。

实体类文件 Stringtonum.java 的代码如下：

```
package bean;
public class Stringtonum {
```

```
private double num1;
private double num2;
private double num3;
public Stringtonum() {
    // 无参构造函数
}
public double getNum1() {
    return num1;
}
public double getNum2() {
    return num2;
}
public double getNum3() {
    return num3;
}
public void setNum1(double n) {
    num1 = n;
}
public void setNum2(double n) {
    num1 = n;
}
public void setNum3(double n) {
    num1 = n;
}
public boolean strtonum(String str) { //取三条边
    double a[] = new double[3];
    int i;
    if (str == null)
        return false;
    String substr = ",";
    String[] as = str.split(substr); // 字符串分割
    if (as.length != 3) {
        return false;
    } else {
        for (i = 0; i < 3; i++) {
            // a[i]=Double.valueOf(as[i]).doubleValue();
            a[i] = Double.valueOf(as[i]);
        }
```

```
        }
        num1 = a[0];
        num2 = a[1];
        num3 = a[2];
        if (num1 < 0.0 || num2 < 0.0 || num3 < 0.0)
            return false;
        return true;
    }
}
```

实体类文件 Triangle.java 的代码如下：

```
package bean;
public class Triangle {
    private double edge1;
    private double edge2;
    private double edge3;
    public Triangle() {
        // 无参构造函数
    }
    public Triangle(double e1, double e2, double e3) {
        this.edge1 = e1;
        this.edge2 = e2;
        this.edge3 = e3;
    }
    public double getEdge1() {
        return edge1;
    }
    public double getEdge2() {
        return edge2;
    }
    public double getEdge3() {
        return edge3;
    }
    public void setEdge1(double edge) {
        this.edge1 = edge;
    }
    public void setEdge2(double edge) {
        this.edge2 = edge;
```

```
    }
    public void setEdge3(double edge) {
        this.edge3 = edge;
    }
    public boolean isTriangle() { // 是否构成三角形
        if (edge1 + edge2 > edge3 && edge1 + edge3 > edge2
                && edge3 + edge2 > edge1)
            return true;
        else
            return false;
    }
    public double calArea() { // 求三角形的面积
        double p = (edge1 + edge2 + edge3) / 2;
        return Math.sqrt(p * (p - edge1) * (p - edge2) * (p - edge3));
    }
}
```

index.jsp 中使用 JSP 动作标签<jsp:useBean>创建了上述两个 JavaBean 的实例，根据表单提交值分别调用实例的相应方法。index.jsp 的详细代码如下：

```
<%@ page language="java" import="java.util.*" pageEncoding="utf-8"%>
<jsp:useBean id="angle" class="bean.Stringtonum" scope="page"/>
<jsp:useBean id="tri" class="bean.Triangle" scope="page"/>
<html>
    <head>
        <title>使用JavaBean封装数据和业务逻辑，输出三角形的面积</title>
    </head>
<body>
请输入三角形三条边的长度，并用逗号分隔：<br>
<form   method=post>
        <input type="text" name="boy">
        <input type="submit" value="提交">
</form>
<%
    String str=request.getParameter("boy");
    if(!angle.strtonum(str)){
        out.println("请输入三个数");
        return;
    }
```

```
    tri.setEdge1(angle.getNum1());
    tri.setEdge2(angle.getNum2());
    tri.setEdge3(angle.getNum3());
    if(!tri.isTriangle()){
        out.println("您输入的三条边不能构成一个三角形！");
        return;
    }
    out.println("三角形的面积="+tri.calArea());
%>
    <br>您输入的三条边是：<% out.print(tri.getEdge1());%>,
    <%=tri.getEdge2()%>，<%=tri.getEdge3()%>
</body>
</html>
```

3.1.4 使用 MV 模式开发的会员管理系统 MemMana2

从纯 JSP 开发到 MV 模式开发，实现了业务逻辑代码与 V 层(JSP 页面)的部分分离。在纯 JSP 开发中，可以不编写类文件，但在 MV 模式开发中需要编写类文件。

JavaBean 是一些可移植、可重用并可以组装到应用程序中的 Java 实体类。

封装访问数据库的代码至类文件 MyDb.java 中，比 JSP 文件减少了代码冗余且具有很强的通用性。此外，连接数据库的相关信息存放在类文件里，安全性更高且一改全改。

使用 MV 模式开发的项目 MemMana2，其文件系统如图 3.1.5 所示。

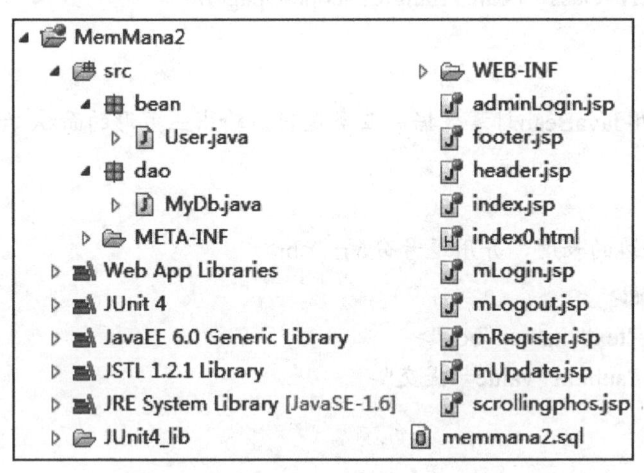

图 3.1.5 项目 MemMana2 文件系统

注意：

(1) bean/User.java 是实体类，而 dao/MyDb.java 是访问数据库的工具类。

(2) 在项目 MemMana1 里，资源文件夹 src 是空的，即用户没有写任何类。

(3) 为了允许用户注册时可以不输入字段 age 的值，在 User.java 中定义 age 为对象类型 Integer。

在会员登录页面 mLogin.jsp 中，实体类 bean/User 对象 user 建立与表单属性的关联后，就能在表单提交时自动接收表单元素值，而不需要用方法 request.getParameter()。页面主要代码如下：

```
<body>
    <form method="post">
        会员名称: <input type="text" name="username"><br />
        会员密码: <input    type="password" name="password"><br />
        <input type="submit" value="登录" />
    </form>
    <%
        request.setCharacterEncoding("utf-8");
    %>
    <jsp:useBean id="user" class="bean.User" />
    <jsp:setProperty property="*" name="user" />
    <%
        String un = user.getUsername();  //因为属性关联，所以能自动获取
        String pwd = user.getPassword();
        if (null != un && un.trim().length() > 0) {
            ResultSet rs = MyDb.getMyDb().query("select * from user
                        where username=? and password=?", new Object[] { un, pwd });
            boolean isRight = rs.next();
            rs.close();
            if (isRight) {
                session.setAttribute("username", un);  //登录成功
                response.sendRedirect("index.jsp");
            } else {
                out.print("<script>alert('用户名或密码错误！');
                                        location.href='index.jsp'</script>");
            }
        }
    %>
</body>
```

注意：本项目里，实体类 User 的属性名称与表单元素名称一致，因此，只需要一条 jsp 动作标签 <jsp:setProperty property="*" name="user"/>完成关联。否则，需要使用多条，且还要使用 param 属性。

使用 MV 模式开发的项目 MemMana2，其浏览效果如图 3.1.6 所示。

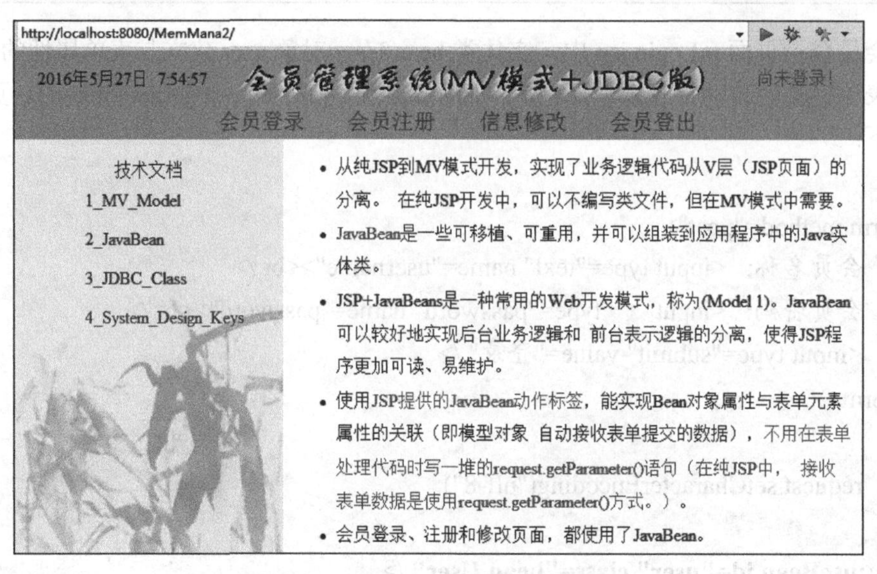

图 3.1.6 项目 MemMana2 浏览效果

3.2 Servlet 组件

3.2.1 Servlet 定义及其工作原理

前面介绍的 JavaBean 组件与纯 JSP 相比，能够分离业务逻辑，但是 JSP 页面仍然包含控制逻辑。MVC 模式能进一步从 V 层中分离出控制逻辑代码，形成 Servlet 这就是所谓的 Model 2 模式。

Servlet 是一种服务器端 Java 应用程序，能动态响应客户端请求，用以动态生成 Web 页面，从而扩展服务器的功能。Servlet 具有如下特点：

- 由 Servlet 容器(如 Tomcat)管理；
- 每个请求由一个轻量级的 Java 线程处理；
- 可移植性好；
- 用 Java 编写，几乎所有的主流服务器都支持；
- 功能强大；
- 可创建嵌入到现有 HTML 页面中的一部分 HTML 页；
- 与其他服务器资源(包括数据库和 Java 程序)进行通信；
- 可处理多个客户机连接。

注意：

(1) Servlet 不是独立的应用程序，没有 main 方法。

(2) Servlet 不是由用户调用，而是由 Servlet 容器(如 Tomcat)根据客户端的请求来调用。

(3) Servlet 容器根据 Servlet 配置来查找或创建 Servlet 实例，并执行该 Servlet。

(4) Servlet 技术出现在 JSP 技术之前。

Servlet 容器必须把客户端请求和响应封装成 Servlet 请求对象和 Servlet 响应对象传给 Servlet。Servlet 使用 Servlet 请求对象获取客户端的信息，并执行特定业务逻辑；使用 Servlet 响应对象向客户端发送业务执行的结果。

在 Servlet API 中，Servlet 接口及请求/响应接口，如图 3.2.1 所示。

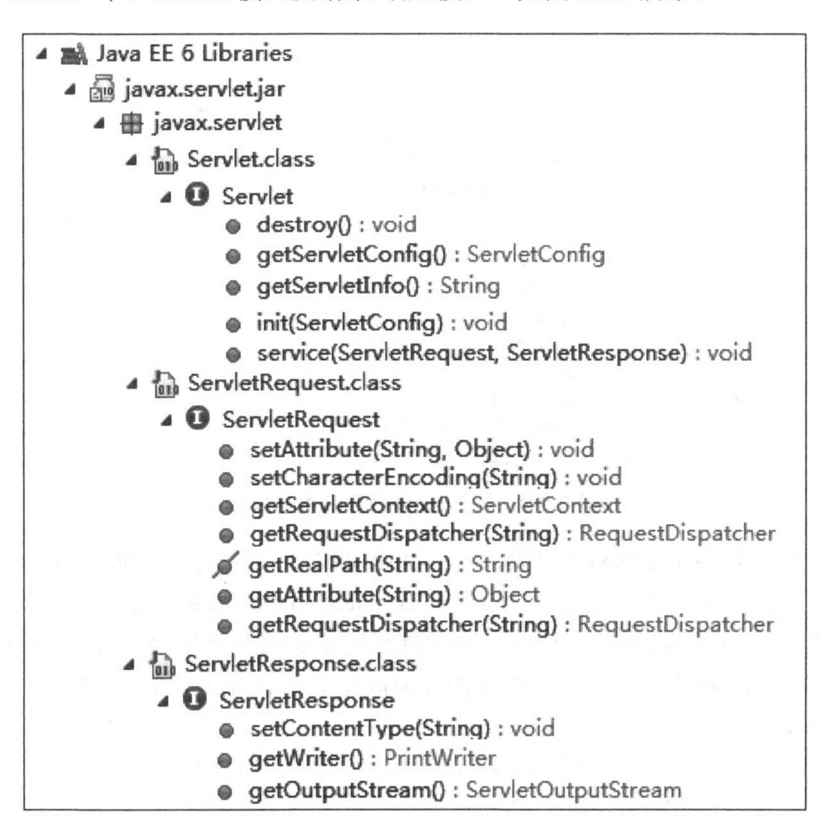

图 3.2.1　Servlet 及其请求/响应接口

3.2.2　Servlet 协作与相关类和接口

在 Servlet API 中，定义了 Servlet 相关类与接口，有如下几个：

- 抽象类 GenericServlet 是接口 Servlet 的实现类；
- 抽象类 HttpServlet 继承抽象类 GenericServlet；
- 接口 HttpServletRequest 继承接口 ServletRequest，接口 HttpServletResponse 继承接口 ServletResponse。

在 Servlet API 中，与 Servlet 协作的类与接口，其定义如图 3.2.2 所示。

除了与 Servlet 协作的类与接口外，还有与 Servlet 相关的类与接口。请求转发接口 RequestDispatcher，由接口 HttpServletRequest 类型的请求对象的方法 getRequestDispatcher() 获得，并提供了转发方法 forward()。

图 3.2.2　与 Servlet 协作的类与接口

上下文接口 ServletContext 的实例对应于 JSP 的内置对象 application。Servlet 容器在启动一个 Web 应用时，会为它创建一个唯一的 ServletContext 对象。同一个 Web 应用的所有 Servlet 共享一个 ServletContext，Servlet 对象通过它来访问 Servlet 容器中的各种资源。

会话接口 HttpSession 对应于 JSP 中的 Session，为访客分配一个唯一标识，并存储在客户端的 Cookie 中。

Servlet API 中，与 Servlet 相关的类与接口，其定义如图 3.2.3 所示。

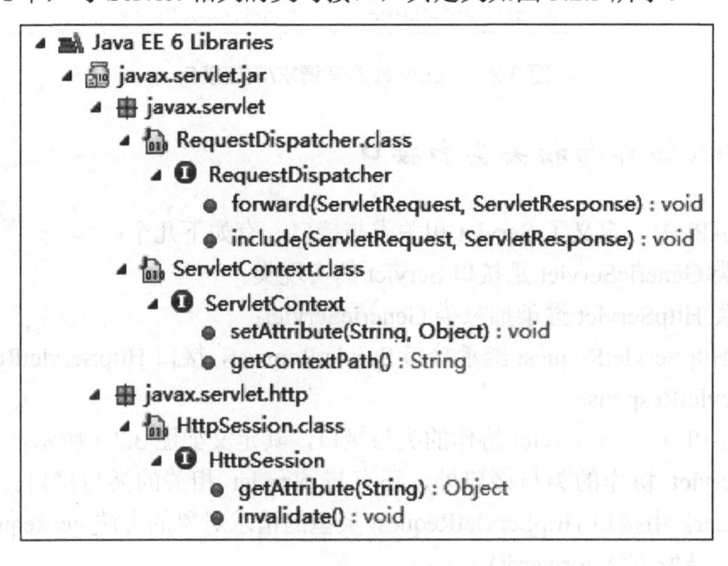

图 3.2.3　与 Servlet 相关的类与接口

3.2.3　基于 HTTP 请求的 Servlet 开发

开发 Web 项目时，基于 HTTP 请求的 Servlet 是使用得最多的。在 javax.servlet.http 里，定义了 Servlet 接口的实现类 HttpServlet，它是一个抽象类(参见图 3.2.2)。在 MyEclipse 中创建一个继承 HttpServlet 的类 MyHttpServlet 的主要代码如下：

```
public class MyHttpServlet extends HttpServlet {
    public void doGet(HttpServletRequest request, HttpServletResponse response)
            throws ServletException, IOException {
        doPost(request, response);  //修改后，一般处理Get与Post请求的代码相同
    }
    public void doPost(HttpServletRequest request, HttpServletResponse response)
                                        throws ServletException, IOException {
        response.setContentType("text/html");
        PrintWriter out = response.getWriter();
        out.println("<!DOCTYPE>");
        out.println("<HTML>");
        out.println("<HEAD><TITLE>A Servlet</TITLE></HEAD>");
        out.println("<BODY>");
        out.print("This is ");
        out.print(this.getClass());
        out.println(", using the POST method");
        out.println("</BODY>");
        out.println("</HTML>");
        out.flush();
        out.close();
    }
}
```

显然，程序员可以在 doPost()方法里写自己的业务逻辑代码。

由于 Servlet 是 Java EE 的组件，因此，在 MyEclipse 中创建它的子类时，会自动在 web.xml 文件里注册，其主要代码如下：

```
<servlet>
    <servlet-name>MyHttpServlet</servlet-name>
    <servlet-class>servlet.MyHttpServlet</servlet-class>
</servlet>
<servlet-mapping>
    <servlet-name>MyHttpServlet</servlet-name>
    <url-pattern>/servlet/MyHttpServlet</url-pattern>
</servlet-mapping>
```

其中，servlet.MyHttpServlet 中的 servlet 是类 MyHttpServlet 所在的包名。标签<url-pattern>用于配置访问(请求)路径，如果配置为项目的根路径，则应去掉包名 servlet。

实际上，创建 Servlet 的方式不是唯一的。例如，可以用实现接口 javax.servlet.Servlet 的方式来创建 Servlet。在 MyEclipse 中实现 Servlet 接口的对话框，如图 3.2.4 所示。

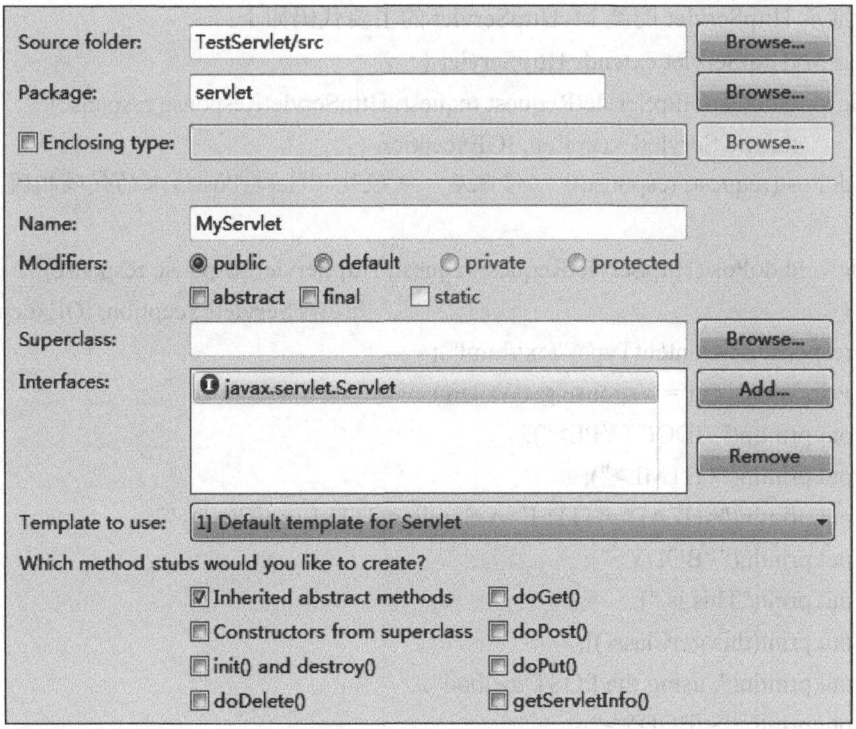

图 3.2.4　实现 Servlet 接口的对话框

用实现接口 javax.servlet.Servlet 的方式创建所产生的主要代码如下：

```
public class MyServlet implements Servlet {
    @Override
    public void init(ServletConfig config) throws ServletException {
        // TODO Auto-generated method stub
        //初始化方法，只执行一次
        System.out.println("不会因为多次请求本Servlet而重复调用");
    }
    @Override
    public ServletConfig getServletConfig() {
        // TODO Auto-generated method stub
        return null;
    }
    @Override
    public void service(ServletRequest req, ServletResponse res)
```

```
            throws ServletException, IOException {
        // TODO Auto-generated method stub
        System.out.println("用于写业务逻辑，每当用户请求时调用本方法");
        res.setContentType("text/html;charset=utf-8");   //避免中文乱码
        PrintWriter writer = res.getWriter();
        writer.print("请观察Tomcat的控制台信息输出...");
    }
    @Override
    public String getServletInfo() {
        // TODO Auto-generated method stub
        return null;
    }
    @Override
    public void destroy() {
        // TODO Auto-generated method stub
        //销毁Servlet实例(释放内存)方法
        System.out.println("当Tomcat管理员重新加载或停止项目时会调用本方法");
    }
}
```

注意：

(1) 使用本方式创建时，在对话框里不能勾选 init() and destroy()，参见图 3.2.4。否则，会报异常(读者可以验证)。

(2) 方法 init()和 service()的特性是很好验证的，destroy()方法的验证需要新开一个浏览器窗口，并在另一个窗口里使用管理员方式停止项目。

(3) 方法 service()里的 writer 对象相当于 JSP 内置对象 out。

3.3 Servlet 基本应用

3.3.1 使用 Servlet 处理表单

在项目 MemMana3 里，使用 Servlet 程序 Admin 来处理后台管理员登录，后台管理员登录的表单页面的代码如下：

```
<form method="post" action="Admin">
    请输入管理员密码: <input type="password" name="pwd" value="admin">
    <input type="submit" value="提交"><br/>
    <font color="red">${msg}</font>    <!--密码错时提示-->
```

```
</form>
```

Servlet/Admin.java 的功能是管理员登录成功时重定向至后台主页，失败时转发至管理员登录页面，其代码如下：

```
public class Admin extends HttpServlet {
    @Override
    protected void doPost(HttpServletRequest req, HttpServletResponse resp)
                                            throws ServletException, IOException {
        try {
            String pw = req.getParameter("pwd");
            if (pw.trim().length() > 0) {
                String sql = "select * from admin where    pwd=md5(?)";
                                    ResultSet rs = MyDb.getMyDb().query(sql, pw);
                if (rs.next()) {
                    req.getSession().setAttribute("admin", rs.getString(1));
                    resp.sendRedirect("admin/adminIndex.jsp");
                } else {
                    req.setAttribute("msg", "密码错误!");
                    req.getRequestDispatcher("adminLogin.jsp").forward(req, resp);
                }
            }
        } catch (Exception e) {
            e.printStackTrace();
        }
    }
}
```

注意：

(1) Servlet 接收表单数据，是使用请求对象的 getParameter()方法。

(2) 转发结果数据是使用 RequestDispatcher 对象，该对象由请求对象的 getRequestDispatcher()方法获得。

(3) 在 MVC 模式与 MVC 框架开发的项目里，JSP 页面只做显示工作。

3.3.2 Servlet 作为 MVC 开发模式中的控制器

MVC 模式包括三个部分，即模型(Model 层或 M 层)、视图(View 层或 V 层)和控制器(Controller 层或 C 层)，分别对应于内部数据、数据表示和输入输出控制部分。实际上，MVC 是一种组织代码的规范，也是一种将业务逻辑与数据显示相分离的方法。

当今，越来越多的 Web 应用基于 MVC 设计模式，这种设计模式提高了应用系统的可维护性、可扩展性和组件的可复用性。

MVC 模式有如下优点：

(1) 将数据建模、数据显示和用户交互三者分开，使得程序设计的过程更清晰，提高了可复用程度；

(2) 在接口设计完成以后，可以开展并行开发，从而提高了开发效率；

(3) 可以很方便地用多个视图来显示多套数据，从而使系统能方便地支持其他新的客户端类型。

MVC 是一种流行的软件设计模式，Model 层对应的组件是 JavaBean(包括数据库访问类)，View 层对应的组件是 JSP 文件或 HTML 文件，Controller 层对应的组件是 Servlet。MVC 的工作流程如下：

(1) 来自客户端的请求信息，首先提交给 Servlet；

(2) 控制器选择相应的 Model 对象(即调用 M 层中的某个 JavaBean)处理获取的数据；

(3) 控制器选择相应的 View 组件(即调用 V 层)，通常表现为做转发处理；

(4) JSP 获取 JavaBean 处理的数据；

(5) JSP 接收已经组织好的数据以响应的方式返回给客户端浏览器。

注意：MVC 模式在 Web 开发中的应用，详见项目 MemMana3。

3.3.3 使用 Servlet 实现文件下载*

开发音乐等的资源型网站，通常提供了文件下载功能；而开发网络论坛等类型的网站，需要有文件上传功能。总之，文件的下载与上传功能在网站开发时是经常使用的。Servlet 和 JSP 技术都没有直接提供文件上传的功能，解决这个问题的方案有两种，一种是自己开发实现文件上传功能的组件，另一种是使用别人已经开发好的文件上传功能组件。

注意：通过<a>标记实现的普通文件链接下载不能有效地保护资源，通过 Servlet 实现的文件下载则可以，例如通过身份验证后才能下载。

由于文件下载本质上是请求/响应类型，因此可以使用 Servlet 完成，即文件下载属于 Servlet 的应用。文件上传的过程是从客户端到服务器再到服务器硬盘的过程，实质上是 IO 流与文件操作的过程；文件下载则是它的反向操作。

软件包 java.io 中提供了用于文件(或目录)操作的 File 类，其构造函数参数可以是全局文件名或全局路径名。File 类提供的常用方法，如表 3.3.1 所示。

表 3.3.1　File 类的常用方法

方 法 名	功　　能
getName()	返回文件(或目录)的名称
isFile()	判断是否为文件
isDirectory()	判断是否为目录
Mkdir()	根据 File 对象里的参数创建目录
exists()	判断文件(或目录)是否存在

续表

方 法 名	功　能
getParent()	返回文件的上一级路径
length()	返回文件长度
String[]list()	返回目录下的文件及其子目录列表
getPath()	返回文件(或目录)所在的路径
getAbslutePath()	返回文件(或目录)所在的绝对路径

文件的下载与上传，最终是以字节形式的 IO 流的读写来实现的。Java 的软件包 java.io 中提供了字节形式的 IO 流类，即 InputStream 和 OutputStream，它们的软件层次及主要方法，如图 3.3.1 所示。

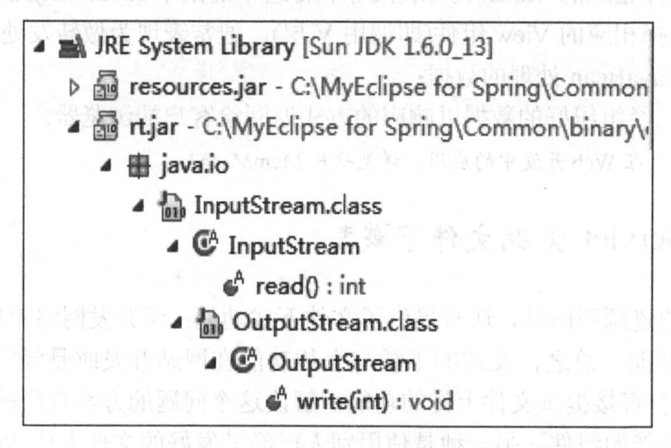

图 3.3.1　读写字节流的两个主要类及其主要方法

使用 Servlet 实现文件下载的主要思想是：使用 Servlet 响应超链接中的单击事件，将普通链接下载中的 href 属性值作为向 Servlet 传递参数的参数值，最后通过字节形式的 IO 流类完成文件的读写。

在 MyEclipse 集成环境中，一个使用 Servlet 实现文件下载的案例项目的文件系统，如图 3.3.2 所示。

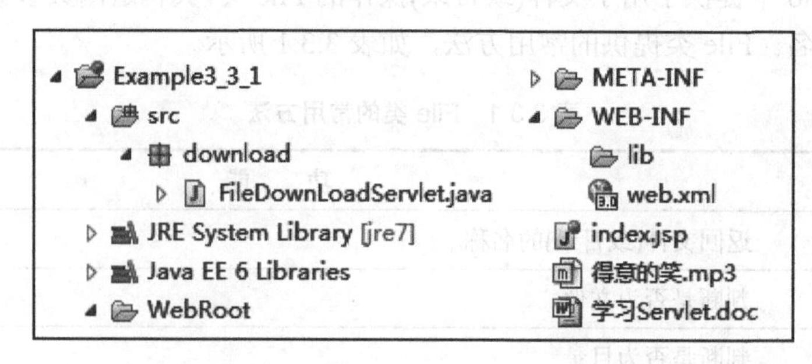

图 3.3.2　项目 Example3_3_1 的文件系统

Servlet 程序文件 FileDownLoadServlet.java 的代码如下：

```
package download;
import java.io.BufferedInputStream;
import java.io.BufferedOutputStream;
import java.io.File;
import java.io.FileInputStream;
import java.io.IOException;
import java.io.InputStream;
import java.io.OutputStream;
import java.net.URLEncoder;
import javax.servlet.ServletException;
import javax.servlet.http.HttpServlet;
import javax.servlet.http.HttpServletRequest;
import javax.servlet.http.HttpServletResponse;
public class FileDownLoadServlet extends HttpServlet {
    protected void service(HttpServletRequest request,
            HttpServletResponse response) throws ServletException, IOException {
        String path = request.getParameter("filename"); //获取Get请求时传递的参数值
        //在conf/server.xml中未指定<Connector>属性URIEncoding="utf-8"时
        path = new String(path.getBytes("ISO-8859-1"), "utf-8");     //转码
        System.out.println(path);  //控制台输出，以确定是否需要转码
        download(path, request, response);
    }
    public HttpServletResponse download(String path,
            HttpServletRequest request, HttpServletResponse response) {
        try {
            File file = new File(this.getServletContext().getRealPath("/") + "/" + path);
            System.out.println(file);  //控制台输出带路径的全局文件名
            String filename = file.getName();  //不带路径的文件名
            InputStream fis = new BufferedInputStream(new FileInputStream(file));
            byte[] buffer = new byte[fis.available()];
            fis.read(buffer);
            fis.close();
            response.reset();
            response.addHeader("Content-Disposition",
                    "attachment;filename="+URLEncoder.encode(filename,"utf-8"));
            response.addHeader("Content-Length", "" + file.length());  //可去
            OutputStream toClient = new BufferedOutputStream(response
                                                            .getOutputStream());
            response.setContentType("application/octet-stream");
```

```
                toClient.write(buffer);
                toClient.flush();
                toClient.close();
            } catch (IOException ex) {
                ex.printStackTrace();
            }
            return response;
    }
}
```

index.jsp 页面的代码如下：

```
<%@ page language="java" import="java.util.*" pageEncoding="utf-8"%>
<html>
    <head>
        <title>使用Servlet实现的文件下载</title>
    </head>
    <body>
        <a href="FileDownLoadServlet?filename=得意的笑.mp3">
                                        下载李丽芬演唱的《得意的笑》</a><br/><br/>
        <a href="FileDownLoadServlet?filename=学习Servlet.doc">
                                                下载学习资料(Word文档)</a><br/>
    </body>
</html>
```

注意：

(1) Tomcat 服务器处理 HTTP 请求时，默认使用 ISO-8859-1 编码传递参数，实际上，可以通过修改 conf/server.xml 之标签<Connector>的属性 URIEncoding="utf-8"来实现。

(2) 超链接“？”后面的参数，就是下载后保存的文件名。

3.3.4 使用 FileUpload 实现文件上传*

FileUpload 是 Apache commons 下面的一个子项目，用来实现 Java 环境下的文件上传功能，与常见的 SmartUpload 齐名。使用 FileUpload 组件实现文件上传，需要先了解 Java 的集合框架和泛型。

Java 的集合框架包含了两个通用的接口——java.util.Collection 和 java.util.Map。

List 接口继承了 Collection 接口，List 类型的对象按照一定次序排列，对象之间有次序关系，允许出现重复的对象。Set 类型的对象是无序的对象集，且唯一不能重复。

List 接口、Set 接口和 Collection 接口所在的软件层次，如图 3.3.3 所示。

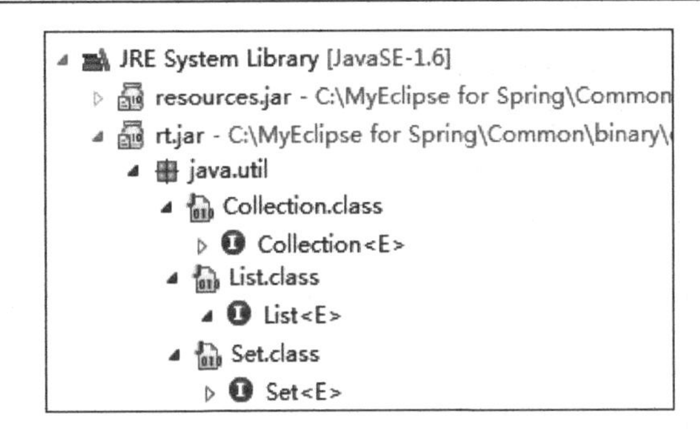

图 3.3.3　Java 的集合框架

泛型是 JDK 1.5 引入的影响最大的新特性，泛型的目的是使用户为类或者方法申明一种一般模式，使得类中的某些数据成员或者成员方法的参数、返回值可以取得任意类型，从而实现用一个方法或者类去处理不同的数据类型。

与文件下载不同的是，开发文件上传时需要使用表单和文件域，而且还有如下要求：

- 表单提交方式必须是 POST 方式；
- 指定表单的编码类型 enctype="multipart/form-data"，而不是使用默认的编码类型 application/x-www-form-urlencoded。

由于指定了表单的类型 enctype="multipart/form-data"，即以二进制数据流提交数据，因此，不能使用通常的方法 request.getParameter("name")来获取提交到后台的普通表单域的值。

注意：

(1) 使用 FileUpload 组件实现文件上传时，在项目中必须同时引入由第三方提供的两个 jar 包：commons-fileupload-1.2.2.jar 和 commons-io-2.3.jar。

(2) 编写实现文件上传的 Servlet 时，不会直接涉及 commons-io-2.3.jar 包中的类(或接口)。

FileUpload 组件中与文件上传相关的类与接口，如图 3.3.4 所示。

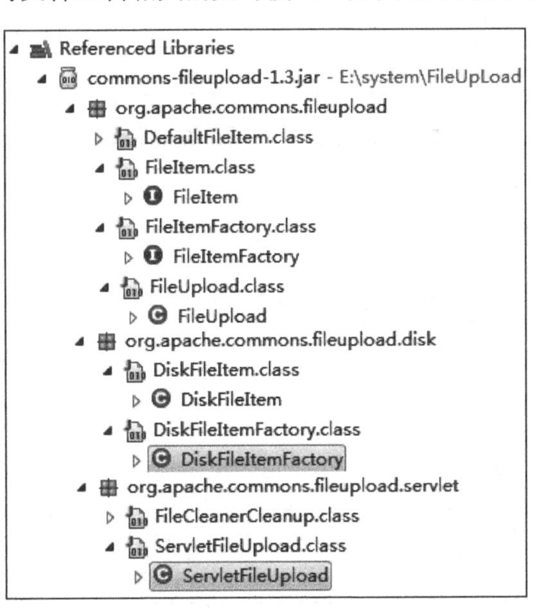

图 3.3.4　FileUpload 组件中与文件上传相关的类与接口

其中，FileItem 为文件条目接口，FileItemFactory 为文件条目工厂接口。

使用 FileUpload 组件实现文件上传的步骤如下。

(1) 设置表单： method= "post ", enctype= "multipart/form-data "。

(2) 创建 FileItemFactory 实例：

```
DiskFileItemFactory factory = new DiskFileItemFactory();
```

(3) 创建 ServletFileUpload 实例：

```
ServletFileUpload upload = new ServletFileUpload(factory);
```

(4) 定义文件条目的泛型列表，使用 ServletFileUpload 实例解析请求，获取 FileItem 的 List：

```
List<FileItem> list = (List<FileItem>) upload.parseRequest(request);
```

(5) 遍历列表，判断是否为表单域或文件域，以使用相应的方法。

```
for (FileItem item : list) {…}
```

表单域相关方法：item.getFieldName(), item.getString()。

文件域相关方法：item.getName(), getContentType(), getSize()。

使用开源的 FileUpLoad 组件，实现文件上传的项目文件系统，如图 3.3.5 所示。

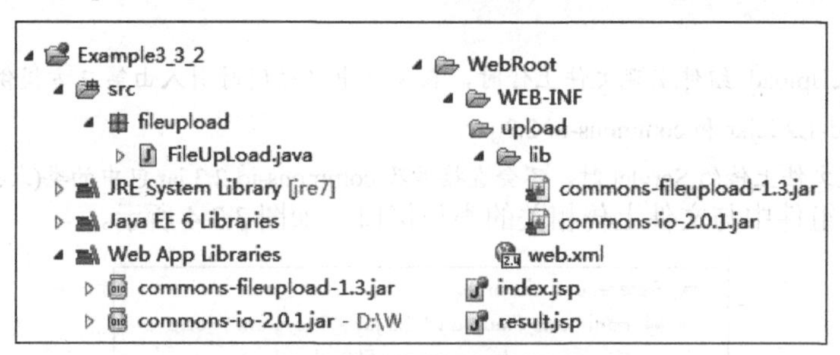

图 3.3.5 文件上传项目的文件系统

项目浏览结果如图 3.3.6 所示。

图 3.3.6 项目浏览结果

文件上传表单页面与普通的文本提交不同，需要设置表单属性 enctype="multipart/form-data"，其代码如下：

```
<%@ page language="java" import="java.util.*" pageEncoding="utf-8"%>
<html>
  <head>
    <title>文件上传表单页面</title>
   </head>
  <body>
     <!-- enctype 默认是 application/x-www-form-urlencoded -->
     <!-- 文件上传时必须设置表单属性: enctype="multipart/form-data" -->
     <form action="FileUpLoad" enctype="multipart/form-data" method="post" >
              上传者: <input type="text" name="provider"> <br/>
              上传文件: <input type="file" name="file1" size="60"><br/>
              文件附件(图片文件):   <input type="file" name="file2" size="60"><br/>
       <input type="submit" value="提交"/>
     </form>
  </body>
</html>
```

处理表单的 Servlet 程序文件 FileUpLoad.java 的源代码如下：

```
package fileupload;
import java.io.File;
import java.io.FileOutputStream;
import java.io.IOException;
import java.io.InputStream;
import java.io.OutputStream;
import java.util.List;
import javax.servlet.ServletException;
import javax.servlet.http.HttpServlet;
import javax.servlet.http.HttpServletRequest;
import javax.servlet.http.HttpServletResponse;
import org.apache.commons.fileupload.FileItem;
import org.apache.commons.fileupload.FileUploadException;
```

```
import org.apache.commons.fileupload.disk.DiskFileItemFactory;
import org.apache.commons.fileupload.servlet.ServletFileUpload;
public class FileUpLoad extends HttpServlet {
    public void doPost(HttpServletRequest request, HttpServletResponse response)
                                                        throws ServletException, IOException {
        // 设置文件上传后存放的绝对路径
        String path=this.getServletContext().getRealPath("/upload");   //
        //文件上传时，文件域与表单域的字符编码要分开处理
        request.setCharacterEncoding("utf-8");
        DiskFileItemFactory factory = new DiskFileItemFactory();
        ServletFileUpload upload = new ServletFileUpload(factory);
        try {
          // 一次可以上传多个文件,泛型
            List<FileItem> list = (List<FileItem>)upload.parseRequest(request);
            for (FileItem item : list) {
                String name = item.getFieldName();// 获取表单的属性名
                if (item.isFormField()) {    // 普通的表单域
                    String value = item.getString("utf-8"); //设置编码
                    request.setAttribute(name, value);   //设置属性
                }
                else {        // 上传文件
                    String value = item.getName(); // 获取路径名
                    int start = value.lastIndexOf("\\"); // 索引反斜杠
                    String filename = value.substring(start + 1); //获取文件名
                    request.setAttribute(name, filename);        //设置属性
                    //以下完成字节流的读写
                    OutputStream out = new FileOutputStream(new File(path,filename));
                    InputStream in = item.getInputStream();   //
                    int length = 0;
                    byte[] buf = new byte[1024];   //创建缓冲数组
                    while ((length = in.read(buf)) != -1) {   //读
                        out.write(buf, 0, length);     //写
                    }
```

```
                        in.close();
                        out.close();
                    }
                }
            }
            catch (FileUploadException e) {
                e.printStackTrace();   //向控制台输出异常
            }
            //转发至结果页面result.jsp
            request.getRequestDispatcher("result.jsp").forward(request, response);
    }
}
```

文件上传的结果页面为 result.jsp，其代码如下：

```
<%@ page language="java" pageEncoding="utf-8"%>
<html>
  <head>
      <title>显示上传结果页面</title>
   </head>
  <body>
     上传者：${requestScope.provider }<br/>
     文件：${requestScope.file1 }<br/>
     附件：  ${requestScope.file2 }<br/>
     <!-- 把上传的图片显示出来 -->
     <img src="upload/<%=(String)request.getAttribute("file2")%> " />
   </body>
</html>
```

注意：

(1) 由于表单编码的 enctype 的属性不是通常值，所以在 Servlet 中获取请求参数不能使用 request.getParameter()方法，而是使用 FileItem 类的相关方法。

(2) 处理表单域时，如果去掉方法 item.getString(**"utf-8"**)中的参数，则在 result.jsp 页面中会出现中文乱码(上传者名字，如果名字是中文的话)。

3.4 基于 MVC 模式开发的会员管理项目 MemMana3

3.4.1 项目总体设计及功能

采用 MVC 模式开发的会员管理项目 MemMana3 的文件系统，如图 3.4.1 所示。

包 src/servlet 存放了多个 Servlet 程序，它们均在 web.xml 里进行了配置，这些 Servlet 程序用来处理前台各种各样的 HTTP 请求。在包 src/servlet_admin 里存放了实现后台管理员功能的 Servlet 程序，用来处理管理员的 HTTP 请求。

许多 Servlet 程序包含了对数据库的访问，它们分别调用类 src/dao/MyDb 和位于包 src/bean 内的相应的实体类得到结果数据，最后将结果数据转发给 JSP 页面进行显示。

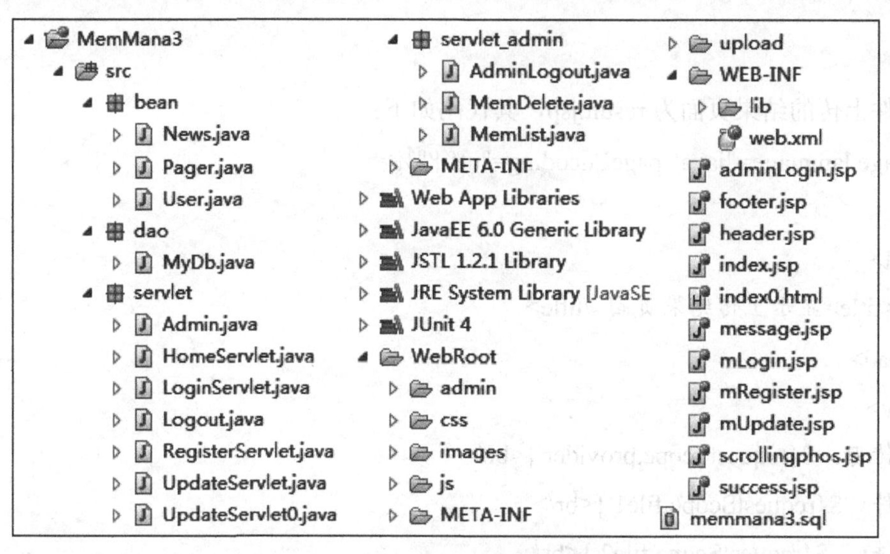

图 3.4.1 项目 MemMana3 文件系统

3.4.2 项目若干技术要点

1. 在作为视图的 JSP 页面里引入 JSTL 标签库

MVC 项目的 JSP 页面里不包含 Java 脚本程序，为了获得 Servlet 程序转发的数据，需要在对应的 JSP 页面里使用 JSP 的标签指令 taglib 来引入 JSTL 标签库。

注意： 项目 MemMana1 及 MemMana2 的 JSP 页面里包含了 Java 脚本程序，与 HTML 标签混编，因此，两个项目的 JSP 页面里没有使用 taglib 指令。

2. 主页配置方法

如果 MVC 项目的主页面不包含动态数据，则应按常规配置一个 JSP 页面；否则，应当配置相应的 Servlet。项目 MemMana3 与前面的项目不同，在 web.xml 中欢迎页面的配置里有用于获取新闻记录的 HomeServlet，其配置代码如下：

```
<welcome-file-list>
        <welcome-file>HomeServlet</welcome-file>
</welcome-file-list>
<servlet>
        <servlet-name>HomeServlet</servlet-name>
<servlet-class>servlet.HomeServlet</servlet-class>
</servlet>
<servlet-mapping>
        <servlet-name>HomeServlet</servlet-name>
        <url-pattern>/HomeServlet</url-pattern>
</servlet-mapping>
```

Servlet 程序 HomeServlet.java 的代码如下：

```
package servlet;
import java.io.IOException;
import java.sql.ResultSet;
import java.util.ArrayList;
import java.util.List;
import javax.servlet.ServletException;
import javax.servlet.http.HttpServlet;
import javax.servlet.http.HttpServletRequest;
import javax.servlet.http.HttpServletResponse;
import bean.News;
import dao.MyDb;
import dao.Pager;
public class HomeServlet extends HttpServlet {
     List<News>newsList;  //类成员
     @Override
     protected void doGet(HttpServletRequest req, HttpServletResponse resp)
                                                          throws ServletException, IOException {
          try {
               newsList = new ArrayList<News>();  //创建实体集对象列表
               String sql="select * from news   order by contentTitle asc";
                    String parameter=req.getParameter("p");
               Integer page=(parameter!=null)?Integer.valueOf(parameter):1;
               int pageSize=3;  //设定每页记录数
               Pager pager=MyDb.getMyDb().queryAllWithPage(sql, page, pageSize, req);
               req.setAttribute("pager", pager);   //设置转发数据属性
```

```
            ResultSet rs =pager.getRs();
            while (rs.next()) {
                News ns = new News();  //创建实体类对象
                ns.setContentPage(rs.getString("contentPage"));
                ns.setContentTitle(rs.getString("contentTitle"));
                newsList.add(ns);  //接口方法
            }
            req.setAttribute("newsList", newsList);  //转发数据属性
            req.getRequestDispatcher("/index.jsp").forward(req,resp);
            } catch (Exception e) {
                e.printStackTrace();
            }
    }
    @Override
    protected void doPost(HttpServletRequest req, HttpServletResponse resp)
                                        throws ServletException, IOException {
        this.doGet(req, resp);  // 兼容两种方式的HTTP请求
    }
}
```

3. 主页新闻标题的分页显示

网站主页里技术文档的分页显示效果，如图 3.4.2 所示。

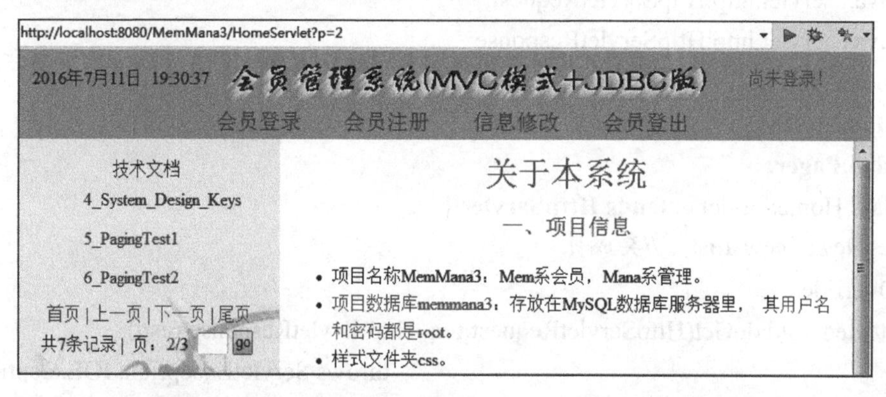

图 3.4.2　项目 MemMana3 主页技术文档的分页显示效果

在网站主页里，技术文档分页实现的步骤如下。

(1) 封装一个页面的相关信息在实体类 bean/Pager.java 中，主要有分页导航属性 pageNav 和当前页记录 rs 属性。其中，属性 pageNav（超长的字符串）不仅包含翻页的四个超链接，还包含实现任意跳转的表单。文件代码如下：

```
package bean;
import java.sql.ResultSet;
```

```
import javax.servlet.http.HttpServletRequest;
public class Pager {
    private ResultSet rs;  // 当前页记录
    private Integer recordsNum;  //总记录数
    private int pageSize;  //每页记录数，值类型，必须指定
    private Integer page;  //当前页序号
    private Integer pages;  //总页数
    private String pageNav;  //导航条
    private HttpServletRequest request;  //请求对象
    public Pager(ResultSet rs,Integer recordsNum,int pageSize,Integer page,
                                                   HttpServletRequest request) {
        this.rs=rs;
        this.recordsNum=recordsNum;
        this.pageSize = pageSize;
        this.page = page;
        this.pages = recordsNum % pageSize == 0 ? recordsNum / pageSize:
                                                   (recordsNum / pageSize + 1);
        this.request = request;
    }
    public String getPageNav() {
        pageNav = pageNav();   //本属性与其他属性相关联
        return pageNav;
    }
    public String pageNav(){  //导航条实现
        return  " "+getFirstPage()+
                " | "+getUpPage()+
                " | "+getDownPage()+
                " | "+getLastPage()+
                "<br/>共"+recordsNum +"条记录 |"+
                "  页：<font color='red'>"+page+"</font>/"+pages+
                "  <form method='get' action="+getURLinfo(page)+
                "><input type='text' style='width:30px; height:20px;' name='p'/> "+
                "<input type='submit' value='go'/></form>";
    }
    private String getFirstPage(){  //获取首页
        if(page<=1){
            return "首页";
        }else{
            return "<a href="+getURLinfo(1)+">首页</a>";
```

```
        }
    }
    private String getDownPage(){   //获取下一页
        if(page == pages){
            return "下一页";
        }else{
            return "<a href='"+getURLinfo(page+1)+"'>下一页</a>";
        }
    }
    private String getUpPage(){   //获取上一页
        if(page == 1){
            return "上一页";
        }else{
            return "<a href='"+getURLinfo(page-1)+"'>上一页</a>";
        }
    }
    private String getLastPage(){   //获取最后一页
        if(page>=pages){
            return "尾页";
        }else{
            return "<a href='"+getURLinfo(pages)+"'>尾页</a>";
        }
    }
    private String getURLinfo(Integer page){
        String contextPath = request.getRequestURI();
        //System.out.println(request.getRequestURI());
        return contextPath+ "?p="+page;     //构造相对于根站点的URL请求信息
    }
    public ResultSet getRs() {
        return rs;
    }
    public void setRs(ResultSet rs) {
        this.rs = rs;
    }
    public int getPageSize() {
        return pageSize;
    }
    public void setPageSize(int pageSize) {
        this.pageSize = pageSize;
```

```
    }
    public Integer getPage() {  //返回当前页
        return page;
    }
    public void setPage(Integer page) {
        this.page = page;
    }
    public Integer getRecordsNum() { //返回总记录数
        return recordsNum;
    }
    public void setRecordsNum(Integer recordsNum) {
        this.recordsNum = recordsNum;
    }
    public Integer getPages() {  //返回总页数
        return pages;
    }
    public void setPages(Integer pages) {
        this.pages = pages;
    }
}
```

(2) 在原来的会员管理项目的 MyDb.java 里，增加如下返回值为 Pager 类型对象的分页方法：

```
    // JDBC+Servlet环境下的分页方法
    public Pager queryAllWithPage(String sql, Integer page, int pageSize,
            HttpServletRequest request, Object... args) {
        ResultSet rs = null;
        Integer recordsNum = 0;
        try {
            ResultSet totalRs = query(sql, args);
            totalRs.last();
            recordsNum = totalRs.getRow(); // 得到记录集rs的总记录数
            Object[] newArgs = new Object[args.length + 2];
            for (int i = 0; i < args.length; i++) {
                newArgs[i]= args[i];
            }
            newArgs[args.length] = (page-1)*pageSize; // 增加2个参数
            newArgs[args.length + 1] = pageSize;
            rs = query(sql + " limit ?,?", newArgs);    //查询指定的page页
```

```
            //返回分页实体对象
            return new Pager(rs, recordsNum, pageSize, page, request);
        } catch (Exception e) {
            e.printStackTrace();
        }
        return null;
    }
```

(3) 在 Servlet 程序 HomeServlet.java 里，调用分页方法并转发数据给 JSP 页面 index.jsp。程序 HomeServlet.java 的代码在上面已经列出。

4. 在 MVC 模式下开发时转发页面的路径问题

由于 Servlet 程序可以映射不同的访问路径，因此，在转发页面里加载样式文件和 JS 文件可能出现路径错误，其解决方法是先获取应用的根路径。例如：

```
<link rel="stylesheet" href="${pageContext.request.contextPath}/css/wzys.css"/>
<link rel="stylesheet" href="${pageContext.request.contextPath}/
                                        css/bootstrap.min.css" type="text/css"/>
<script src="${pageContext.request.contextPath}/
                                js/bootstrap.min.js" type="text/javascript"></script>
```

注意：

(1) 在 JSP 页面里获取应用的根路径，可以使用方法<%=request.getContextPath()%>（不推荐）。

(2) Bootstrap 是目前最受欢迎的前端框架，在本项目后台管理员页面 memInfo.jsp 里会用到。

5. 消息显示页面 message.jsp

作为控制器转发的公共页面 message.jsp，接收控制器转发的消息(要求设置请求对象名为 message 的属性)，并出现返回主控制器 HomeServlet 的超级链接，其主要代码如下：

```
<%@include file="header.jsp"%>
        <div class="main">
            <div class="content">${message}<br>
                <a href="HomeServlet">返回前台主页<a></div></div>
<%@include file="footer.jsp"%>
```

注意：公共消息有用户登录时输入错误的用户名或密码、注册成功等。

3.4.3 MVC 项目里程序的分层设计(DAO 模式)

在实际项目开发中，为了使程序结构松耦合、易于扩展与维护，经常使用 DAO 设计模式，其基本原理是控制层调用服务层（也称业务层），服务层调用数据库访问层 DAO，控制层将处理的结果转发至表现层的视图页面呈现。其中，服务层和 DAO 层包含大量的接口与实现类，DAO 层会涉及模型层的实体类甚至 ORM 框架（参见第 5 章）。

注意：

(1) 代码分层的主要目的是不在控制器里编写业务逻辑。

(2) MVC 里的 M 指主要的业务逻辑，包括实体类、接口及其实现类，还有数据访问层。

(3) 分层就是让下层不知道上层在干什么，只需知道下层做什么就可以了。

DAO 模式设计原理图，如图 3.4.3 所示。

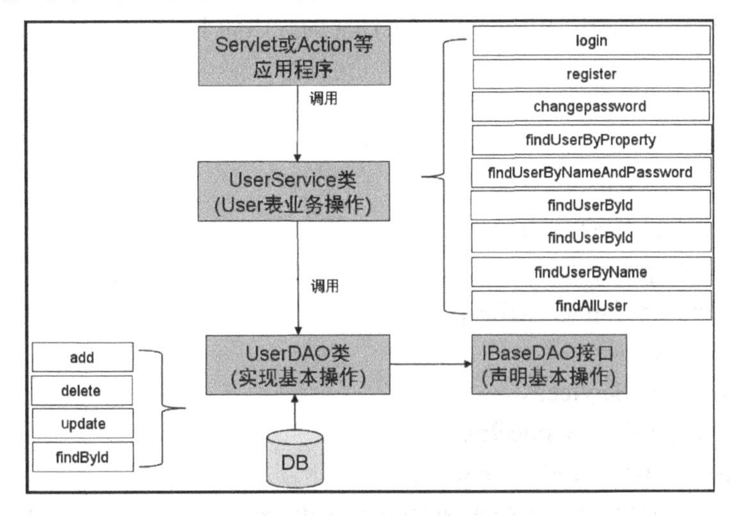

图 3.4.3　DAO 模式设计原理图

例如，项目 MemMana3_ext 的文件系统中，程序文件夹包含 7 个 package 包，如图 3.4.4 所示。

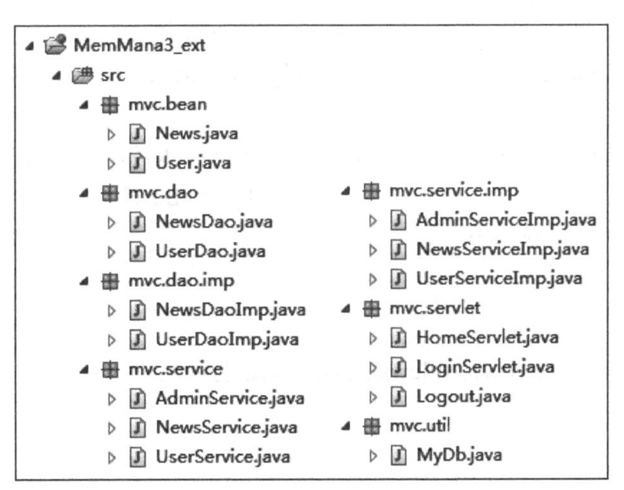

图 3.4.4　项目 MemMana3_ext 的文件系统

在基于 MVC 的项目里，程序分层实现的要点如下：

- 包 mvc.servlet 存放 Servlet 控制器文件，与之前的 Servlet 相比，它不再包含具体的业务实现逻辑，而是调用服务接口，控制器被用户请求调用；
- 包 mvc.service 用于存放定义了若干服务接口的接口文件，而包 mvc.service.imp 用于存放相应于接口的实现类文件，这两个包对应于服务层，它们被控制层调用；
- 包 mvc.dao 用于存放定义访问数据库的接口文件，而包 mvc.dao.imp 存放这些接口的实现类文件，这两个包对应于数据访问层，供服务层调用；

- 包 mvc.util 存放封装了数据库访问的类文件 MyDb.java，提供了连接数据库和CRUD方法，供数据访问层调用。

下面结合主页的实现代码，说明程序分层的要点。

(1) 主页控制器 mvc.servlet/HomeServlet.java 的代码如下：

```
package mvc.servlet;
import java.io.IOException;
import java.util.List;
import javax.servlet.ServletException;
import javax.servlet.http.HttpServlet;
import javax.servlet.http.HttpServletRequest;
import javax.servlet.http.HttpServletResponse;
import mvc.bean.News;
import mvc.service.NewsService;
import mvc.service.imp.NewsServiceImp;
public class HomeServlet extends HttpServlet {
    public void doGet(HttpServletRequest request, HttpServletResponse response)
                                    throws ServletException, IOException {
        NewsService newsServiceImp = new NewsServiceImp(); //创建接口实现类的实例
        List<News> newsList=newsServiceImp.queryAll();    //调用接口方法
        request.setAttribute("newsList",newsList);  //设置转发数据
        request.getRequestDispatcher("/index.jsp").forward(request, response);   //请求转发
    }
    public void doPost(HttpServletRequest request, HttpServletResponse response)
                                    throws ServletException, IOException {
        doGet(request, response);
    }
}
```

(2) 新闻服务接口 mvc.service/NewsService.java 的代码如下：

```
package mvc.service;
import java.util.List;
import mvc.bean.News;
public interface NewsService {
    public List<News> queryAll();
}
```

(3) 新闻服务接口的实现类 mvc.service.imp/NewsServiceImp.java，其实现方式是调用数据访问层接口的方式，其代码如下：

```
package mvc.service.imp;
import java.util.List;
```

```
import mvc.bean.News;
import mvc.dao.NewsDao;
import mvc.dao.imp.NewsDaoImp;
import mvc.service.NewsService;
public class NewsServiceImp   implements NewsService {
    @Override
    public List<News> queryAll() {
        NewsDao newsDaoImp = new NewsDaoImp();
        try {
            return newsDaoImp.queryAll();   //
        } catch (Exception e) {
            // TODO Auto-generated catch block
            e.printStackTrace();
        }
        return null;
    }
}
```

(4) 新闻数据访问接口 mvc.dao/NewsDao.java 的代码如下：

```
package mvc.dao;
import java.util.List;
import mvc.bean.News;
public interface NewsDao {
    public List<News> queryAll();
}
```

(5) 新闻数据访问接口的实现类 mvc.dao.imp/NewsDaoImp.java 的代码如下：

```
package mvc.dao.imp;
import java.sql.ResultSet;
import java.util.ArrayList;
import java.util.List;
import mvc.bean.News;
import mvc.dao.NewsDao;
import mvc.util.MyDb;
import org.junit.Test;
public class NewsDaoImp implements NewsDao{
    List<News>   newsList=null;
    @Override
    public List<News> queryAll(){
        // TODO Auto-generated method stub
```

```
        try {
            String sqlString="select * from news order by contentTitle asc";
            ResultSet rs;
            rs = MyDb.getMyDb().query(sqlString);
            newsList=new ArrayList<News>();   //
            while(rs.next()){
                News news = new News();
                news.setContentTitle(rs.getString("contentTitle"));
                news.setContentPage(rs.getString("contentPage"));
                newsList.add(news);
            }
            //System.out.println(newsList.size());
        } catch (Exception e) {
            // TODO Auto-generated catch block
            e.printStackTrace();
        }
        return newsList;
    }
}
```

3.5 Servlet监听器与过滤器*

3.5.1 Servlet监听器与过滤器概述

1. Servlet监听器

通俗地讲，监听器(listener)就是在application、session和request三个对象创建、消亡，或者向其添加、修改和删除属性时自动执行代码的功能组件。Servlet监听器可以监听Web应用的上下文(环境)信息、Servlet请求信息和Servlet会话信息，并自动根据不同情况，在后台调用相应的处理程序。Servlet监听器极大地增强了Web应用的事件处理能力。事实上，Tomcat启动时呈现的某些信息，也是由监听器(相当于观察者)完成的。

注意:

(1) 通过使用监听器，可以在某种状态下自动激发某些操作。

(2) Servlet监听器和Servlet过滤器的接口的实现类，都需要在web.xml里注册。

在Servlet 2.4规范中，根据监听对象的类型及范围，将Servlet监听器分为三类：请求(ServletRequest)监听器、会话(HttpSession)监听器和上下文(ServletContext)监听器。Servlet监听器的接口及事件，如表3.5.1所示。

表 3.5.1　Servlet 监听器

监听对象	监听接口	监听事件
ServletRequest	ServletRequestListener(2 个方法)	ServletRequestEvent
	ServletRequestAttributeListener(3 个方法)	ServletRequestAttributeEvent
HttpSession	HttpSession Listener(2 个方法)	HttpSessionEvent
	HttpSessionActivationListener(2 个方法)	
	HttpSessionAttributeListener(3 个方法)	HttpSessionBindingEvent
	HttpSessionBindingListener(2 个方法)	
ServletContext	ServletContextListener(2 个方法)	ServletContextEvent
	ServletContextAttributeListener(3 个方法)	ServletContextAttributeEvent

作为 Java EE 组件，会话监听器接口 HttpSessionListener 存放在 javax.servlet.http 包里，其定义如图 3.5.1 所示。

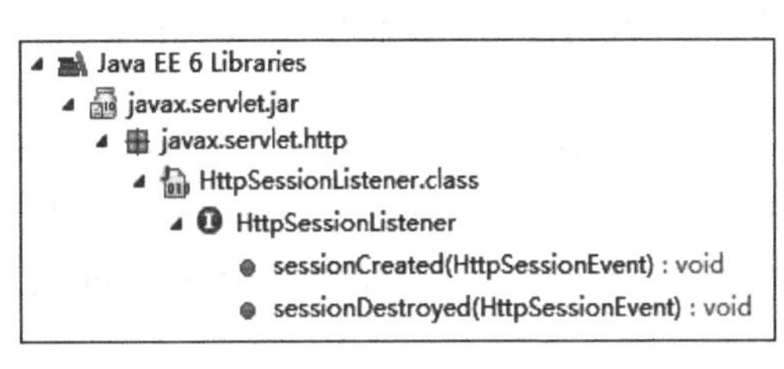

图 3.5.1　会话监听器接口 HttpSessionListener

注意：*Servlet 没有使用监听器，只有当用户请求 Servlet 映射路径时才会触发 Servlet 对应的方法来处理，以此来响应客户的请求。*

部署使用监听器的 Web 项目到 Tomcat 后，启动 Tomcat 时，在 MyEclipse 的控制台会显示相应的信息，如图 3.5.2 所示。

```
信息: JK: ajp13 listening on /0.0.0.0:8009
六月 16, 2016 4:21:13 上午 org.apache.jk.server.JkMain start
信息: Jk running ID=0 time=0/72  config=null
六月 16, 2016 4:21:13 上午 org.apache.catalina.startup.Catalina start
信息: Server startup in 10569 ms
```

图 3.5.2　当发布应用了 Servlet 监听器的项目后 Tomcat 的启动信息

2. Servlet 过滤器

Servlet 过滤器是在 Java Servlet 2.3 规范中定义的，它是一种可以插入的 Web 组件，它能够截获 Servlet 容器接收到的客户端请求和向客户端发出的响应对象。Servlet 过滤器支持对 Servlet 程序和 JSP 页面的基本请求处理功能，如日志、性能、安全、会话等的处理及 XSLT 转换等。Servlet 过滤器的基础接口 Filter 含于软件包 javax.servlet 中，其包含有 init()、doFilter()和 destroy()三个方法，如图 3.5.3 所示。

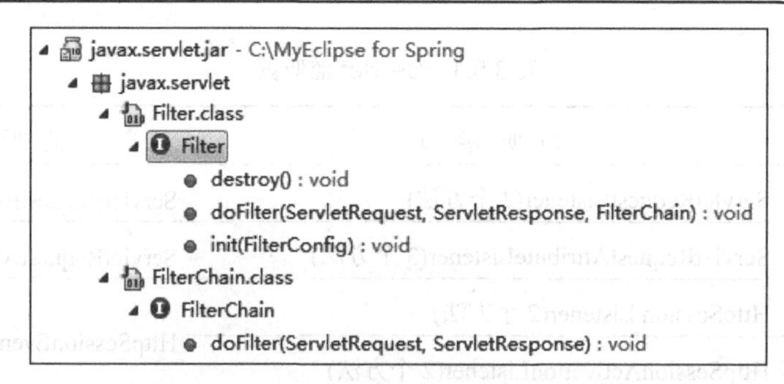

图 3.5.3　开发 Servlet 过滤器的基础接口

Servlet 过滤器用于拦截传入的请求和传出的响应，并监视、修改或以某种方式处理正在通过的数据流。Servlet 过滤器是自包含、模块化的组件，可以将它们添加到请求/响应过滤链中，或者在不影响应用程序中其他 Web 组件的情况下删除它们。Servlet 过滤器只在改动请求和响应的运行时处理，因而不应该将它们嵌入到 Web 应用程序框架内，除非是通过 Servlet API 中的标准接口来实现。

Web 资源可以配置成没有与过滤器关联(默认情况)、与单个过滤器关联(典型情况)或与一个过滤器链关联等三种情况。其功能与 Servlet 一样，主要是接收请求和响应对象，然后过滤器会检查请求对象，并决定是将该请求转发给链中的下一个过滤器，还是终止该请求并直接向客户端发出一个响应，如果请求被转发了，它将被传递给过滤器链中的下一个过滤器或者 Servlet 程序(JSP 页面)，在这个请求通过过滤器链并被服务器处理后，一个响应将以相反的顺序通过该过滤器链发送回去，这样就给每个 Servlet 过滤器提供了根据需要处理响应对象的机会。

注意：

(1) 监听器和过滤器不可被直接访问，它们不会动态生成页面。

(2) 监听器和过滤器的使用方式与 Servlet 类似，均需要在项目配置文件中注册。

(3) Filter 可以用来更改请求和响应的数据。

MemMana3p 是一个综合应用了 Servlet 监听器和过滤器的会员管理项目，其运行效果如图 3.5.4 所示。

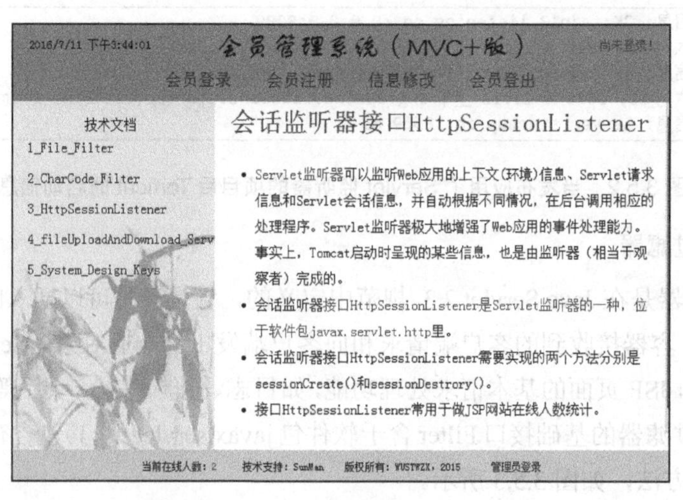

图 3.5.4　项目 MemMana3p 运行效果

项目 MemMana3p 的文件系统如图 3.5.5 所示。

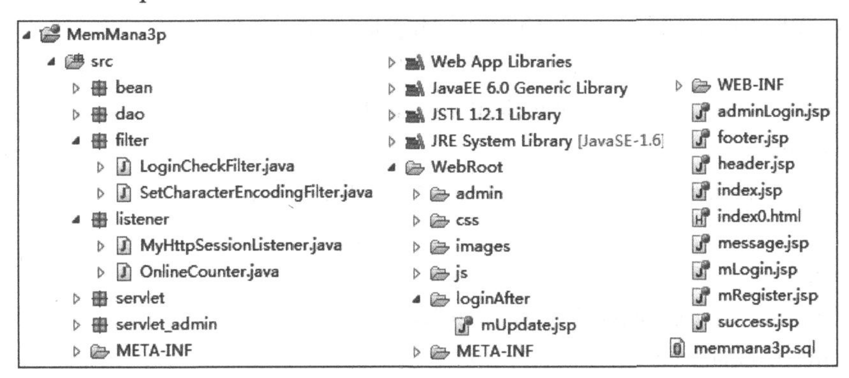

图 3.5.5　项目 MemMana3p 的文件系统

3.5.2　使用接口 HttpSessionListener 统计网站在线人数

在项目 MemMana3p 里，使用 HttpSessionListener 完成了网站在线人数统计，主要涉及包 listener 里的两个文件 OnlineCounter.java 和 MyHttpSessionListener.java。

网站在线人数统计类 OnlineCounter.java 的代码如下：

```
package listener;
public class OnlineCounter {
    private static long online=0;
    public static long getOnline() {
        return online;
    }
    public static void raise() {
        online++;      //增加
    }
    public static void reduce() {
        online--;      //减少
    }
}
```

网站在线人数统计使用的会话监听器 MyHttpSessionListener.java 的代码如下：

```
package listener;
/*
 * 接口HttpSessionListener的两个实现方法对应于会话创建和消失
 * 接口实现类需要像Servlet一样在web.xml里注册
* 当有新用户上线时，Tomcat控制台会显示相应的Session ID
*/
import javax.servlet.http.HttpSessionListener; //
```

```
import javax.servlet.http.HttpSessionEvent;
public class OnlineCounterListener implements HttpSessionListener {
    @Override
    public void sessionCreated(HttpSessionEvent se){
        OnlineCounter.raise();
        System.out.println("A new session is created!--- "+se.getSession().getId());
    }
    @Override
    public void sessionDestroyed(HttpSessionEvent se){
        OnlineCounter.reduce();
    }
}
```

作为 Java EE 组件，会话监听器 MyHttpSessionListener.java 是需要在 web.xml 里配置的，其代码如下：

```
<listener>
    <listener-class>listener. MyHttpSessionListener</listener-class>
</listener>
```

在 JSP 页面 index.jsp 里，获取网站在线人数的方法是使用类 OnlineCounter 的静态方法 getOnline()，其代码如下：

```
<%=OnlineCounter.getOnline()%>
```

3.5.3 使用接口 Filter 进行身份认证

过滤器技术是实现代码复用、减少代码冗余的技术，在 Java Web 项目开发中应用非常普遍。Servlet 过滤器的过滤过程，如图 3.5.6 所示。

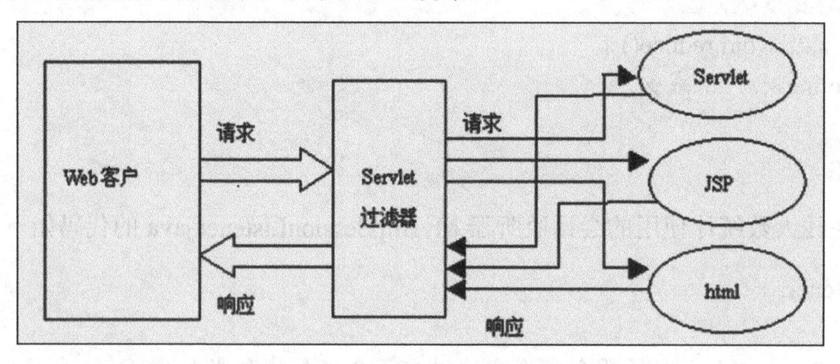

图 3.5.6 Servlet 过滤器的过滤过程

Servlet 过滤器的工作原理：在 web.xml 文件中使用标签<url-pattern>指定要过滤文件的页面范围(路径)，而处理代码包含在 Servlet 过滤器程序(一种特殊的 Java 类)中。

注意：Servlet 过滤器与 Struts 中的拦截器作用类似，参见第 4.2 节。

问题的提出：用户登录后，许多功能页面使用前都要进行身份验证(检查是否已经登录，如果已经登录，则用户名信息会保存在 Session 对象中)，验证时会出现重复的验证代码。使用 Servlet 过滤器技术，可以有效地解决这个代码冗余的问题。

注意：

(1) 过滤器同监听器一样，会在容器启动时自动加载(参见 Apache Tomcat 启动信息)。

(2) 当使用多道过滤时，会涉及接口 FilterChain(过滤器链)。

(3) 过滤器的配置与前面的 Servlet 配置类似，分为名称和映射两个部分。其中，<url-pattern>/test/*</url-pattern>表示对项目中 test 文件夹下的所有文件进行过滤。

在文件夹 WebRoot/loginAfter 里，存放修改会员信息的表单页面是 mUpdate.jsp，而转发会员信息的 Servlet 程序是 src/servlet/UpdateServlet0.java，因此，配置 UpdateServlet0 的访问路径前缀为“/loginAfter”，以便与本页面请求的 URL 访问路径相匹配。UpdateServlet0 在 web.xml 里的配置代码如下：

```
<servlet>
    <servlet-name>UpdateServlet0</servlet-name>
    <servlet-class>servlet.UpdateServlet0</servlet-class>
</servlet>
<servlet-mapping>
    <servlet-name>UpdateServlet0</servlet-name>
    <url-pattern>/loginAfter/UpdateServlet0</url-pattern>
</servlet-mapping>
```

在 MyEclipse 中，创建一个 Servlet 过滤器的方法是：先使用菜单“File→New→Class”，然后选择 javax.servlet.Filter 接口。在项目 MemMana3p 里，过滤器程序文件 src/filter/LoginCheckFilter.java 的代码如下：

```
public class LoginCheckFilter implements Filter {
    @Override
    public void destroy() {
        // TODO Auto-generated method stub
    }
    @Override
    public void doFilter(ServletRequest req, ServletResponse res, FilterChain chain)
                                        throws IOException, ServletException {
        HttpServletRequest request = (HttpServletRequest)req;  //转型
        HttpServletResponse response = (HttpServletResponse)res;
        HttpSession session = request.getSession();  //取得会话对象
        String username = (String)session.getAttribute("username");
        if(null != username && !"".equals(username.trim())){
            chain.doFilter(req, res);  //FilterChain: 相关接口
        }else{
```

```
            request.getSession().setAttribute("message", "尚未登录!");
            response.sendRedirect(request.getContextPath()+"/message.jsp");
        }
    }
    @Override
    public void init(FilterConfig arg0) throws ServletException {
        // TODO Auto-generated method stub
    }
}
```

过滤器程序 LoginCheckFilter 会过滤文件夹 WebRoot/loginAfter 里的请求，其功能是检测用户是否登录。过滤器程序必须在 web.xml 里配置，其配置代码如下：

```
    <filter>
        <filter-name>LoginCheckFilter</filter-name>
        <filter-class>filter.LoginCheckFilter</filter-class>
    </filter>
    <filter-mapping>
        <filter-name>LoginCheckFilter</filter-name>
        <url-pattern>/loginAfter/*</url-pattern>
    </filter-mapping>
```

3.5.4 使用接口 Filter 统一网站字符编码

问题的提出：在 Web 开发时，有很多页面(或 Servlet)需要统一请求和响应的编码，以解决中文乱码问题。

与文件过滤一样，使用字符过滤器，可以减少代码的冗余(或重复)。

注意：Filter 自己不会产生响应，它只能更改和调整请求和响应的数据。Filter 最普遍的用途是用户鉴权、日志、数据压缩、数据转码等。Filter 和 Servlet 一起打包部署，并作用于动态或静态的内容。

在项目 MemMana3p 里，统一网站页面的编码是使用过滤器完成的。首先，定义一个实现接口 Filter 的过滤器 SetCharacterEncodingFilter.java，其文件代码如下：

```
package filter;
import java.io.IOException;
import javax.servlet.Filter;
import javax.servlet.FilterChain;
import javax.servlet.FilterConfig; //
import javax.servlet.ServletException;
import javax.servlet.ServletRequest;
import javax.servlet.ServletResponse;
```

```
public class SetCharacterEncodingFilter implements Filter {
    private String newCharSet;  //过滤时应用的新字符集(编码)
    @Override
    public void init(FilterConfig arg0) throws ServletException {
        // TODO Auto-generated method stub
        if(arg0.getInitParameter("newcharset")!=null){
            //获取过滤器配置参数
            newCharSet=arg0.getInitParameter("newcharset");
        }else{
            newCharSet="utf-8"; //如果在web.xml中没有配置过滤器参数(字符编码)
        }
        System.out.println("***Filter initialing parameter="+newCharSet);
    }
    @Override
    public void doFilter(ServletRequest arg0, ServletResponse arg1,
            FilterChain arg2) throws IOException, ServletException {
        // TODO Auto-generated method stub
        arg0.setCharacterEncoding(newCharSet);  //统一请求编码
        arg1.setContentType("text/html;charset="+newCharSet); //统一响应编码
        arg2.doFilter(arg0, arg1);  //过滤链
    }
    @Override
    public void destroy() {
        // TODO Auto-generated method stub
    }
}
```

为了统一 HTTP 请求/响应编码，过滤器 SetCharacterEncodingFilter.java 在 web.xml 里通过相关标签设置过滤器参数和过滤范围。其配置代码如下：

```
<filter>
    <filter-name>SetCharacterEncodingFilter</filter-name>
    <filter-class>filter.SetCharacterEncodingFilter</filter-class>
    <init-param>
        <param-name>newcharset</param-name>
        <param-value>utf-8</param-value>
    </init-param>
</filter>
```

```
<filter-mapping>
    <filter-name>SetCharacterEncodingFilter</filter-name>
    <url-pattern>/*</url-pattern>
</filter-mapping>
```

习　题　3

一、判断题

1. MyEclipse 提供了快速自动生成类成员属性的 get/set 方法的功能。

2. 超链接请求 Servlet 时，不可以向该 Servlet 传递参数。

3. Servlet 源程序都不包含 main()方法。

4. Servlet 转发时会产生新的请求对象。

5. 如果已经部署到 Tomcat 的 Servlet 项目含有配置错误，则启动 Tomcat 时会在控制器内显示相应的错误信息。

6. Servlet 及其过滤器和监听器，都必须在 web.xml 里配置。

7. 过滤器与 Servlet 一样，可以被用户直接请求。

二、选择题

1. JavaBean 作用范围最小的是____。

A. request　　B. session　　C. application　　D. page

2. 在 JSP 页面里，创建 JavaBean 实例的方法是使用____。

A. new　　B. <jsp:setProperty>　　C. <jsp:getProperty>　　D. <jsp:useBean>

3. JSP 在 MVC 模式中开发的 Web 项目的作用是____。

A. 视图　　B. 模型　　C. 控制器　　D. B 和 C

4. 在 MyEclipse 中创建 Servlet 时，默认的方式是____。

A. 实现接口 Servlet　　B. 继承抽象类 HttpServlet

C. 继承抽象类 GenericServlet　　D. 实现接口 ActionSupport

5. Servlet 程序向客户端输出信息，先要通过请求对象的____方法获得 PrintWriter 对象。

A. getPrint()　　B. getOut()　　C. getResponse()　　D. getWriter()

三、填空题

1. 在 Web 项目里，JavaBean 用来封装____和实现业务逻辑的方法。

2. 当变更用户设计的类文件所在的包名时，应使用快捷键____来自动导入包。

3. 配置 Servlet 时，通过内嵌标签____来配置 Servlet 的访问路径及名称。

4. Servlet 程序获取含有中文的表单提交信息前，为避免中文乱码，需要使用请求对象的____方法来指定字符编码。

5. Servlet 程序在向客户端输出中文信息前，为避免中文乱码，需要使用响应对象的____方法来指定字符编码。

6. Servlet 程序通过请求对象的____方法获得请求转发对象。

7. 使用 JSTL 标签<c:forEach>显示 List 类型的数据时，必须使用属性____和 var。

8. 获取当前 Web 项目根路径的 EL 表达式为____。

9. 文件上传时，应指定表单<form>的 enctype 属性值为____。

四、简答题

1. 简述 JSP 与 Servlet 的关系。
2. 如何在 web.xml 里配置 Servlet?
3. 简述使用 Servlet 过滤器的好处。

实验 3　使用 MVC 模式开发 Web 项目

一、实验目的

1. 掌握 JavaBean 的定义规范及使用。
2. 掌握 Servlet 的定义规范及使用。
3. 掌握 MV 模式与 MVC 模式开发 Web 项目的步骤。
4. 掌握 Servlet 监听器与过滤器的使用。
5. 了解 Servlet 实现文件下载与上传的功能。

二、实验内容及步骤

【预备】访问本课程上机实验网站 http://www.wustwzx.com/javaee，单击第 3 章实验的超链接，下载本章实验内容的源代码(含素材)并解压，得到文件夹 ch03。

(一) 掌握 JavaBean 的定义规范及使用

(1) 在 MyEclipse 中，导入案例项目 Example3_1_1。

(2) 查看 src、bean 两个 JavaBean 文件的定义。

(3) 查看在 index.jsp 页面里使用 JSP 动作标签<jsp:useBean>实例化 JavaBean 的方法。

(4) 在 MyEclipse 中，导入会员管理项目 MemMana2。

(5) 执行项目里的 SQL 脚本文件，创建数据库 memmana2。

(6) 查看 src/bean 里实体类 User 的定义。

(7) 查看会员登录页面 mLogin.jsp 里使用<jsp:useBean>实例化和使用 User 的代码，掌握自动获取表单提交值的前提条件。

(二) 掌握 Servlet 的定义规范和 MVC 开发模式的使用

(1) 在 MyEclipse 中，导入会员管理项目 MemMana3。

(2) 分别查看 MVC 各层所对应的文件(夹)。

(3) 查看文件 WebRoot/WEB-INF/web.xml 中关于各个 Servlet 程序的配置信息。

(4) 查看实现会员登录的相关 JSP 页面和 Servlet 程序，掌握转发与重定向的不同点。

(5) 查看实现会员信息修改的相关 Servlet 程序和 JSP 页面。

(6) 查看在主页里分页显示新闻标题的相关类(bean/News.java、bean/Pager.java 和 dao/MyDb.java)及页面(WebRoot/index.jsp)。

(三) 掌握 Servlet 监听器与过滤器的使用

(1) 在 MyEclipse 中，导入会员管理项目 MemMana3p。

(2) 执行项目里的 SQL 脚本文件，创建数据库 memmana3p。

(3) 查看 src/listener/ MyHttpSessionListener.java 实现接口 HttpSessionListener 的代码。

(4) 分析 listener/OnlineCounter.java 与 MyHttpSessionListener.java 的关系。

(5) 浏览项目，观察当前在线人数后，复制访问地址。

(6) 新打开一个不同内核的浏览器后，粘贴地址后再次访问，观察当前在线人数的变化。

(7) 查看 src/filter/LoginCheckFilter.java 及其在 web.xml 里的配置。

(8) 在不登录的情况下单击系统的“信息修改”超链接，体会 Servlet 文件过滤的功能。

(9) 查看系统统一网站字符编码的实现代码。

(四) 掌握 MVC 项目里程序的分层设计(DAO 模式)

(1) 在 MyEclipse 中，导入会员管理项目 MemMana3_ext。

(2) 执行项目里的 SQL 脚本文件，创建数据库 memmana3_ext。

(3) 打开控制层文件 mvc.servlet/HomeServlet.java，通过链接跟踪打开服务层。

(4)使用链接跟踪，从服务层打开数据访问层。

(5) 查看最底层的逻辑实现及返回拟转发的数据类型。

(五) 了解 Servlet 实现文件下载与上传的功能

(1) 在 MyEclipse 里导入使用 Servlet 实现文件下载的案例项目 Example3_3_1。

(2) 验证当以中文名保存下载内容时，程序与 Tomcat 的 conf/server.xml 里标签<Connector>指定的 URIEncoding 属性值相关。

(3) 查看 Servlet 下载功能的实现代码。

(4) 在 MyEclipse 里导入使用 Servlet 实现文件下载的案例项目 Example3_3_2。

(5) 查看使用 FileUpload 组件的 Servlet 程序代码。

(6) 做文件上传的浏览测试。

三、实验小结及思考

(由学生填写，重点写上机中遇到的问题。)

第4章 Web 表现层框架 Struts 2

Struts 2 属于前台表现层框架，是对 Servlet 的再封装，用以解决输入数据的自动接收和结果数据对视图页的自动转发功能。Struts 2 是一个基于 Model 2 的 MVC 框架，在引入了 Struts 2 框架的 Web 项目里，用户的任何请求将转入框架来处理。Struts 2 担当了 Servlet 的职责，即任何一个处理请求都会经过 Struts 2 框架，并由它进行分发。本章的学习要点如下：

- 掌握 Struts 2 与 Servlet 的关系；
- 掌握使用 Struts 2 处理表单的方法；
- 掌握 Struts 2 自动转发与手动转发数据的用法；
- 掌握 Struts 2 实现文件上传的方法；
- 掌握 Struts 2 标签的作用及常用标签的使用；
- 了解 Struts 2 拦截器的作用。

4.1 Struts 2 框架及其基本使用

4.1.1 Struts 2 框架实现原理

Struts 2 是 Apache Jakarta 项目的一个子项目，目的是将 MVC 模式应用于 Web 程序设计，从而改进和提高 JSP、Servlet、标签库以及面向对象的技术水准。

Struts 2 是一个基于 Model 2 的 MVC 框架，担当了 Servlet 的职责，即任何一个处理请求都会经过 Struts 框架，并由它进行分发。

Struts 2 框架是对 Servlet 的再封装，因此，Struts 2 中会出现许多新的接口与类，项目配置与结构也会出现新的变化，这主要表现在：

- 在 web.xml 中配置了核心控制器(实际上是一个 Servlet 过滤器)；
- 增加了动作控制器接口 Action 及其实现类 ActionSupport；
- 动作配置代码出现在 struts.xml 里，相当于配置 Servlet 代码；
- Struts 2 控制器可自动获取表单数据；
- 转发后的视图页面可直接接收转发数据。

引入 Struts 2 框架后，Web 项目的工作流程如图 4.1.1 所示。

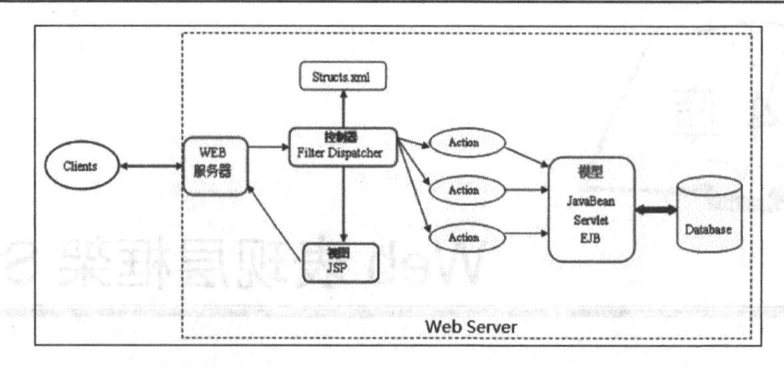

图 4.1.1　引入 Struts 2 框架后 Web 项目的工作流程图

4.1.2　建立 Struts 2 用户库

要使用 Struts 2 框架，可以访问网站 http://struts.apache.org 并下载 Struts 2 的 jar 包，效果如图 4.1.2 所示。

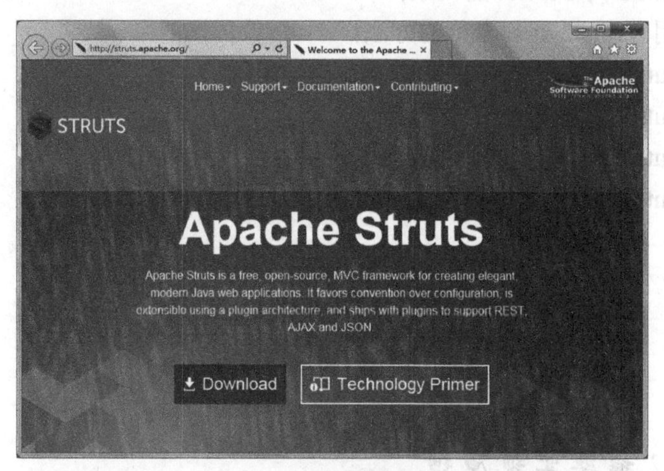

图 4.1.2　从 Apache 官网下载 Struts 2 的 jar 包

解压 struts 项目包，文件夹 lib 里包含了 Struts 2 的 9 个基本 jar 包文件，如图 4.1.3 所示。

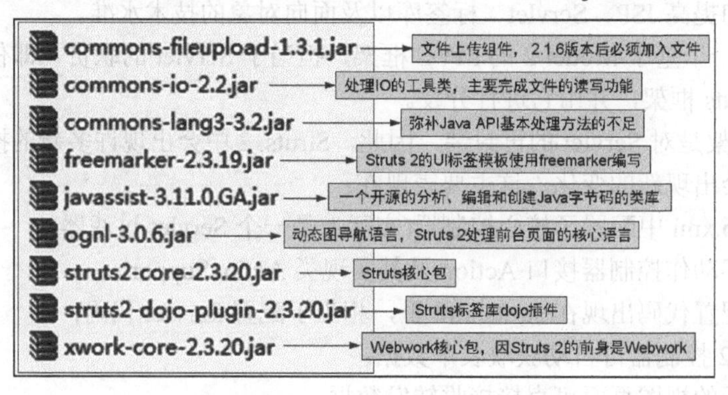

图 4.1.3　Struts 2 的 9 个基本 jar 包文件

为方便项目开发，通常在 MyEclipse 里建立相应的用户库。先使用菜单“Window→Preferences→Java→Build Path→User Libraries”，单击按钮“New”，创建一个名为 struts2.3.20 的用户库，然后编辑该用户库，添加 Struts jar 包，操作如图 4.1.4 所示。

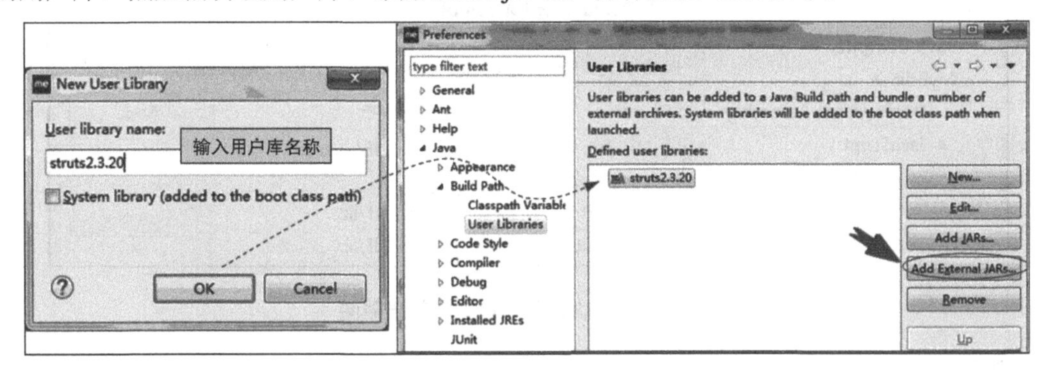

图 4.1.4　创建 Struts 2 用户库

使用 Spring 容器(参见第 6 章)时，需要使用 Struts 2 的 2 个日志 jar 包文件：

commons-logging-1.1.3.jar
commons-logging-api-1.1.jar

当 Spring 整合 Struts 2 时，需要使用 Struts 2 提供的整合 jar 包文件：

struts2-spring-plugin-2.3.20.jar

对项目应用刚才建立的用户库 struts2.3.20 的方法是：右击项目名→Build Path→Add Library→User Library→struts2.3.20。

在部署 Web 项目至 Tomcat 之前，MyEclipse 2013 还需要将用户库 jar 文件装配至项目的 WEB-INF/lib，其方法是：右击项目名→Properties→MyEclipse→Deploment Assembly→Add→Java Build Path Entries，如图 4.1.5 所示。

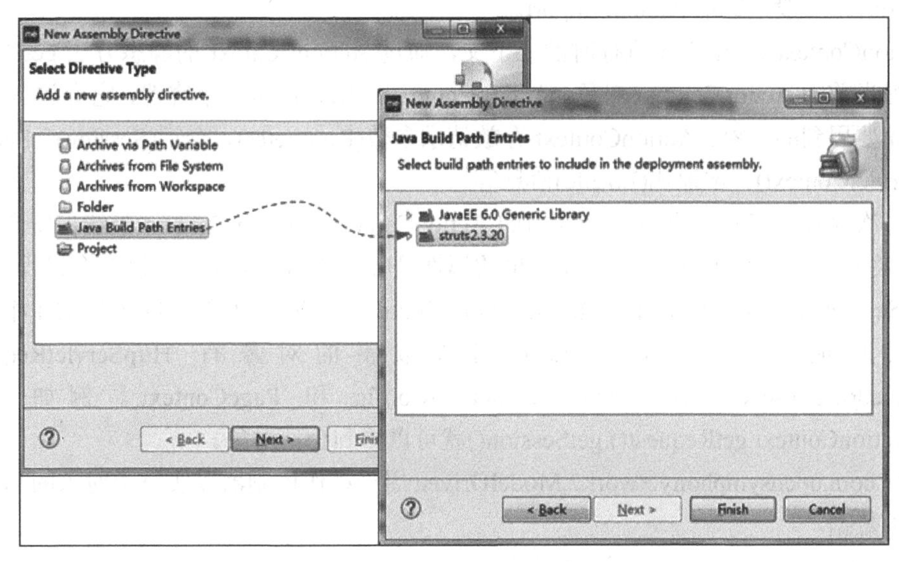

图 4.1.5　部署用户库 jar 包至 WEB-INF/lib

成功装配用户库 struts2.3.20 至项目 WEB-INF/lib 时的效果，如图 4.1.6 所示。

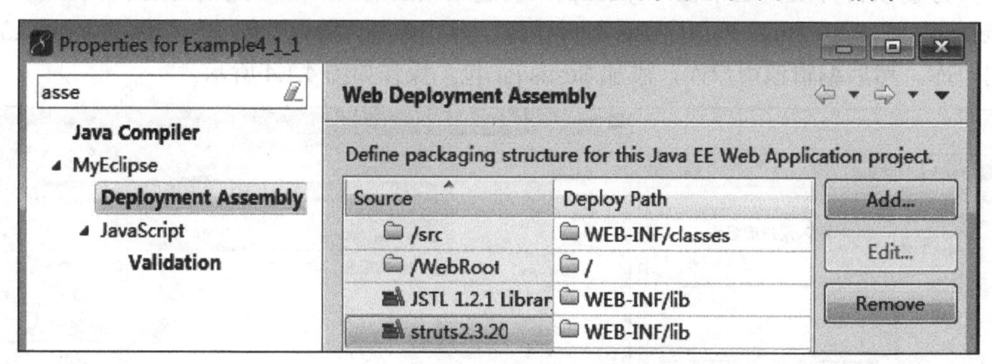

图 4.1.6　成功装配用户库时效果截图

注意：

(1) 简单地将 Struts 2 的所有 jar 包文件放入用户库，在项目引入该用户库并部署后，可能会造成 Tomcat 启动时异常。例如，单纯的 Struts 项目，在引入整合包 struts2-spring-pluging-2.3.20.jar 后，会引起 Tomcat 启动异常。

(2) 本教材里构建的用户库 struts2.3.20，包含了 9 个基本包和 2 个日志包，就是共 11 个 jar 包文件。

(3) MyEclipse for Spring 10 项目引用用户库时，自动发布其 jar 文件到 WEB-INF/lib 里。

(4) 在 MyEclipse 2013 中，如果不将用户库 jar 文件部署至项目的 WEB-INF/lib，启动 Tomcat 将出现异常 java.lang.ClassNotFoundException(找不到类异常)。

4.1.3　Struts 2 框架的主要接口与类

在 Struts 2 中，最基本的接口是 Action，ActionSupport 是该接口的实现类。我们编写控制器程序时，一般是继承 ActionSupport。

ActionContext 是 Action 执行时的上下文，通过 ActionContext 的静态方法 getContext()可以取得当前的 ActionContext 对象。ActionContext 可以看作是一个容器，它存放 Action 在执行时需要用到的对象。ActionContext 存放请求参数(Parameter)、会话(Session)、Servlet 上下文(ServletContext)、本地化(Locale)信息等。

在每次执行 Action 之前都会创建新的 ActionContext，ActionContext 是线程安全的，也就是说，在同一个线程里 ActionContext 里的属性是唯一的，即 Action 可以在多线程中使用。

类 ServletActionContext 直接继承类 ActionContext，提供了直接与 Java Servlet 相关对象访问的功能。ServletActionContext 可以取得的对象有 HttpServletRequest、HttpServletResponse、ServletContext、ServletConfig 和 PageContext。例如，使用 ServletActionContext.getRequest().getSession()就可以得到会话对象。

接口 com.opensymphony.xwork2.ModelDriven 用于动作控制器以实体类对象的形式自动获取表单数据。

Struts 2 框架的主要接口与类的定义如图 4.1.7 所示。

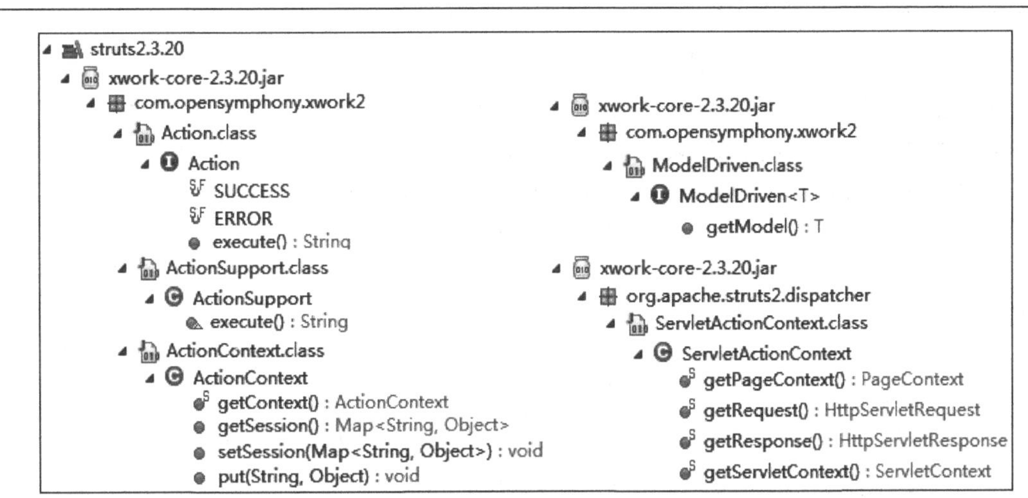

图 4.1.7　Struts 2 架框的主要接口与类

注意：

(1) 在 Struts 2 项目里，通过 ActionContext 对象使用 put()方法，可以实现数据转发功能。

(2) 在 Struts 2 项目里，一个控制器程序可以包含若干个返回值为 String 类型的方法。

(3) 每个 Struts 2 项目都需要编写关于动作的配置文件 struts.xml。

(4) 每个动作都有一个方法与之对应。其中，方法 execute()是动作默认执行的。

4.1.4　Struts 2 框架配置

对于使用 Struts 2 框架的 Web 项目，都需要进行核心过滤器及其动作的配置。

1. 在 web.xml 里配置核心过滤器

Struts 2.1 及以上版本的 Struts，使用的核心控制器将 HTTP 请求转入 Struts 2 框架内处理，并过滤用户的 HTTP 请求。在 web.xml 里配置核心过滤器的代码如下：

```
<filter>
        <filter-name>struts2</filter-name>
        <filter-class>
            org.apache.struts2.dispatcher.ng.filter.StrutsPrepareAndExecuteFilter
        </filter-class>
</filter>
<filter-mapping>
        <filter-name>struts2</filter-name>
        <url-pattern>/*</url-pattern>
</filter-mapping>
```

注意：

(1) 使用<filter-class>等标签，配置 Struts 2 的核心控制器。

(2) 使用标签<url-pattern>过滤用户的 HTTP 请求，其后的“/*”表示过滤所有请求。

2. 在 struts.xml 里配置动作

在 Struts 2 项目中，每个动作控制器里的每个方法都需要在 struts.xml 文件里配置一个动作名，配置方法是使用标签<action>并内嵌标签<result>。其中，标签<action>具有属性 name、class 和 method 等，标签<result>具有属性 name 和 type。

对于标签<action>，属性 class 指定了处理用户请求所使用的动作类，属性 name 定义了处理用户请求所使用的动作名称，一般与方法名相同(也可不同)，其处理代码包含在该动作类的 method 属性值对应的方法内。

对于标签<result>，属性 name 定义逻辑视图名，对应于动作控制器的方法的返回值；type 属性定义结果类型。

Struts 2 的结果类型有多种，常用的是 dispatcher(转发，为默认值)和 redirect(重定向)。当结果类型是转发时，逻辑视图名与转发到的页面相对应。

当控制器处理 Ajax 请求时，需要在 struts.xml 中更改 package 继承 json-default，并将动作的结果类型选择为 json，参见项目 MemMana4 之后台管理员登录实现。

注意：

(1) 标签<action>省略 method 属性时，默认使用控制器里的 execute()方法。

(2) 标签<result>省略 type 属性时，默认值为 dispatcher，表示转发。

【例 4.1.1】一个使用 Struts 2 框架的简明示例。

完成后项目 Example4_1_1 的文件系统如图 4.1.8 所示。

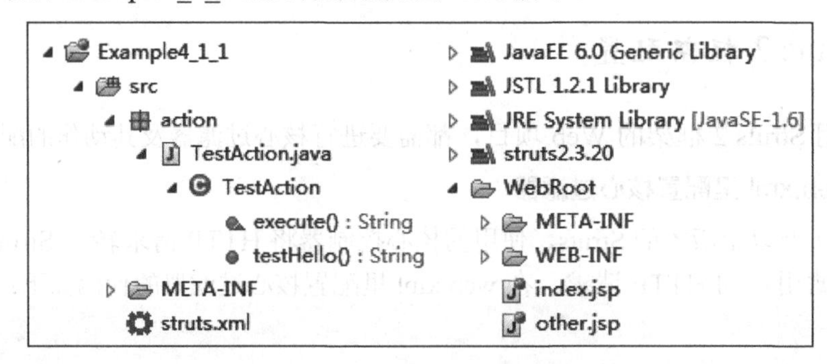

图 4.1.8 案例项目文件系统

部署项目后，分别请求两个控制器动作时的浏览效果，如图 4.1.9 所示。

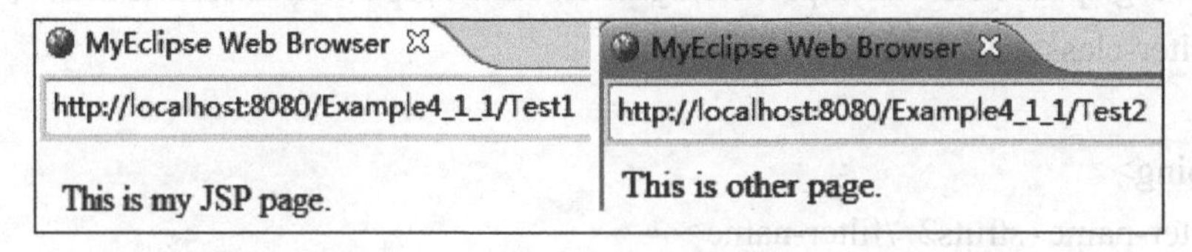

图 4.1.9 项目浏览效果

动作类文件 TestAction 继承 ActionSupport，定义了两个方法。TestAction.java 的代码如下：

```
package action;
import com.opensymphony.xwork2.ActionSupport;
```

```
public class TestAction extends ActionSupport {
    @Override
    public String execute() throws Exception {
        // TODO Auto-generated method stub
        System.out.println("index");
        return "index";
    }
    public String testHello(){
        System.out.println("other--test!");
        return "other";
    }
}
```

注意：

(1) 动作类的每个方法都必须有 String 类型的返回值。

(2) 方法返回值是转发或者重定向的依据，习惯上称为逻辑视图名。

在 struts.xml 文件里，注册动作类 TestAction 及其方法的代码如下：

```
<struts>
    <package name="struts2" extends="struts-default">
        <action name="Test1" class="action.TestAction">
            <result name="index">/index.jsp</result></action>
        <action name="Test2" class="action.TestAction" method="testHello" >
            <result name="other">/other.jsp</result></action>        </package>
</struts>
```

注意：

(1) 当标签< action>省略属性 method 时，将自动执行动作类里的 execute()方法。

(2) 标签<result>的 name 属性为逻辑视图名，与转发的物理视图相对应。

(3) 标签<result>的 type 属性表示结果类型，默认为 dispatcher(转发)。

(4) 用户请求动作时后缀以.action 结尾，效果与没有后缀相同。

4.1.5　控制器里数据的自动接收与转发

在使用 Struts 2 制做的 Web 项目中，控制器可以自动获取表单的数据，也可以将处理的结果数据以自动或手动方式转发给 JSP 页面。其中，控制器获取表单数据有如下三种方式：

- 离散的属性驱动方式；
- 将属性封装到实体类方式；
- 模型驱动方式。

如果控制器类的属性个数较少，可以使用离散的属性驱动方式。

将控制器类的属性抽出，构建单独的实体模型，这样可以较好实现分离和重用。此时，控制器类只使用实体模型的实例作为成员，而在 JSP 视图中需要修改标签的 name 属性为"实体类实例名.属性名"。

模型驱动方式是通过控制器实现接口 com.opensymphony.xwork2.ModelDriven 完成的，它以实体类作为泛型参数(参见图 4.1.7)。

控制器手动转发结果数据，一般使用 ActionContext 对象。

【例 4.1.2】一个应用 Struts 2 框架且包含数据接收与转发的示例。

案例项目 Example4_1_2 的文件系统，如图 4.1.10 所示。

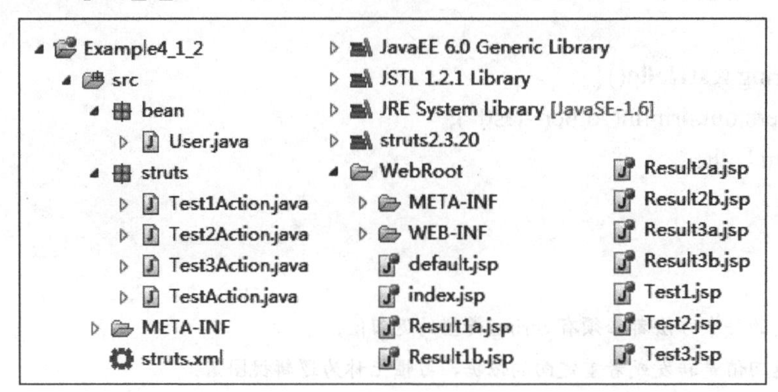

图 4.1.10　项目 Example4_1_2 文件系统

案例项目 Example4_1_2 的主页效果，如图 4.1.11 所示。

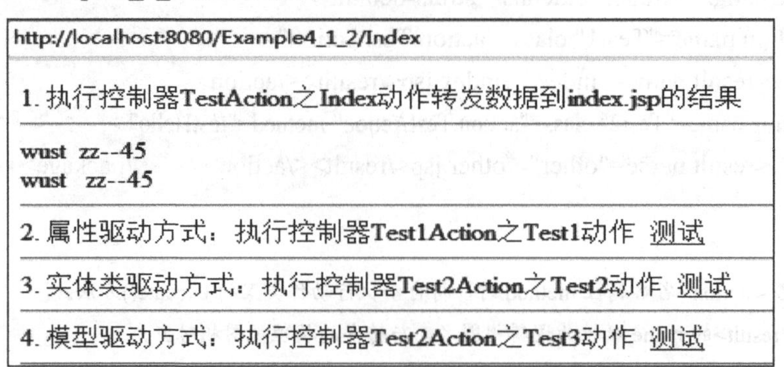

http://localhost:8080/Example4_1_2/Index
1. 执行控制器TestAction之Index动作转发数据到index.jsp的结果
wust zz--45
wust zz--45
2. 属性驱动方式：执行控制器Test1Action之Test1动作 测试
3. 实体类驱动方式：执行控制器Test2Action之Test2动作 测试
4. 模型驱动方式：执行控制器Test2Action之Test3动作 测试

图 4.1.11　项目 Example4_1_2 的主页效果

Struts 的配置文件 struts.xml 中，共配置了 Index、Test1、Test2 和 Test3 四个动作。其中，Index 动作(对应于控制器 TestAction)转发数据给 index.jsp 页面，后三个动作是用来处理表单的，因此，它们的返回结果均有 success 和 error 两种。struts.xml 的完整代码如下：

```
<?xml version="1.0" encoding="UTF-8"?>
<!DOCTYPE struts PUBLIC
    "-//Apache Software Foundation//DTD Struts Configuration 2.0//EN"
    "http://struts.apache.org/dtds/struts-2.3.dtd">
<struts>
    <package name="default" namespace="/" extends="struts-default">
        <action name="Index" class="struts.TestAction">
```

```
            <result name="success">/index.jsp</result>
        </action>
        <action name="Test1" class="struts.Test1Action">
            <result name="success">/Result1a.jsp</result>
            <result name="error">/Result1b.jsp</result>
        </action>
        <action name="Test2" class="struts.Test2Action">
            <result name="success">/Result2a.jsp</result>
            <result name="error">/Result2b.jsp</result>
        </action>
        <action name="Test3" class="struts.Test3Action">
            <result name="success">/Result3a.jsp</result>
            <result name="error">/Result3b.jsp</result>
        </action>
    </package>
</struts>
```

控制器 TestAction.java 的代码如下：

```
package struts;
import bean.User;
import com.opensymphony.xwork2.ActionSupport;
public class TestAction extends ActionSupport {
    private User user;
    private String dw;
    public User getUser() {
        return user;
    }
    public void setUser(User user) {
        this.user = user;
    }
    public String getDw() {
        return dw;
    }
    public void setDw(String dw) {
        this.dw = dw;
    }
    public String execute() {
        user=new User();    //
        user.setUsername("zz");
```

```
        user.setAge(45);
        dw="wust";  //自动转发是通过属性驱动，要求有属性的get/set方法
        System.out.println(user);
        //下面注释的代码是手工转发
        //如果取消下面的注释，即使用手工转发，则可以去掉前面对user的get/set方法
        //ActionContext.getContext().put("user", user);
        return SUCCESS;
    }
}
```

控制器 TestAction.java 转发的页面 index.jsp 的代码如下：

```
<%@ page language="java"   pageEncoding="utf-8"%>
<!DOCTYPE HTML PUBLIC "-//W3C//DTD HTML 4.01 Transitional//EN">
<%@ taglib prefix="s" uri="/struts-tags" %>
<html>
  <head>
    <title>测试Struts数据的自动转发功能</title>
  </head>
  <body>
     1. 执行控制器TestAction之Index动作转发数据到index.jsp的结果<hr/>
        ${dw}  ${user.username }--${user.age }<br/>
        <s:property value="dw"/>  
        <s:property value="user.username"/>--<s:property value="user.age"/><hr>
    2. 属性驱动方式：执行控制器Test1Action之Test1动作
    <a href="http://localhost:8080/Example4_1_2/Test1.jsp">测试</a></a><hr/>
    3. 实体类驱动方式：执行控制器Test2Action之Test2动作
    <a href="http://localhost:8080/Example4_1_2/Test2.jsp">测试</a></a><hr/>
    4. 模型驱动方式：执行控制器Test2Action之Test3动作
    <a href="http://localhost:8080/Example4_1_2/Test3.jsp">测试</a></a><hr/>
  </body>
</html>
```

控制器 Test1Action 的两个属性与表单 Test1.jsp 的表单元素名相对应，设置两个属性的 get/set 方法是在转发页面(Result1a.jsp 和 Result1b.jsp)里使用表单提交值的前提，控制器在表单提交后可自动获取提交的表单元素值。

控制器程序文件 TestAction1.java 的代码如下：

```
package struts;
import com.opensymphony.xwork2.ActionSupport;
public class Test1Action extends ActionSupport {
```

```
    private String username;
    private String password;
    public String getUsername() {
        return username;
    }
    public void setUsername(String username) {
        this.username = username;
    }
    public String getPassword() {
        return password;
    }
    public void setPassword(String password) {
        this.password = password;
    }
    public String execute() throws Exception {
        if (getUsername().equals("wustzz") && getPassword().equals("123456"))
            return SUCCESS;
        else
            return ERROR;
    }
}
```

由控制器 Test1 处理的表单页面 Test1.jsp 的代码如下：

```
<%@ page language="java" import="java.util.*" pageEncoding="utf-8"%>
<%@taglib prefix="s" uri="/struts-tags"   %>
<body>
    <s:form action="Test1.action" method="post">    <!-- .action可以省略 -->
        <s:textfield name="username" label="姓名" cssStyle="width:100px;"></s:textfield>
        <s:password name="password" label="密码" style="width:100px;"></s:password>
        <s:submit value="登录"></s:submit>
    </s:form>
</body>
```

控制器 Test1 转发的登录成功页面 Test1a.jsp 的代码如下：

```
<%@ page language="java" import="java.util.*" pageEncoding="utf-8"%>
<%@taglib prefix="s" uri="/struts-tags"   %>
<body>
  <!-- username是控制器属性名，其值为表单提交值 -->
    你好 <s:property value="username"/>
```

```
</body>
```

控制器 Test1 转发的登录失败页面 Test1b.jsp 的代码如下：

```
<%@ page language="java" import="java.util.*" pageEncoding="utf-8"%>
<%@taglib prefix="s" uri="/struts-tags"%>
<body>
    登录失败，重新 <s:a href="Test1.jsp">登录</s:a>
</body>
```

表单页面 Test2.jsp 的表单元素带有前缀 “user.”，其代码如下：

```
<%@ page language="java"   pageEncoding="utf-8"%>
<%@taglib prefix="s" uri="/struts-tags"   %>

<body>
    <s:form action="Test2.action" method="post">
        <s:textfield name="user.username" label="姓名" cssStyle="width:100px;"/>
        <s:password name="user.password" label="密码" cssStyle="width:100px;"/>
        <s:submit value="登录"></s:submit>
    </s:form>
</body>
```

处理表单 Test2.jsp 的控制器程序 Test2Action.java 的代码如下：

```
package struts;
import bean.User;   //实体类
import com.opensymphony.xwork2.ActionSupport;
public class Test2Action extends ActionSupport {
    private User user;
    public User getUser() {
        return user;
    }
    public void setUser(User user) {
        this.user = user;
    }
    public String execute() throws Exception {
        if (user.getUsername().equals("wustzz") && user.getPassword().equals("123456"))
            return SUCCESS;
        else
            return ERROR;
    }
```

```
}
```

表单页面 Test3.jsp 与 Test1.jsp 相类似，其代码如下：

```
<%@ page language="java" import="java.util.*" pageEncoding="utf-8"%>
<%@taglib prefix="s" uri="/struts-tags"   %>
<body>
    <s:form action="Test3.action" method="post">
        <s:textfield name="username" label="姓名" cssStyle="width:100px;"/>
        <s:password name="password" label="密码" cssStyle="width:100px;"/>
        <s:submit value="登录"></s:submit>
    </s:form>
</body>
```

处理表单 Test3.jsp 的控制器程序 Test3Action.java 的代码如下：

```
package struts;
import bean.User;
import com.opensymphony.xwork2.ActionSupport;
import com.opensymphony.xwork2.ModelDriven;
public class Test3Action extends ActionSupport implements ModelDriven<User> {
    private User user;
    public User getUser() {
        return user;
    }
    public void setUser(User user) {
        this.user = user;
    }
    @Override
    public User getModel() {
        // TODO Auto-generated method stub
        if(user==null){
            user=new User();
        }
        return user;
    }
    public String execute() throws Exception {
        if (user.getUsername().equals("zzwzx") && user.getPassword().equals("123"))
            return SUCCESS;
        else
            return ERROR;
```

```
    }
}
```

注意：

(1) 模型驱动是属性驱动及其变种(实体类驱动)的混合，使用起来很方便。

(2) 动作控制器转发的数据可以是任意类型的。

(3) 设置动作控制类属性的set/get方法，是自动转发的前提，手工转发则不需要。

(4) 例4.1.2的JSP页面使用了部分Struts标签。

4.2 使用Struts标签显示转发数据

4.2.1 Struts标签库概述

根据第2章的学习我们知道，早期的Java Web程序主要依靠Java代码控制输出，JSP页面中嵌入if、else、for等代码分隔页面中的静态和动态部分，整个页面显得较为凌乱，可读性降低，不易维护，不利于团队协作开发。而在Struts项目里，广泛使用Struts标签库，Struts标签库具有如下特点：

- 提供了大量标签来生成页面效果，大大简化了数据的输出；
- 使用OGNL表达式，集合、对象的访问功能强大(相对EL表达式而言)；
- 整合了Dojo，提供了许多额外的标签，如日期、树形结构、Ajax等，可以生成更多页面表示效果；
- 支持开发自定义主题、模板，能满足页面复杂多变的需求。

Struts标签的分类如图4.2.1所示。

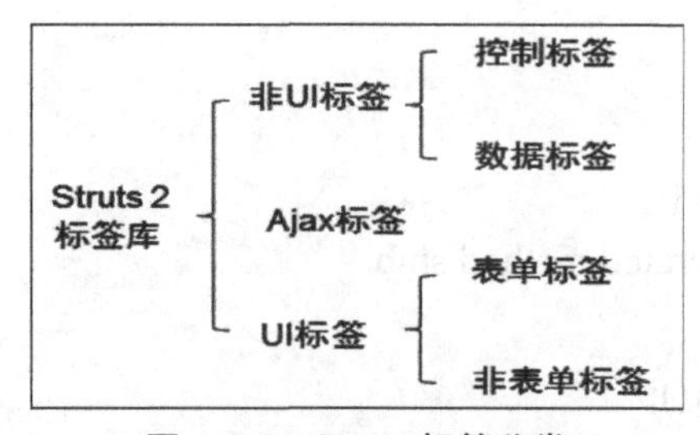

图4.2.1　Struts标签分类

在JSP中使用Struts标签的前提是，在JSP页面的开头使用如下指令：

```
<%@taglib prefix="s" uri="/struts-tags"%>
```

注意：

(1) Struts标签可以认为是扩展的HTML标签。

(2) 在Struts项目的JSP页面里，可以使用JSTL标签+EL表达式来显示转化的动态数据。

(3) 在Struts循环标签里可以使用EL表达式。

(4) OGNL 是一个开源项目，表示对象图导航语言(object graphic mavigation language)。

4.2.2　UI 标签

1. Form 标签及相关

Form 标签用于产生表单，一个示例用法如下：

```
<s:form action="动作名" method="post">
    <s:textfield name="username" label="姓名" cssStyle="width:100px;"/>
    <s:password name="password" label="密码" cssStyle="width:100px;"/>
    <s:submit value="登录"></s:submit>
</s:form>
```

在表单里，还可以有如下标签：

```
<s:file name="photo" label="照片"/>
<s:textarea name="extra" label="简介" value="不少于50个字"    rows="5" cols="20"/>
```

2. 列表标签

列表标签用于产生列表，一个示例用法如下：

```
<s:select name="skill"
        label="擅长"
        size="5"
        multiple="true"
        list="{'Java编程','Android编程','.NET架构','JavaEE架构'}">
</s:select>
```

3. 下拉列表标签

下拉列表标签用于产生下拉列表，一个示例用法如下：

```
<s:set name="selList" value="# {'1':'质量','2':'成本','3':'进度'}"/>
<s:select   list="#selList" listKey="key"
            listValue="value" name="columnName"
            headerKey="0" headerValue="--请选择--">
</s:select>
```

下拉列表的浏览效果如图 4.2.2 所示。

图 4.2.2　下拉列表浏览效果

4. 单选按钮

一个用于产生图形化的单选按钮的示例用法如下：

```
<s:radio name="sex" label="性别" list="#{1:'男', 0:'女'}" value="1"/>
```

注意：选择性别为“女”时的外观效果为性别: ◉男 ◉女。

5. 单个复选框与一组复选框

单个复选框与一组复选框的示例用法如下：

```
<s:checkbox name="remember" label="记住我" fieldValue="1"/>
<s:checkboxlist name="love" label="爱好" list="{'足球','篮球','音乐'}" />
```

注意：复选框被选时的外观为☑。

4.2.3 数据标签 set 和 property

set 标签用于赋值，其用法格式如下：

```
<s:set name="变量名" value="值"/>
```

property 标签用于输出值，其用法格式如下：

```
<s:property   value="值或变量名"/>
```

4.2.4 控制标签 if/elseif/else

if/elseif/else 这三个标签都用于分支控制，它们都根据逻辑值来决定是否计算、输出标签体的内容，其用法示例如下：

```
<s:set name="score" value="80"/>
<s:if test="#score>=90">
    优秀
</s:if>
<s:elseif test="#score>=80">
    良好
</s:elseif>
<s:elseif test="#score>=60">
    一般般
</s:elseif>
<s:else>
    你挂了
</s:else>
```

4.2.5　循环标签 iterator

Struts 标签<s:iterator>常用于遍历 List 列表数据，其格式如下：

```
<s:set name="list" value="{'张三','李四','王五'}"/>
<s:iterator value="#list">
        <s:property/>
</s:iterator>
```

或者

```
<s:set name="list" value="{'张三','李四','王五'}"/>
<s:iterator value="#list" var="s">
        <s:property value="s"/>
</s:iterator>
```

在项目 MemMana4 的主页的物理视图文件 index.jsp 中，新闻列表使用了 Struts 标签，其代码如下。

```
    <div class="left">
        <center class="bt">技术文档</center>
        <ul>
            <s:iterator value="#newsList" var="row">
            <li><a href='<s:property value="#row.contentPage"/>'
                                                    target="iFrameName">
            <s:property value="#row.contentTitle"/></a></li>
                                                    </s:iterator></ul></div>
        <div class="right">
            <iFrame name="iFrameName" width="550px" height="480px"
                src="index0.html" frameborder="no"> </iFrame>       </div>
```

注意：

(1) 在<s:iterator>标签里，newsList 为转发而来的列表数据，即 News 类型的对象列表。

(2) 在<s:iterator>标签里，row 代表列表数据的一行。

4.2.6　标签 bean 与 param

bean 标签通过 name 属性引入 JavaBean 的名字，用于创建一个 JavaBean 实例。在 bean 标签里，可以嵌套用于设置参数的 param 标签。

标签 bean 与 param 的一个示例用法如下：

```
<s:bean name="vo.User" var="u">
    <s:param name="username" value="'wustzz'"/>
    <s:param name="password" value="'123456'"/>
</s:bean>
用户名: <s:property value="#u.username"/>
密码: <s:property value="#u.password"/>
```

4.2.7 标签 action

标签 action 实现在 JSP 页面中调用 Struts 控制器的动作的功能，一个示例用法如下：

```
<s:action name="Login" executeResult="true">
    <s:param name="user.username" value="'wustzz'"/>
    <s:param name="user.password" value="'888888'"/>
</s:action>
```

4.2.8 Ajax 标签 datetimepicker 和 tree

datetimepicker 和 tree 是两个特殊的 Struts 标签，它们分别用来实现日期的直观输入和信息的树状检索。

为了能正常使用这两个标签，需要做如下准备：

(1) 在 Struts 用户库里，需要添加 struts2-dojo-plugin-2.3.16.3.jar；

(2) 在 JSP 页面头部引入指令 <%@ taglib prefix="sx" uri="/struts-dojo-tags" %>；

(3) 在 JSP<head>与</head>之间添加 <sx:head />。

<sx:datetimepicker name="birth" label="生日" displayFormat="yyyy-MM-dd"/>的界面效果，如图 4.2.3 所示。

图 4.2.3 日历标签 datetimepicker 浏览效果

一个 tree 标签的示例代码如下：

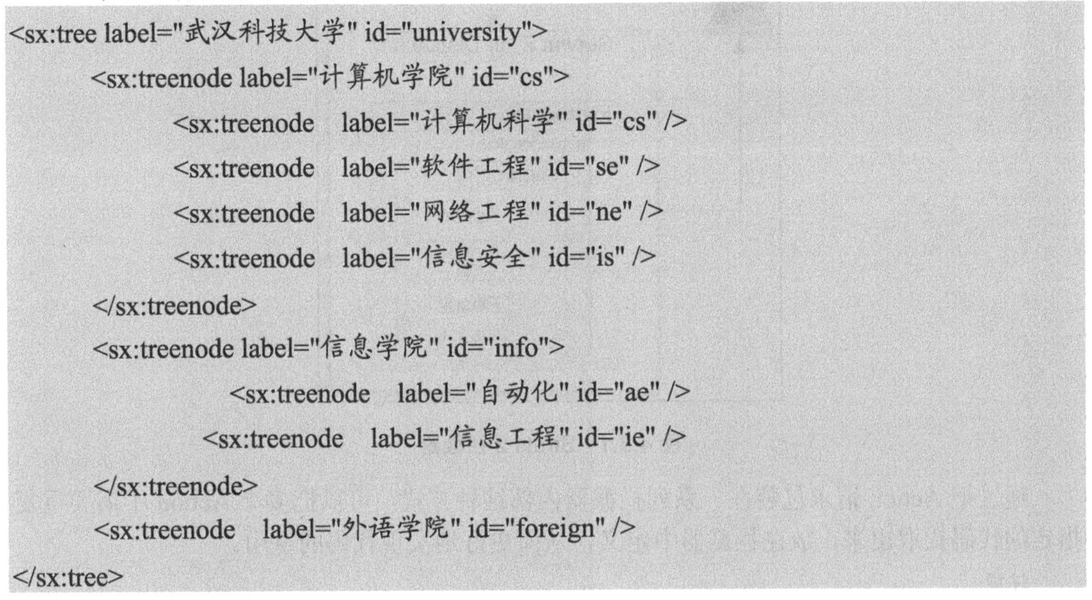

```
<sx:tree label="武汉科技大学" id="university">
        <sx:treenode label="计算机学院" id="cs">
                <sx:treenode   label="计算机科学" id="cs" />
                <sx:treenode   label="软件工程" id="se" />
                <sx:treenode   label="网络工程" id="ne" />
                <sx:treenode   label="信息安全" id="is" />
        </sx:treenode>
        <sx:treenode label="信息学院" id="info">
                     <sx:treenode   label="自动化" id="ae" />
                   <sx:treenode   label="信息工程" id="ie" />
        </sx:treenode>
        <sx:treenode   label="外语学院" id="foreign" />
</sx:tree>
```

上面代码的浏览效果如图 4.2.4 所示。

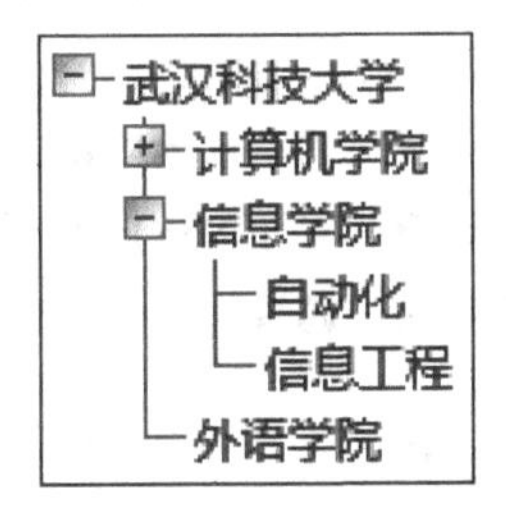

图 4.2.4　树标签 tree 的浏览效果

注意：上面两个特殊的 Struts 标签的前缀是“sx:”。

4.3　Struts 2 拦截器

4.3.1　Struts 拦截器的工作原理

在 Struts 2 项目里，请求转入 Struts 2 框架内进行处理前会经过一系列拦截器，然后再到动作 Action。

拦截器可动态地拦截发送到指定 Action 的请求，通过拦截机制，可以在 Action 执行的前后插入某些代码。

当请求到达 Struts 的 Filter Dispatcher 时，Struts 会查找配置文件，并根据配置实例化相应的拦截器对象，然后将这些对象组成一个列表，最后逐个调用列表中的拦截器。

每个 Action 请求都包装在一系列拦截器内部，如图 4.3.1 所示。

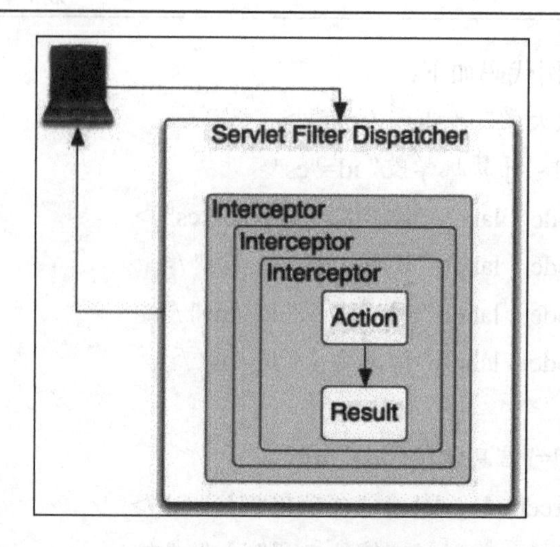

图 4.3.1 Struts 2 拦截器

通过把 Action 请求包装在一系列拦截器内部这种方式，可以把多个 Action 中需要重复指定的代码提取出来，放在拦截器中定义，从而更好地实现代码的重用。

注意：

(1) 拦截器可以在 Action 执行之前做准备工作，也可以在 Action 执行之后做回收工作。

(2) 通常拦截器都是通过代理的方式调用的。

(3) 拦截器是基于 Java 反射机制的，而过滤器是基于函数回调的。

(4) 拦截器不依赖于 Servlet 容器，过滤器依赖于 Servlet 容器。

(5) 拦截器只能对 Action 请求起作用，而过滤器则可以对几乎所有的请求起作用。

4.3.2 自定义拦截器及其配置

Struts 2 内置了大量的拦截器，这些内置的拦截器几乎完成了 Struts 框架 70%的工作，如解析请求参数、将请求参数赋值给 Action 属性、执行数据校验、类型转换、文件上传处理、国际化等。

如果 struts.xml 配置的 package 继承了 struts-default 包，则可以自动使用内置的拦截器。

使用内置拦截器，需要以 name-class (拦截器名-实现类)的形式在 struts-default.xml 文件中配置。

自定义拦截器的主要步骤如下：

(1) 创建拦截器类，该类继承 AbstractInterceptor，并将拦截器的功能代码写在 public String intercept()方法中。

(2) 在 struts.xml 文件中配置拦截器。先通过<interceptor />来定义拦截器，然后在需要使用拦截器的 Action 中，使用<interceptor-ref/>引用拦截器。

4.3.3 拦截器应用示例

一个拦截器定义与使用的案例项目 Example4_3_1 的文件系统，如图 4.3.2 所示。

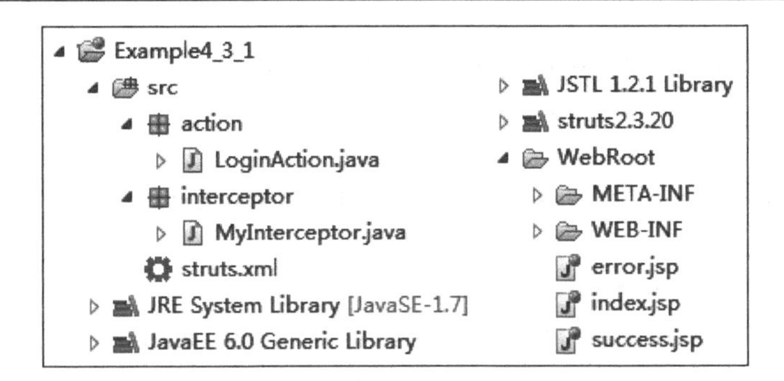

图 4.3.2　案例项目 Example4_3_1 文件系统

项目运行时，执行自定义的拦截器 MyInterceptor 的代码如下：

```
package interceptor;
public class MyInterceptor extends AbstractInterceptor {
    private String name;
    public String getName() {
        return name;
    }
    public void setName(String name) {
        this.name = name;
    }
    @Override
    public String intercept(ActionInvocation ai) throws Exception {
        System.out.println(name+" 开始拦截-----");
        System.out.println("开始请求Action的时间为: "+new Date());
            long start=System.currentTimeMillis();   //取得开始执行Action的时间
            //执行后一个拦截器，如果没有，则默认直接执行Action的execute()方法
            String result=ai.invoke();
            System.out.println("执行完Action的时间为: "+new Date());
            long end=System.currentTimeMillis();
            System.out.println("执行完Action的时间为"+(end-start)+"毫秒");
            System.out.println(name+" 拦截器结束-----");
            return result;
    }
}
```

拦截器程序必须在 web.xml 里注册。需要注意的是，如果使用了自定义的拦截器，则还需要建立拦截栈(interceptor-stack)，以便继续使用系统默认的拦截器。struts.xml 文件代码如下：

```
<?xml version="1.0" encoding="UTF-8"?>
<!DOCTYPE struts PUBLIC
```

```
    "-//Apache Software Foundation//DTD Struts Configuration 2.0//EN"
    "http://struts.apache.org/dtds/struts-2.3.dtd">
<struts>
    <package name="default" namespace="/" extends="struts-default">
        <interceptors>
         <!-- 注册名为myinterceptor的拦截器 -->
            <interceptor name="myinterceptor" class="interceptor.MyInterceptor">
                <param name="name">我的拦截器</param>
            </interceptor>
            <interceptor-stack name="myStack">
                <interceptor-ref name="myinterceptor" /><!-- 自定义的拦截器 -->
                <interceptor-ref name="defaultStack" /><!-- 系统内置的拦截器 -->
            </interceptor-stack>
        </interceptors>
        <action name="login" class="action.LoginAction">
            <result name="success">/success.jsp</result>
            <result name="error">/error.jsp</result>
            <!-- 拦截器一般配置在result标签之后 -->
            <interceptor-ref name="myStack" />
        </action>
    </package>
</struts>
```

登录执行控制器动作前(即表单提交时)，拦截器程序优先运行，在控制台显示拦截器运行的结果信息，如图 4.3.3 所示。

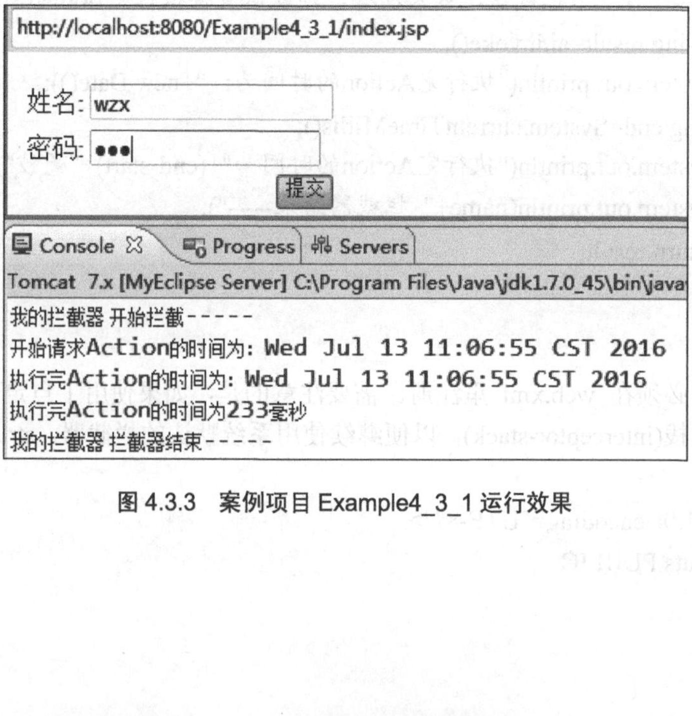

```
http://localhost:8080/Example4_3_1/index.jsp
姓名: wzx
密码: •••
提交
Console  Progress  Servers
Tomcat 7.x [MyEclipse Server] C:\Program Files\Java\jdk1.7.0_45\bin\java
我的拦截器 开始拦截-----
开始请求Action的时间为: Wed Jul 13 11:06:55 CST 2016
执行完Action的时间为: Wed Jul 13 11:06:55 CST 2016
执行完Action的时间为233毫秒
我的拦截器 拦截器结束-----
```

图 4.3.3　案例项目 Example4_3_1 运行效果

4.4　Struts 输入校验

4.4.1　客户端验证与服务器端验证

输入校验是所有 Web 应用必须处理的问题，简单地说，输入校验就是过滤一些非法输入或恶意输入的信息，保证系统不受影响。

输入校验分为客户端校验和服务器端校验。客户端校验通常需要书写大量的 JS 代码，较为烦琐，且易出错。验证 name 字段必填且字符数在 4～10 之间的 JS 代码如下：

```
<script>
    function check() {
        var name=document.getElementById("username").value;
        if(name==""||name==null)   {
            alert("用户名必填");
            return false;
        }
        else if( !(/^\w{4,10}$/).test(name) ) {
            alert("用户名应为[4,10]字符");
            return false;
        }
        else return true;
    }
</script>
```

显然，使用 JS 进行客户端校验是比较麻烦的，所以我们经常要借助第三方客户端校验库，如 Validation.js 等。

客户端校验主要是要防止客户端的错误输入，其校验过程在客户端浏览器上进行，这样的好处是降低服务器负载。

但是，客户端校验仅能对输入进行初步过滤，它绝对不能取代服务器端验证。服务器端校验是在服务器端进行的，它是整个应用的最后防线，它阻止非法数据或恶意数据进入系统，对系统的安全性、完整性承担着不可替代的作用。

Struts 2 框架提供了非常强大的输入校验机制，通过其内置的校验器，无须书写任何校验代码即可完成绝大部分的校验功能。

注意： Struts 2 允许通过重写 validate()方法完成自定义校验，也允许开发者创建自定义的校验器。

4.4.2　使用 Struts 内置校验

使用 Struts 内置校验的用法规则如下：

(1) 每个 Action 都有一个 validation 配置文件，该文件与 Action 同处于一个目录下；

(2) validation 配置文件一般命名为：ActionName-validation.xml，其中 ActionName 是 Action 类的名字；

(3) 校验失败后，转发至与名为 input 的逻辑视图对应的表单输入页面，即

```
<result name="input">表单输入页面</input>
```

表单输入校验的错误信息将会封装成 fieldError，并放入 ActionContext 对象里，在表单页面里添加标签<s:fielderror/>即可显示校验到的错误信息及正确的输入提示。文件 ActionName-validation.xml 的基本框架如下：

```
<validators>
    <field name="要验证的表单字段名">
        <field-validator type="验证器名称">
            <param name="该验证器所带的参数名">参数值</param>
            <message>校验没有通过时的提示信息</message>
        </field-validator>
        <!-- 其他验证器 -->
    </field>
    <!-- 其他field -->
<validators>
```

注意：

(1) 验证发生在 execute 方法运行之前，在 Struts 2 的 params 拦截器已经把请求的参数设置到 Action 的属性之后。所以，验证框架实际上验证的是值栈内的值。

(2) 验证通不过时，会自动跳转到 struts.xml 里 result name 为 input 对应的表单输入页面。

(3) 动作控制器不必返回名为 input 的结果类型，它是 Struts 自动处理的。

【例 4.4.1】一个应用 Struts 2 框架且包含数据接收与转发的示例。

案例项目 Example4_4_1 的文件系统，如图 4.4.1 所示。

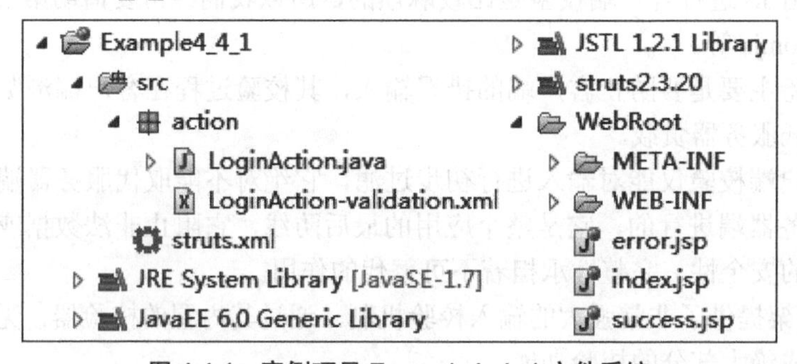

图 4.4.1　案例项目 Example4_4_1 文件系统

登录表单文件 index.jsp 的 form 标签包含了显示输入验证错误的 fielderror 标签，文件的完整代码如下：

```
<%@ page language="java"    pageEncoding="utf-8" %>
<%@ taglib prefix="s" uri="/struts-tags"%>
```

```
<%@ taglib prefix="sx" uri="/struts-dojo-tags" %>
<html>
<head>
    <title>表单输入</title>
    <sx:head />
</head>
<body>
    <s:form action="login" method="post">
        <s:fielderror/>    <!-- 汇总显示所有验证错误 -->
        <s:textfield name="username" label="姓名"/>
        <s:password name="password" label="密码"/>
        <s:password name="repassword" label="确认密码"/>
        <sx:datetimepicker name="birth" label="生日"
    displayFormat="yyyy-MM-dd"/>
        <s:submit value="提交"/>
    </s:form>
</body>
</html>
```

对动作控制器 LoginAction 进行输入校验的校验规则文件 LoginAction-validation.xml，对输入表单的四个字段分别建立了若干输入规则，其代码如下：

```
<?xml version="1.0" encoding="utf -8"?>
    <!DOCTYPE validators PUBLIC
            "-//Apache Struts//XWork Validator 1.0.3//EN"
            "http://struts.apache.org/dtds/xwork-validator-1.0.3.dtd">
<validators>
    <field name="username">
            <field-validator type="requiredstring">
            <param name="trim">true</param>
                <message>请输入用户名</message>
      </field-validator>
            <field-validator type="stringlength">
                <param name="minLength">3</param>
                <param name="maxLength">18</param>
                 <message>用户名长度${minLength}--${maxLength}</message>
            </field-validator>
    </field>
    <field name="password">
            <field-validator type="requiredstring">
```

```
                    <param name="trim">true</param>
                    <message>请输入密码</message>
            </field-validator>
            <field-validator type="regex">
                    <param name="expression"><![CDATA[\d{3}]]></param>
                    <message>密码必须是3个数字</message>
            </field-validator>
    </field>
    <field name="repassword">
        <field-validator type="requiredstring" short-circuit="true">
                <param name="trim">true</param>
                <message>请输入确认密码</message>
          </field-validator>
            <field-validator type="fieldexpression">
                    <param name="expression">
        <![CDATA[password==repassword]]>
                </param>
                    <message>两次密码不一致</message>
            </field-validator>
    </field>
    <field name="birth">
        <field-validator type="required">
            <message>必填</message>
            </field-validator>
          <field-validator type="date">
                <param name="min">1900-01-01</param>
                <param name="max">2050-01-01</param>
                <message>生日必须在${min}到${max}之间</message>
          </field-validator>
    </field>
</validators>
```

项目的 Struts 配置文件 struts.xml，需要配置校验出表单输入有误时的结果类型，其代码如下：

```
<?xml version="1.0" encoding="utf-8"?>
<!DOCTYPE struts PUBLIC
    "-//Apache Software Foundation//DTD Struts Configuration 2.0//EN"
    "http://struts.apache.org/dtds/struts-2.3.dtd">
<struts>
    <package name="default" namespace="/" extends="struts-default">
```

```
        <action name="login" class="action.LoginAction">
            <result name="success">/success.jsp</result>
            <result name="input">/index.jsp</result>    <!-- 验证失败时 -->
            <result name="error">/error.jsp</result>
        </action>
    </package>
</struts>
```

项目 Example4_4_1 在数据输入有错误时的验证结果，如图 4.4.1 所示。

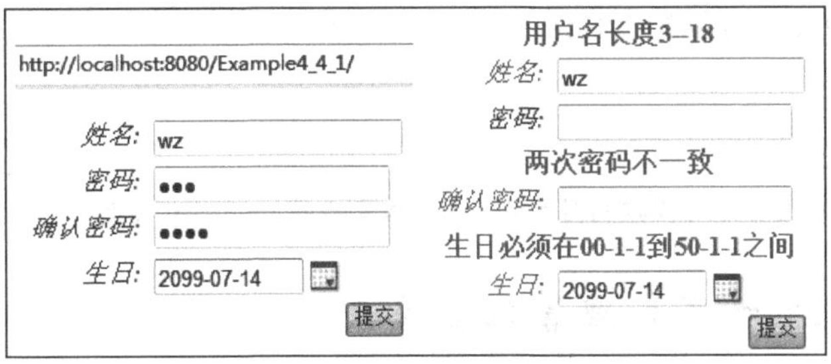

图 4.4.2　案例项目 Example4_4_1 输入校验结果

4.5　基于 Struts 2 框架开发的会员管理项目 MemMana4

4.5.1　项目总体设计

在项目 MemMana4 中，Struts 2 的基本 jar 包包含于用户库 struts 2.3.20 里，MySQL JDBC 驱动包以及用于处理 JSON 数据的 1 个 jar 包存放在 WEB-INF/lib 文件夹里，如图 4.5.1 所示。

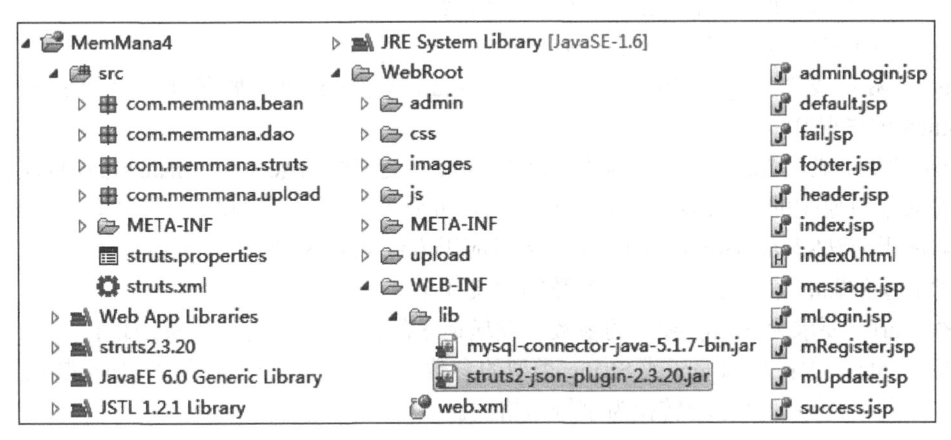

图 4.5.1　使用 Struts 2 设计的会员管理系统

在 Web.xml 里定义主页，其代码如下：

```
<welcome-file-list>
        <welcome-file>default.jsp</welcome-file>
</welcome-file-list>
```

主页里 default.jsp 只进行客户端跳转，其代码如下：

```
<script type="text/javascript">
    window.onload = function(){
            location.href="${pageContext.request.contextPath}%>/Index";
        //其中，Index为控制器HomeAction里配置的动作
    }
</script>
```

注意：项目真正的主页是动作控制器方法 Index 转发后的 index.jsp 页面。

4.5.2 使用 Ajax 技术处理管理员登录

从第 1.1.4 小节我们知道，利用 jQuery 提供的 Ajax 方法，能够简化我们的 Ajax 应用开发。

Struts 2 提供 Ajax 技术的支持，提供处理 JSON(JavaScript object notation，即 JS 对象符号)数据的插件包 struts2-json-plugin-2.3.20.jar(参见图 4.5.1 文件夹 WEB-INF/lib)。

JSON 是一种轻量级的数据交换格式，是完全独立于语言的文本格式，它易于阅读和编写，同时也易于被机器解析和生成，这些特性使 JSON 成为理想的数据交换格式。

注意：

(1) 相对于 XML 来说，JSON 解析相对方便一些，而且还可以表示比 XML 更复杂的数据结构。

(2) JSON 是 JavaScript 默认的数据类型。

(3) JSON 只支持 utf-8 编码。

JSON 对象都需要使用一对花括号来定义，其内含若干键值对数据，并使用逗号分隔。当键值有多项时，使用方括号括起来(表示一个数组)，例如：

```
{"name":"胡小威" , "age":20 , "male":true}
{"name":"胡小威", "age"=20, "male":true, "address":{"street":"岳麓山南", "city":"长沙","country":"中国"}}
[{"name":"胡小威" , "age":20 , "male":true},{"name":"赵丽" , "age":22 , "male":false}]
```

jQuery 对原生的 Ajax 操作进行了再封装，可分为三层。最底层对应于方法$.ajax()，第二层对应于方法$.load()和$.post()，第三层对应于方法$.getJSON()和$.getScript()。

jQuery 的$.ajax()方法中，主要参数的含义如下。

- url：要求为 String 类型的参数，发送请求的地址(默认为当前页地址)。
- data：要求为 Object 或 String 类型的参数，发送到服务器的数据。如果数据格式不是字符串，则自动转换为字符串格式。
- success：要求为 function 类型的参数，请求成功后调用的回调函数，它包含了由服

务器返回的结果数据。

- dataType: 要求为 String 类型的参数，服务器预期返回的数据类型。如果不指定，jQuery 将自动根据 HTTP 包 MIME 信息来智能判断，通常为 JSON 类型。
- async：要求为 Boolean 类型的参数，默认设置为 true，表示所有请求均为异步请求。

在 Struts 项目 MemMana4 中，后台管理员登录使用 Ajax 功能的实现步骤如下：

(1) 编写管理员登录的控制器代码。文件 AdminAction.java 中处理管理员登录的方法 adminLogin()的代码如下：

```
private String result;  // 类AdminAction属性，用户Ajax返回数据
public String adminLogin() throws Exception{     //处理管理员登录
        Map<String, Object> result = new HashMap<String, Object>();
        String sql="select * from admin where   pwd=md5(?)";
        ResultSet rs = MyDb.getMyDb().query(sql, password);
        if(rs.next()){
            ActionContext.getContext().getSession().put("admin", rs.getString(1));
            result.put("success", true);
        }else{
            result.put("msg", "密码错误!");
            result.put("success", false);
        }
        System.out.println(result); //在Tomcat控制台输出测试
        //转换Java对象为JSON格式的字符串(对象)
        setResult(JSONUtil.serialize(result));
        System.out.println(result);   //在Tomcat控制台输出测试
        return SUCCESS;
}
```

(2) 更改 struts.xml 中默认的包继承关系，配置 Ajax 动作。

将 struts.xml 里原来的代码

```
<package name="default" namespace="/" extends="struts-default">
```

修改为：

```
<package name="default" namespace="/" extends="json-default">
```

在 struts.xml 中，指定动作 adminLogin 的结果类型为“json”，表示响应的是 Ajax 请求(这不同于通常的 dispatcher 或 redirect)，其代码如下：

```
<action name="adminLogin" class="com.memmana.struts.AdminAction"
                                        method="adminLogin">
        <result name="success" type="json">/adminLogin.jsp</result>
</action>
```

(3) 编写登录密码框、Button 按钮及其 jQuery Ajax 处理代码。adminLogin.jsp 里的主要

代码如下：

```
请输入管理员密码: <input type="password" id="pwd" value="admin">
<input id="submit" type="button" value="提交">
<script src="js/jquery-1.10.2.min.js"></script>
<script type="text/javascript">
        $(document).ready(function(){
            $("#submit").click(function(){
                var pwd = $("#pwd").val();
                $.ajax({
                    url: "adminLogin",
                    data: {
                        password : pwd
                    },
                    success: function(data){
                        data = $.parseJSON(data.result);
                        if(data.success){
                            location.href='adminIndex';
                        }else{
                            alert(data.msg);
                        }
                        alert(data); //控制台输出，使用IE内核浏览器
                        //console.log(data); //控制台输出，使用非IE内核浏览器
                    }
                });
            });
        });
</script>
```

注意：用于登录的页面 adminLogin.jsp 并非通常的表单页面。

管理员登录时，若输入的密码正确，则进入后台管理主菜单；否则，在屏幕上显示警告框且不会清除屏幕上的内容。管理员密码输入错误时的浏览效果，如图 4.5.2 所示。

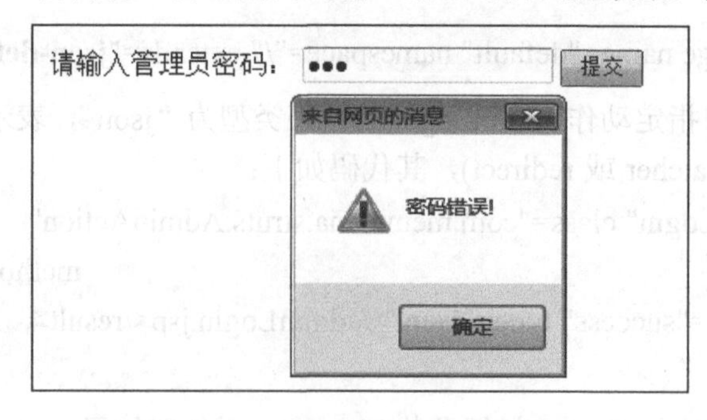

图 4.5.2　管理员密码输入错误时的浏览效果

4.5.3　Struts 文件上传

Struts 项目 MemMana4 提供了文件上传功能，其实现步骤如下。

(1) 编写文件上传表单页面。文件 WebRoot/admin/upload.jsp 的代码如下：

```
<%@ page language="java"    pageEncoding="utf-8"%>
<html>
    <head>
        <title>Struts 2文件上传</title>
    </head>
    <body>
        <h2>Struts 2单文件上传</h2>
        <form action="simpleFileUpload.action" method="post"
                                               enctype="multipart/form-data">
                名称: <input type="text" name="username"><br>
                文件: <input type="file" name="file"><!-- 文件域 --><br>
                    <input type="submit" value="提交">
        </form>   <hr>
        <h2>Struts 2多文件上传</h2>
        <form action="multipartFileUpload.action" method="post"
                                               enctype="multipart/form-data">
                名  称: <input type="text" name="username"><br>
                    文件1: <input type="file" name="file"><br>
                    文件2: <input type="file" name="file"><br>
                文件3: <input type="file" name="file"><br>
                <input type="submit" value="提交">
        </form>
    </body>
</html>
```

(2) 编写单文件上传控制器代码。文件 SimpleFileUpload.java 的代码如下：

```
package com.memmana.upload;
import java.io.File;
import java.io.FileInputStream;
import java.io.FileOutputStream;
import java.io.InputStream;
import java.io.OutputStream;
```

```
import javax.servlet.http.HttpServletRequest;
import org.apache.struts2.ServletActionContext;
import com.opensymphony.xwork2.ActionSupport;
public class SimpleFileUploadAction extends ActionSupport {
    private String username; // 用户名
    private File file; //与表单文件域的名称一致
    private String fileFileName; //约定写法xxxFileName获取xxx的文件名
    private String fileContentType; //约定写法xxxContentType同上
    public String getUsername() {
        return username;
    }
    public void setUsername(String username) {
        this.username = username;
    }
    public File getFile() {
        return file;
    }
    public void setFile(File file) {
        this.file = file;
    }
    public String getFileFileName() {
        return fileFileName;
    }
    public void setFileFileName(String fileFileName) {
        this.fileFileName = fileFileName;
    }
    public String getFileContentType() {
        return fileContentType;
    }
    public void setFileContentType(String fileContentType) {
        this.fileContentType = fileContentType;
    }
    //------------------------------------------------------------
    @SuppressWarnings("deprecation")
    @Override
    public String execute() throws Exception {
```

```
        System.out.println(file.getAbsolutePath()); //带绝对路径的临时文件
        InputStream is = new FileInputStream(file); //获取输入流
        // 将输入流写入输出流并写到upload目录中
        HttpServletRequest request = ServletActionContext.getRequest();
        String root = request.getRealPath("/upload"); //上传的绝对路径
        //System.out.println(root);
        File destFile = new File(root, fileFileName);
        OutputStream os = new FileOutputStream(destFile);
        //读写方法一(利用原生java IO操作)
        byte[] buffer = new byte[1024];
        int length = 0;
        while(-1 != (length = is.read(buffer))){
            os.write(buffer, 0, length);    // 写入文件
        }
        is.close();     os.close();    // 关闭输入流/输出流
        return SUCCESS;
    }
}
```

(3) 编写多文件上传控制器代码。文件 MultipartFileUpload.java 的代码如下：

```
package com.memmana.upload;
import java.io.File;
import java.io.FileInputStream;
import java.io.FileOutputStream;
import java.io.InputStream;
import java.io.OutputStream;
import java.util.List;  //
import javax.servlet.http.HttpServletRequest;
import org.apache.commons.io.IOUtils;   //
import org.apache.struts2.ServletActionContext;
import com.opensymphony.xwork2.ActionSupport;
@SuppressWarnings("all")
public class MultipartFileUpload extends ActionSupport {
    private String username;
    private List<File> file;
    private List<String> fileFileName;
```

```
    private List<String> fileContentType;
    @Override
    public String execute() throws Exception {
        String root = ServletActionContext.getRequest().getRealPath("/upload");
        for (int i = 0; i < file.size(); i++) {   //文件数组
            InputStream is = new FileInputStream(file.get(i));
            File destFile = new File(root, fileFileName.get(i));
            OutputStream os = new FileOutputStream(destFile);

            IOUtils.copy(is, os);   //方式二：利用commons-io-1.3.2.jar
            //IOUtils.copyLarge(is, os); // 文件大小超过2G时使用
            is.close();
            os.close();
        }
        return SUCCESS;
    }
    public String getUsername() {
        return username;
    }
    public void setUsername(String username) {
        this.username = username;     }
    public List<File> getFile() {
        return file;
    }
    public void setFile(List<File> file) {
        this.file = file;
    }
    public List<String> getFileFileName() {
        return fileFileName;
    }
    public void setFileFileName(List<String> fileFileName) {
        this.fileFileName = fileFileName;
    }
    public List<String> getFileContentType() {
        return fileContentType;
    }
```

```
    public void setFileContentType(List<String> fileContentType) {
        this.fileContentType = fileContentType;
    }
}
```

(4) 显示单文件上传结果页面。文件 WebRoot/admin/simpleFileUploadResult.jsp 的代码如下：

```
<%@ page language="java" pageEncoding="utf-8"%>
<%@ taglib prefix="s" uri="/struts-tags" %>
<html>
    <head>
        <title>单文件上传处理结果</title>
    </head>
    <body>
        表单名称: <s:property value="username"/><br>
        文件名称: <s:property value="fileFileName"/><br>
        文件类型: <s:property value="fileContentType"/><hr>
        文件上传成功！ <a href="adminIndex.jsp">返回后台主页</a>
    </body>
</html>
```

(5) 显示多文件上传结果页面。文件 WebRoot/admin/multipartFileUploadResult.jsp 的代码如下：

```
<%@ page language="java" pageEncoding="utf-8"%>
<%@ taglib prefix="s" uri="/struts-tags" %>
<html>
    <head>
        <title>多文件上传处理结果</title>
    </head>
    <body>
        <!-- struts标签遍历方式 -->
        表单名称: <s:property value="username"/><br>
        <s:iterator value="fileFileName" id="f" status="st">
            文件<s:property value="#st.index+1"/>:
<s:property value="#f"/><br>
        </s:iterator>    <hr>
```

```
        文件上传成功！<a href="adminIndex.jsp">返回后台主页</a>
    </body>
</html>
```

文件上传效果如图 4.5.3 所示。

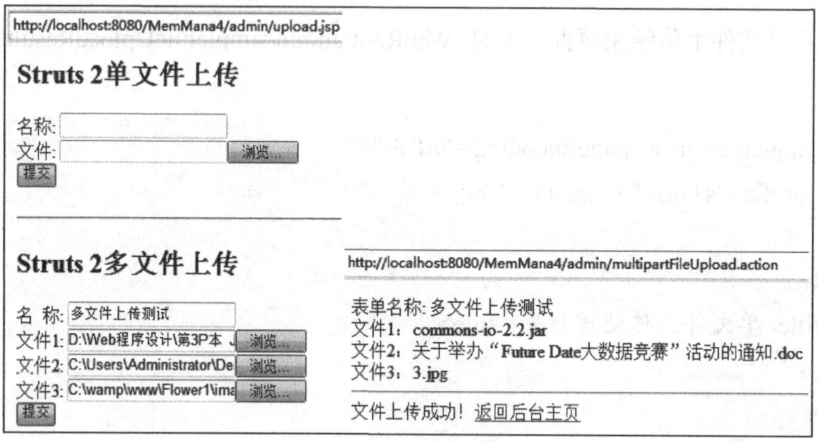

图 4.5.3　文件上传效果

4.5.4　会员删除功能

页面 WebRoot/admin/memDelete.jsp 用于实现会员删除功能，其关键代码如下：

```
<tr><td>会员名称</td><td>会员真名</td><td>手机号</td><td>年龄</td><td>操作</td></tr>
<c:forEach items="${users }" var="user">
    <tr>
        <td>${user.username }</td>
        <td>${user.realname }</td>
        <td>${user.mobile }</td>
        <td>${user.age }</td>
        <td><a href="memDelete?username=${user.username}" onclick=
                              "return window.confirm('Are you sure?')">删除</a></td>
    </tr>
</c:forEach>
```

其中，memDelete 是控制器 AdminAction.java 里的一个动作，它不仅根据自动接收超链接传递的参数 username 值（因为 username 是类 AdminAction 的一个属性且建立了 get/set 方法）来删除指定的会员，还向视图 memDelete.jsp 转发数据 users。

习　题　4

一、判断题

1. Struts 框架的动作配置出现在 web.xml 文件里。
2. Struts 2 的核心控制器实质上是一个 Servlet 过滤器。
3. Struts 转发的 JSP 页面里，只能使用 Struts 标签获得转发数据。
4. Struts 转发的 JSP 页面里，使用 Struts 标签前，必须引入 Struts 标签库。
5. Tomcat 若包含 Struts 项目，则启动时会解析每个 Struts 项目的配置文件。
6. Struts 2 会对每一个请求产生一个新的 Action 实例，即 Struts 2 是多实例的。
7. 用户定义的拦截器程序，必须在 web.xml 里注册。

二、选择题

1. 在 struts.xml 的配置标签里，嵌套顺序正确的是____。
   A. struts→package→action→result　　B. package→struts→action→result
   C. struts→package→result→action　　D. struts→action→result→package
2. 下列不是 ActionContext 定义的方法是____。
   A. put()　　B. getSession()　　C. getContext()　　D. putSession()
3. 类 ServletActionContext 提供获取 HttpServletRequest 对象的静态方法是____。
   A. getPageContext()　　B. getRequest()
   C. getResponse()　　D. getServletContext()
4. 下列 Struts 标签中，表示循环的是____。
   A. <s:set>　　B. <s:property>　　C. <s:iterator>　　D. <s:textfield>
5. 下列不是 Struts 2 结果类型的选项是____。
   A. json　　B. session　　C. dispatcher　　D. redirect

三、填空题

1. 在 Struts 2 项目里，编写控制器程序一般是继承____类。
2. 在 Struts 2 项目里，如果使用手工转发数据，则应使用____对象。
3. 在 Struts 2 项目里，标签<action>的 method 属性的默认值是____。
4. 在 Struts 2 项目里，标签<result>的 type 属性的默认值是____。
5. 在 Struts 2 项目里，标签<result>的属性设置 type="____"表示重定向。
6. 在 Struts 2 项目里，控制器方法的返回值类型为____。
7. 当 Struts 内置校验表单输入有误时，将返回名为____的 result。
8. 在 Struts 2 项目里使用 Ajax，则需要加载____包。

四、简答题

1. 简述 Struts 2 与 Servlet 的异同点。
2. 简述 Servlet 与 Struts 2 处理会话信息方法的不同。

实验 4　在 Web 项目里使用 Struts 2 框架

一、实验目的

1. 掌握 Struts 2 用户库的建立、使用与部署。
2. 掌握在 web.xml 中配置 Struts 2 核心控制器的方法。
3. 掌握 Struts 2 自动接收表单数据的三种方式和结果数据的自动与手动转发功能。
4. 掌握 Struts 2 拦截器与内置输入校验功能的使用。
5. 掌握在 Struts 2 项目里使用 Ajax 技术和文件上传的方法。

二、实验内容及步骤

【预备】访问本课程上机实验网站 http://www.wustwzx.com/javaee，单击第 4 章实验的超链接，下载本章实验内容的案例项目并解压，得到文件夹 ch04。

(一) Struts 2 使用基础

(1) 下载 Struts2.3.20，并在 MyEclipse 中创建名为 struts2.3.20 的用户库。

(2) 导入案例项目 Example4_1_1，查看 Struts 自动转发结果数据的代码后做运行测试。

(3) 自己新建一个 Web 项目，依照项目 Example4_1_1 实现其功能。

(4) 导入案例项目 Example4_1_2，分别查看 Struts 自动接收表单数据的三种使用方式。

(5) 查看动作控制器 TestAction 转发结果数据并在转发页面里分别使用 Struts 标签和 EL 表达式显示的代码。

(二) 掌握 Struts 拦截器与内置输入校验功能的使用

(1) 导入案例项目 Example4_3_1。

(2) 查看拦截器的创建与配置代码。

(3) 导入案例项目 Example4_4_1。

(4) 查看登录表单规则验证文件的主要代码。

(5) 分别部署上面两个项目后做浏览测试。

(三) 掌握 Struts 项目里 Ajax 技术应用和文件上传

(1) 导入会员管理项目 MemMana4。

(2) 查看使用 jQuery Ajax 技术实现管理员登录的相关代码。

(3) 分别对后台管理员登录做成功与失败测试，观察控制台 JSON 数据输出。

(4) 查看使用 Struts 实现文件上传的相关代码。

(5) 进入后台管理菜单，使用新闻上传功能。

三、实验小结及思考

(由学生填写，重点对比使用 MVC 模式开发的项目 MemMana3 和使用 MVC 框架开发的项目 MemMana4。)

对象关系映射工具 ORM

在使用 JDBC 输出记录集时，获取不同类型的字段值需要使用不同的方法，这是极其不方便的。Hibernate 是一个轻量级的 ORM 框架，实现了 Java 对象和表之间的映射，使得 Java 程序员可以使用对象编程思维来操纵数据库，很好地解决了记录输出的问题。对象关系映射工具 ORM，除了 Hibernate 外，还有 MyBatis 等。本章学习要点如下：

- 掌握使用 Hibernate API 编程的方法；
- 掌握 JPA 与 Hibernate 的关系及 JPA 主要接口的使用方法；
- 掌握持久化框架 MyBatis 的用法；
- 掌握使用 Hibernate 封装数据库访问类的方法。

5.1 对象关系映射 ORM 与对象持久化

面向对象是一种接近真实客观世界的开发理念，它使程序代码更易读，设计更合理。数据库的对象化一般有两个方向：一个方向是在主流的关系数据库的基础上加入对象化特征，使之提供面向对象的服务，但访问语言还基于 SQL；另一个方向就是彻底抛弃关系数据库，用面向对象的思想来设计数据库，即 ODBMS(对象数据库管理系统)。

目前，关系数据库应用广泛，如何解决关系型数据库中以记录的格式来存储的数据和面向对象的编程语言中以对象形式存在的数据之间的矛盾成为现在程序开发人员急需解决的关键问题。ORM 的作用是在关系型数据库和对象之间做一个映射，这样在具体操纵数据库的时候，就不需要再去和复杂的 SQL 语句打交道，只要像操作普通对象一样操作它就可以了。ORM 主要用面向对象机制来处理数据库操作，它具有如下优势。

1. 提高开发效率，降低开发成本

在实际的开发中，真正对客户有价值的是其独特的业务功能，而目前的现状是项目需要花费大量的时间在编写数据访问 CRUD 方法上，后期的 Bug 查错、系统维护等也会花相当多的时间在数据处理方面。使用 ORM 之后，将不需要再浪费太多的时间在 SQL 语句上，因为 ORM 框架已经把数据库转变成对象。

2. 简化代码，减少 Bug 数量

应用 ORM，能够减少大量的程序开发代码，使开发数据层变得比较简单，大大减少了

出错的机会。

3. 提高性能，隔离数据源

利用 ORM 可以将业务层与存储数据隔离，开发人员不需要关心实际存储方式，只要修改配置文件即可实现对数据库的转换。

已经存储到数据库或保存到本地硬盘中的对象，称为持久化对象。在 JPA 的学习中我们将看到，实体管理器接口 EntityManager 提供了持久化方法 persist()。

5.2 Hibernate 框架及其基本使用

Hibernate 是一个面向 Java 环境的对象/关系数据库映射工具，它把普通的 Java 对象映射到关系数据库表，并提供对象持久化操作。使用面向对象的编程思想，对对象进行操作，进而操纵数据库。Hibernate 是一个完全面向对象的 ORM 工具，可以实现继承映射、多态关联和查询，拥有功能强大的 HQL 语言，完善的事务支持、缓存机制，可以在各种应用服务器中良好地运行。Hibernate 不仅管理 Java 类到数据库表的映射，还提供数据查询和获取数据的方法，可以大幅度减少开发时使用 SQL 和 JDBC 处理的时间。以数据为中心的程序往往只在数据库中使用存储过程来实现商业逻辑，Hibernate 可能不是最好的解决方案，但是对于那些基于 Java 的中间层大型系统开发应用来说，实现面向对象的业务模型和商业逻辑的应用，Hibernate 是很有用的。

Hibernate 使用数据库和配置文件来为应用程序提供持久化服务和持久化的对象。Persistent Objects 是简单的业务实体(要被持久化的对象)，可以减少烦琐且容易出错的 JDBC 操作。Hibernate 结构图如图 5.2.1 所示。

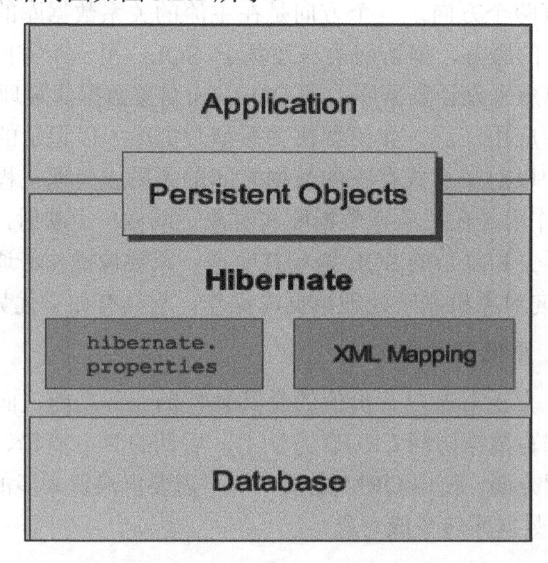

图 5.2.1　Hibernate 结构图

应用程序通过 Hibernate 与数据库发生关系，对数据进行操作；而 Hibernate 自身通过

properties 和映射文件(mapping.xml)将类映射到数据库的表。应用程序可以通过持久化对象类直接访问数据库，而不是必须使用 JDBC 和 SQL 才能进行数据的操作。Hibernate 具有很大的灵活性，界于它的最大模式和最小模式之间的某些功能构件是可选的。在最小模式下，用户可以使用 JDBC，可以利用 JTA 管理事务，也可以使用 JNDI。这时 Hibernate 通过 SessionFactory 提供 Session，在 Session 中对持久化对象进行操作。在最大模式下，Hibernate 在自己的底层管理 JNDI、JDBC、JTA，在上层向外提供 SessionFactory、Session、Transaction 的接口，供应用程序控制 Persistent Object。

POJO(plain ordinary Java objects) 可以理解为简单的实体类，因为它与数据库表相对应，只有 get 和 set 两个方法，是支持业务逻辑的协助类。

Hibernate 配置文件 hibernate.cfg.xml 中定义了和数据库进行连接的信息，使用这些信息(环境属性)可以生成 sessionfactory，这样使用 sessionfactory 生成的 session 就能够成功获得数据库的连接。

保存一个 POJO 持久化对象时，会触发 Hibernate 保存事件监听器进行处理。Hibernate 通过映射文件获得对象对应的数据库表名及属性对应的数据库列名，然后通过反射机制获得持久化对象的各个属性，最后组织向数据库插入新对象的 SQL 的 insert 语句。调用方法 session.save()保存数据后，这个对象会被标识为持久化状态并放在 session 对象中。

当需要读取文件时，Hibernate 先尝试从 session 缓存中读取，如果缓存中没有，Hibernate 会把传入的这个 TO 对象放到 session 控制的实例池中，也就是把一个瞬时对象变成一个持久化对象。

Hibernate 提供了 SQL、HQL 和 Criteria 等多种查询方式。其中，HQL 是运用最广泛的查询方式。Hibernate 的工作原理，如图 5.2.2 所示。

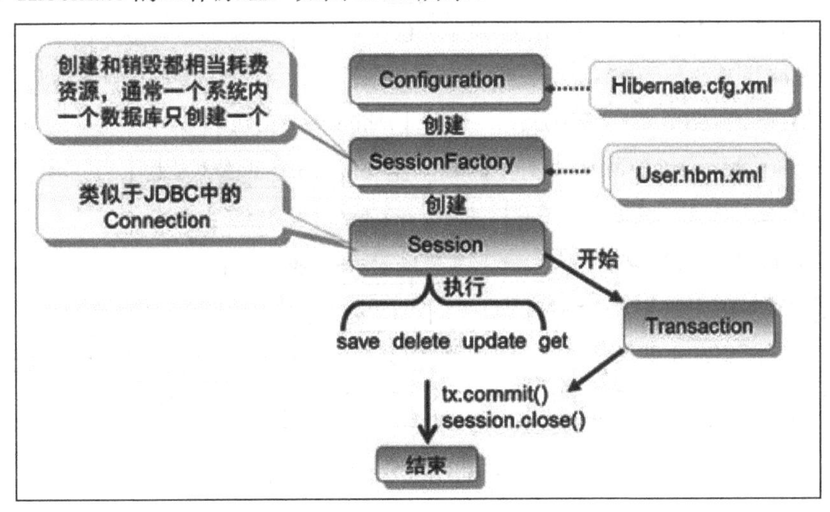

图 5.2.2　Hibernate 工作原理图

注意：

(1) Hibernate 是对 JDBC 的轻量级封装，对 JDBC 的调用进行了优化。

(2) 使用 Hibernate 框架的好处：查询的结果集是实体类型的对象数组。

5.2.1 创建 Hibernate 用户库

从网站 http://hibernate.org/orm 可下载 Hibernate 的各种版本，解压 Hibernate 4.3.7 后的基本包内的 jar 文件如图 5.2.3 所示。

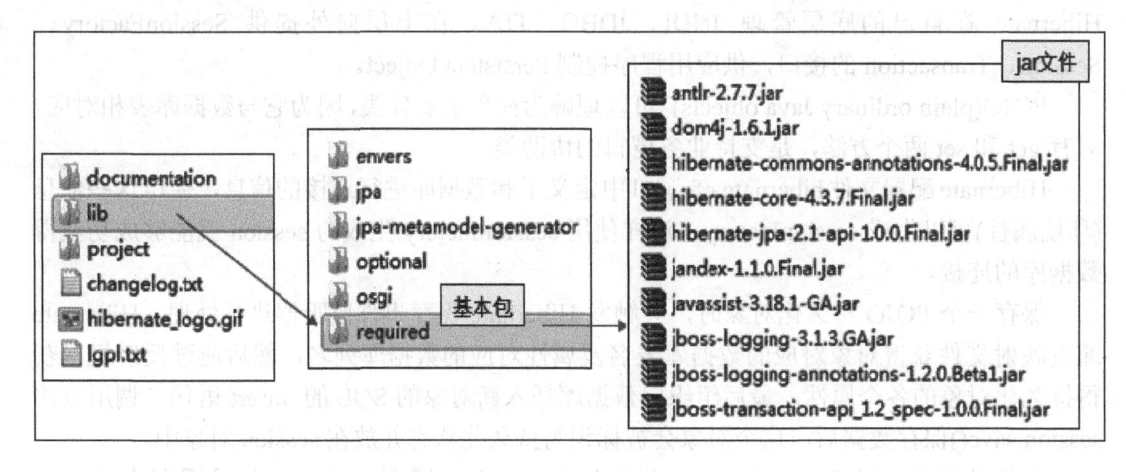

图 5.2.3　创建用户库 Hibernate 4.3.7

其中，各 jar 文件的作用如图 5.2.4 所示。

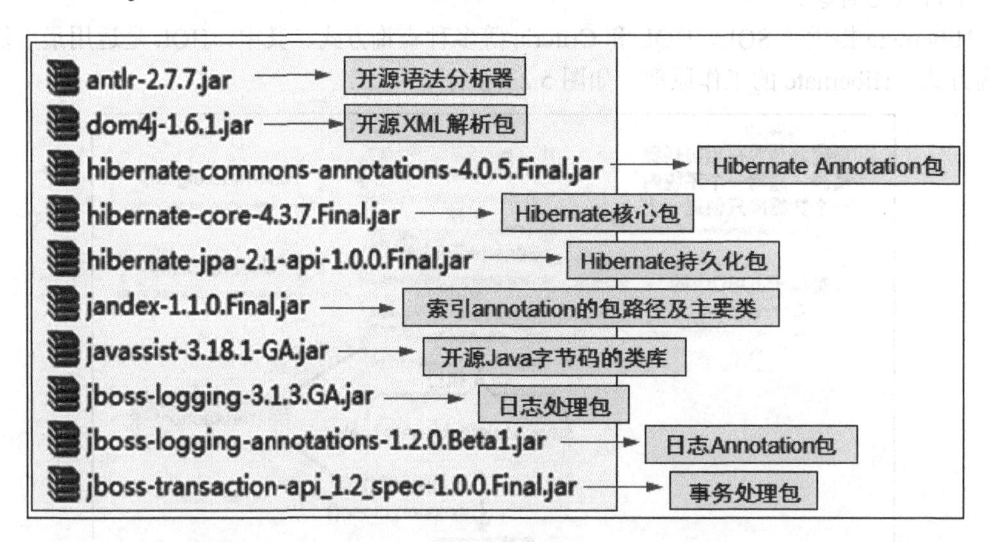

图 5.2.4　Hibernate 4.3.7 中各 jar 文件的作用

注意：在 Hibernate 解压后的 lib 文件夹的子文件夹 optional 里，有一些可选择的 jar 包。例如，使用 SSH 整合开发的会员管理项目 MemMana6_ssh 里，就使用了 optional/c3p0/c3p0-0.9.2.1jar 包。

如同使用 Struts 一样，先创建用户库。在 MyEclipse 中，创建名为 hibernate4.3.7 的用户库的效果如图 5.2.5 所示。

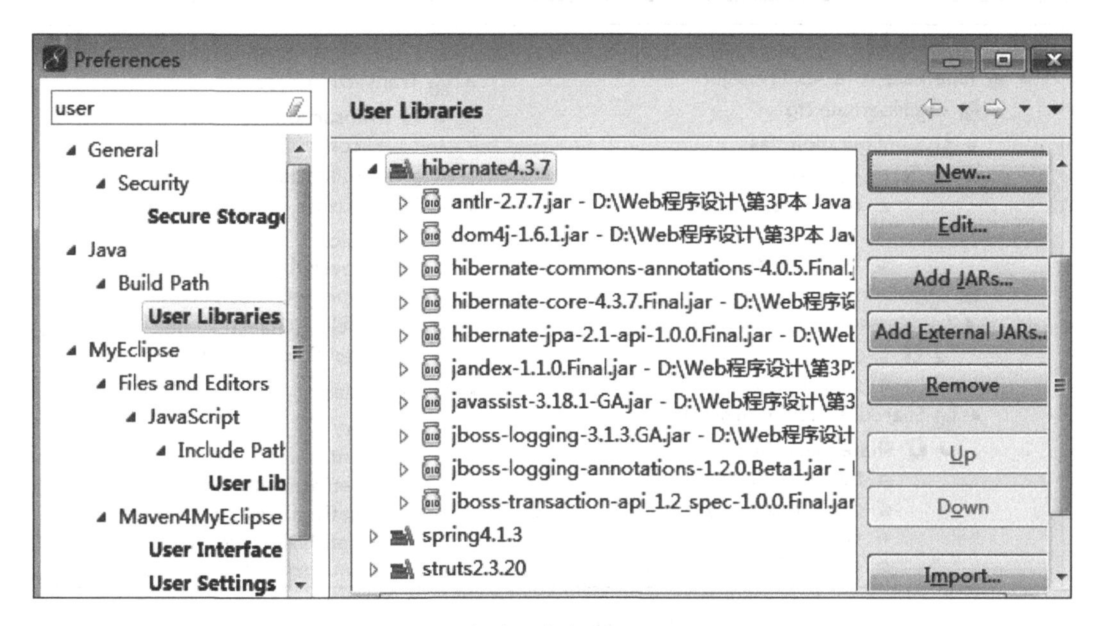

图 5.2.5　创建用户库 hibernate 4.3.7

5.2.2　Hibernate 主要接口与类

Hibernate 的 Session 接口类型的对象(即会话对象)由 SessionFactory 接口类型的对象(即会话工厂)使用方法 openSession()创建，而会话工厂通过 Configuration 对象(即配置对象)使用方法 buildSessionFactory()创建。

接口 Session 提供了操作实体类对象的相关方法，分别是保存方法 save()、删除方法 delete()、更新方法 update()和获取方法 get()。

Hibernate 提供了处理事务的接口 Transaction。事务(Transaction)是一种机制，是并发控制的基本单位。所谓“事务”，是一个操作序列，这些操作要么都执行，要么都不执行，它是一个不可分割的工作单位。例如银行转账时，从一个账号扣款并使另一个账号增款，这两个操作要么都执行，要么都不执行。所以，应该把它们看成一个事务。事务是数据库维护数据一致性的单位，在每个事务结束时，都能保持数据一致性。

注意：在进行数据的增/删/改时，需要以事务管理方式保证只有合法的数据可以被写入数据库，否则，事务应该将其回滚到最初状态。

用户使用 session.createQuery()函数以一条 HQL 语句为参数创建 Query 查询对象后，Hibernate 会使用 Anltr 库把 HQL 语句解析成 JDBC 可以识别的 SQL 语句。如果设置了查询缓存，那么执行 Query.list()时，Hibernate 会先对查询缓存进行查询，如果查询缓存不存在，则使用 select 语句查询数据库。

注意：HQL(hibernate query language)是基于对象的查询语言，不同于通常的 SQL，但最终对数据库进行操作的是 SQL 命令。所以，Hibernate 是对 JDBC 的再封装。

Hibernate 主要接口与类的定义，如图 5.2.6 所示。

hibernate4.3.7
- hibernate-core-4.3.7.Final.jar
  - org.hibernate.cfg
    - Configuration.class
      - Configuration
        - configure() : Configuration
        - configure(String) : Configuration
        - buildSessionFactory() : SessionFactory
  - org.hibernate
    - SessionFactory.class
      - SessionFactory
        - openSession() : Session
    - SharedSessionContract.class
      - SharedSessionContract
        - beginTransaction() : Transaction
        - getTransaction() : Transaction
        - createQuery(String) : Query
        - createSQLQuery(String) : SQLQuery
    - Transaction.class
      - Transaction
        - commit() : void
        - rollback() : void
    - Session.class
      - Session
        - save(Object) : Serializable
        - update(Object) : void
        - delete(Object) : void
        - get(Class, Serializable) : Object
    - Query.class
      - Query
        - list() : List
        - setParameter(int, Object) : Query
        - setFirstResult(int) : Query
        - setMaxResults(int) : Query
        - uniqueResult() : Object

图 5.2.6 Hibernate 主要接口与类

使用 Hibernate 框架的一般流程，如图 5.2.5 所示。

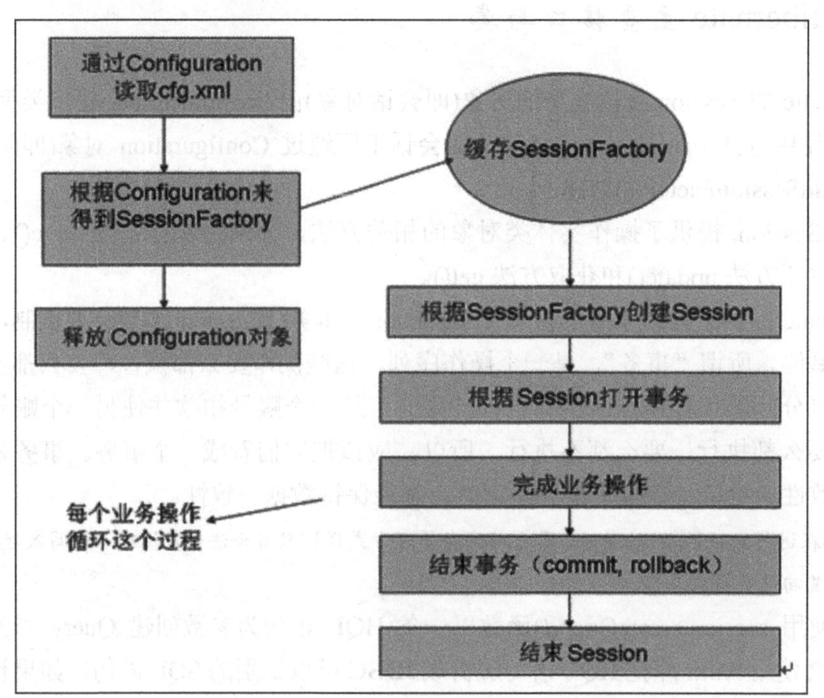

图 5.2.7 使用 Hibernate 的一般流程

注意：

(1) 接口 Session 继承接口 SharedSessionContract。

(2) 接口 Session 的 get()方法是立即执行 SQL 命令，而方法 load()是非立即型，称为延时加载(或懒加载)。

5.2.3　创建映射文件

配置映射文件 xxx.hbm.xml，有如下要求。

- xxx 与被描述的类同名，如 User.hbm.xml。
- 存放位置与所描述类存放在同一文件夹下。
- 主要有如下四部分配置：

(1) 类和表的映射；

(2) 主键的映射；

(3) 类的属性和表字段的映射；

(4) 关系的映射。

5.2.4　编写 Hibernate 配置文件

Hibernate 配置文件一般命名为 hibernate.cfg.xml，存放在 MyEclipse 项目的 src 根目录下(部署后就在项目的 WEB-INF/classes 根目录下)，主要有如下四部分配置：

(1) 与 DB 的连接 (主要)；

(2) 资源文件注册 (通常指 xxx.hbm.xml)；

(3) 可选配置；

(4) 二级缓存。

编写 Hibernate 配置文件有 Configuration、Design 和 Source 三种模式。其中，较直观的模式是 Configuration，其效果如图 5.2.8 所示。

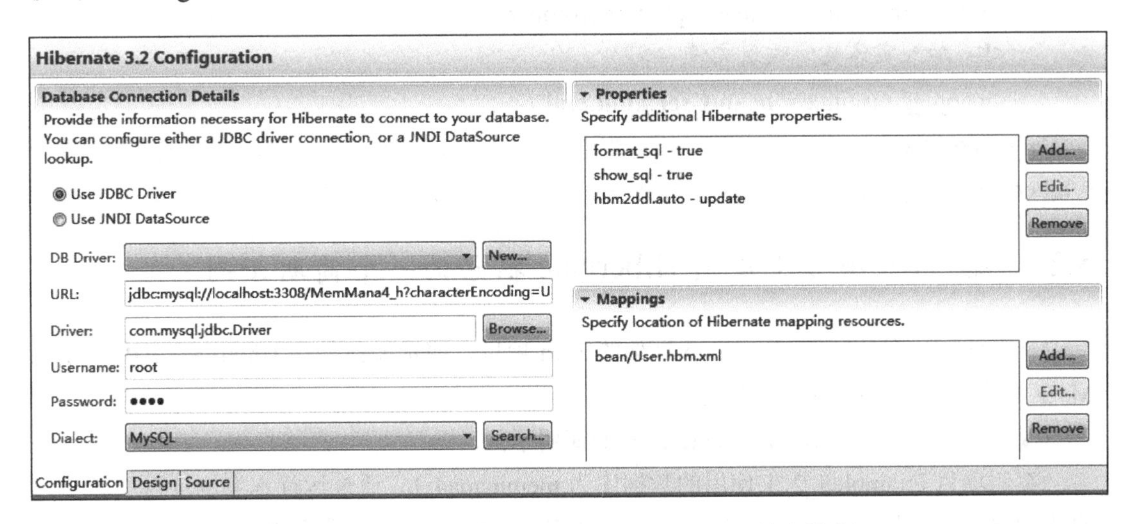

图 5.2.8　Hibernate 配置文件的 Configuration 编写模式

注意：

(1) 在 MySQL 主机及数据库的配置代码中包含了字符集的设定。

(2) 另一种形式的数据源 JNDI DataSource，参见第 8 章。

例如，案例项目 Example5_2_1 的配置文件代码(相应于图 5.2.8)如下：

```
<?xml version='1.0' encoding='utf-8'?>
<!DOCTYPE hibernate-configuration PUBLIC
        "-//Hibernate/Hibernate Configuration DTD 3.0//EN"
"http://hibernate.sourceforge.net/hibernate-configuration-3.0.dtd">
<hibernate-configuration>
    <session-factory>
      <!--Hibernate基本配置信息 -->
        <property name="dialect">
                org.hibernate.dialect.MySQLDialect</property>
        <property name="connection.url">
                jdbc:mysql://localhost:3308/
    MemMana4_h?characterEncoding=utf-8</property>
        <property name="connection.username">root</property>
        <property name="connection.password">root</property>
        <property name="connection.driver_class">
    com.mysql.jdbc.Driver</property>
      <!--选配  -->
        <property name="hbm2ddl.auto">update</property>
        <property name="show_sql">true</property>
        <property name="format_sql">true</property>
      <!-- 加入实体类的映射文件 -->
      <mapping resource="bean/User.hbm.xml"/>
    </session-factory>
</hibernate-configuration>
```

5.2.5 在 Java 项目中使用 Hibernate 框架的一个简明示例

下面通过一个使用了 Hibernate 框架的 Java 项目，演示如何使用 Hibernate API 实现对 MySQL 数据库 CRUD 的一般步骤。

【例 5.2.1】一个应用 Hibernate 框架的简明示例。

案例项目 Example5_2_1 使用的数据库为 memmana4_h，通过运行本案例项目里的 SQL 脚本创建，测试程序 TestCRUD.java 包含了从 Hibernate 配置文件得到 Session 对象及对数据库进行 CRUD 的各种方法。

项目文件系统，如图 5.2.9 所示。

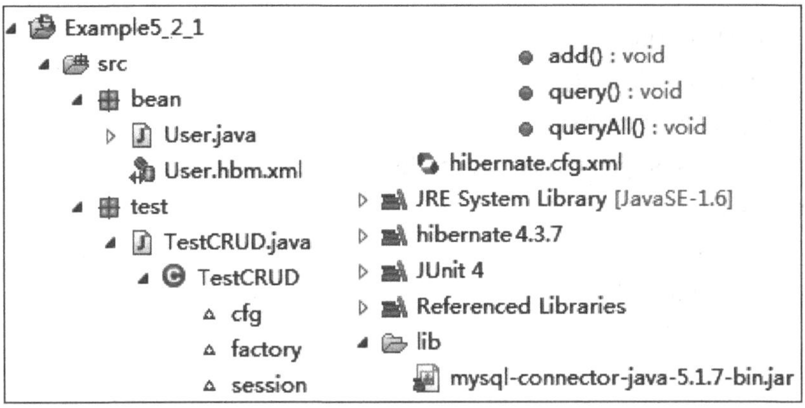

```
Example5_2_1
  src
    bean
      User.java
      User.hbm.xml
    test
      TestCRUD.java
        TestCRUD
          cfg
          factory
          session
          add() : void
          query() : void
          queryAll() : void
    hibernate.cfg.xml
  JRE System Library [JavaSE-1.6]
  hibernate 4.3.7
  JUnit 4
  Referenced Libraries
  lib
    mysql-connector-java-5.1.7-bin.jar
```

图 5.2.9　案例项目 Example5_2_1 文件系统

测试文件 TestCRUD.java 的代码如下：

```
package test;
import java.util.List;
import org.hibernate.HibernateException;
import org.hibernate.Query;
import org.hibernate.Session;
import org.hibernate.SessionFactory;
import org.hibernate.cfg.Configuration;
import org.junit.Test;
import bean.User; //
public class TestCRUD {
    Configuration cfg = new Configuration().configure();
    SessionFactory factory = cfg.buildSessionFactory();
    Session session = factory.openSession();
    @Test
    public void add() {
        try {
            session = factory.openSession();
            session.beginTransaction();   // CRUD必须开启事务
            User u = new User();
            u.setUsername("sunman");
            u.setPassword("11");
            u.setRealname("孙陈");
    //自动保存至对应的数据表，不存在时则先自动创建数据表
    session.save(u);
            session.getTransaction().commit(); // 提交事务
            System.out.println("一条记录被成功插入至表user里了！ ");
```

```
        } catch (HibernateException e) {
            e.printStackTrace();
            if (session != null)
                session.getTransaction().rollback();
        } finally {
            if (session != null)
                session.close();
        }
    }
    @Test
//根据主键值查找
    public void query() {
        User user = session.get(User.class, "wzx");
        if (user != null)
            System.out.println("wzx---" + user.getRealname());
        else {
            System.out.println("wzx---无此人！ ");
        }
    }
    @SuppressWarnings("unchecked")
    @Test
    public void queryAll(){
        Query query=session.createQuery("from User"); //HQL
      //得到对象列表
        List<User> list=query.list();
        for(User user:list) {
            System.out.println(user);
            System.out.println(user.getUsername());//
        }
    }
}
```

注意：

(1) 上面的 query 是接口 Query 类型的对象，真正查询是在应用方法 list()时。

(2) 基于 HQL 的 Hibernate 查询，其结果是实体类对象(列表)，便于在 JSP 页面里输出(原来的 JDBC 查询需要编写封装代码)。

(3) 对实体使用注解方式，则不需要创建映射文件(参见第 5.4.6 小节 JPA 项目)。

5.3　在 Java Web 项目中使用 Hibernate 框架

5.3.1　创建 Hibernate 工具类

为了实现代码的复用，在使用 Hibernate 框架的 Web 项目里，一般需要封装数据库访问类。在封装数据库访问类之前，先创建一个辅助类 HibernateUtil.java，用于获取实体管理器对象，进而得到访问数据库的 Session 对象，其代码如下：

```
package dao;
import org.hibernate.Session;   // 3
import org.hibernate.SessionFactory;   // 2
import org.hibernate.cfg.Configuration;      // 1
public class HibernateUtil {
    private static final SessionFactory FACTORY = getSessionFactory();
    private static SessionFactory getSessionFactory() {
        // 1. 创建配置类Configuation的实例，加载Hibernate配置文件
        //Configuration cfg = new Configuration().configure();
        Configuration cfg=new Configuration().configure("hibernate.cfg.xml");
        // 2. 创建会话工厂接口SessionFactory类型的实例
        SessionFactory sessionFactory = cfg.buildSessionFactory();
        return sessionFactory;
    }
    public static Session getSession(){
        // 3. 获取会话接口Session的实例
        return FACTORY.openSession();
    }
    public static void close(Session session){
        // 关闭会话
        if(null != session) session.close();
    }
}
```

5.3.2　封装分页类 Pager

为了使封装的数据库访问类具有分页功能，需要先创建一个辅助类 Pager，它实质上是一个 JavaBean，封装了分页的一些属性数据(也包含了得到这些数据的方法)。类 Pager 供数据库访问类 MyDb 的 queryAllWithPage()调用。Pager.java 的完整代码如下：

```
package dao;
import java.util.List;
import javax.servlet.http.HttpServletRequest;
@SuppressWarnings("rawtypes")
public class Pager {
    private List list;  // 列表数据
    private Integer recordsNum;  //总记录数
    private Integer pageSize;  //每页记录数
    private Integer page;  //当前页
    private Integer pages;  //总页数
    private String pageNav;  //导航条
    private HttpServletRequest request;  //请求对象
    public Pager() {}
    public Pager(List list,Integer pageSize,Integer page, Integer
recordsNum, HttpServletRequest request) {
        this.list = list;
        this.pageSize = pageSize;
        this.page = page;
        this.recordsNum = recordsNum;
        this.pages = recordsNum % pageSize == 0 ? recordsNum / pageSize:
                                                    (recordsNum / pageSize + 1);
        this.request = request;
    }
    public List getList() {
        return list;
    }
    public void setList(List list) {
        this.list = list;
    }
        public Integer getRecordsNum() { //返回总记录数
        return recordsNum;
    }
    public void setRecordsNum(Integer recordsNum) {
        this.recordsNum = recordsNum;
    }
    public Integer getPageSize() {
        return pageSize;
    }
    public void setPageSize(Integer pageSize) {
```

```
        this.pageSize = pageSize;
    }
    public Integer getPage() {   //返回当前页
        return page;
    }
    public void setPage(Integer page) {
        this.page = page;
    }
    public Integer getPages() {   //返回总页数
        return pages;
    }
    public void setPages(Integer pages) {
        this.pages = pages;
    }
    public String getPageNav() {
        pageNav = pageNav();
        return pageNav;
    }
    public String pageNav(){   //导航条实现
        return   " "+getFirstPage()+
                 " | "+getUpPage()+
                 " | "+getDownPage()+
                 " | "+getLastPage()+
                 " | 共 " +recordsNum +"条记录 |"+
                 "  当前页: <font color='red'>"+page+/font>/"
                                        +pages+"  <form method='get' action="+
                                         getURLinfo(page)+"><input type='text' style=
                                           'width:30px;height:20px;'name='p'/> 
                                          "<input type='submit' value='go'/></form>";
    }
    private String getFirstPage(){   //获取首页
        if(page<=1){
            return "首页";
        }else{
            return "<a href="+getURLinfo(1)+">首页</a>";
        }
    }
    private String getDownPage(){   //获取下一页
```

```
        if(page == pages){
            return "下一页";
        }else{
            return "<a href='"+getURLinfo(page+1)+"'>下一页</a>";
        }
    }
    private String getUpPage(){   //获取上一页
        if(page == 1){
            return "上一页";
        }else{
            return "<a href='"+getURLinfo(page-1)+"'>上一页</a>";
        }
    }
    private String getLastPage(){   //获取最后一页
        if(page>=pages){
            return "尾页";
        }else{
            return "<a href='"+getURLinfo(pages)+"'>尾页</a>";
        }
    }
    private String getURLinfo(Integer page){   //当前页的URL
      //本方法在Struts配置文件里配置的动作名与转发的JSP页面的文件名(不含扩展名)相同
        String contextPath = request.getRequestURI().replace(".jsp", "");
        //System.out.println(request.getRequestURI());
        return contextPath+ "?p="+page;    //构造相对于根站点的URL请求信息
    }
}
```

5.3.3 封装使用Hibernate实现的数据库访问类MyDb

数据库访问类MyDb.java封装了实体的CRUD方法，即先调用辅助类HibernateUtil.java获得会话对象。其代码如下：

```
//访问数据库的业务逻辑类MyDb.java，调用类HibernateUtil.java
package dao;
import bean.Pager;
import java.util.List;
import javax.servlet.http.HttpServletRequest;
import org.hibernate.Query;   //查询接口
```

```
import org.hibernate.Session;  //会话接口
import java.io.Serializable;  //Session接口的方法的参数类型
@SuppressWarnings("unchecked")
public class MyDb {
    public static <T> void add(T t) { // 插入
        Session session = null;
        try {
            session = HibernateUtil.getSession();
            session.beginTransaction();
            session.save(t);  //
            session.getTransaction().commit();
        } catch (Exception e) {
            e.printStackTrace();
            session.getTransaction().rollback();
        } finally {
            HibernateUtil.close(session);
        }
    }
    public static <T> void update(T t) { // 修改
        Session session = null;
        try {
            session = HibernateUtil.getSession();
            session.beginTransaction();
            session.update(t);    //
            session.getTransaction().commit();
        } catch (Exception e) {
            e.printStackTrace();
            session.getTransaction().rollback();
        } finally {
            HibernateUtil.close(session);
        }
    }
    public static <T> void delete(T t) { // 删除
        Session session = null;
        try {
            session = HibernateUtil.getSession();
            session.beginTransaction();
            session.delete(t);  //
```

```
            session.getTransaction().commit();
        } catch (Exception e) {
            e.printStackTrace();
            session.getTransaction().rollback();
        } finally {
            HibernateUtil.close(session);
        }
    }
    // 根据对象的主键查询指定记录——泛型方法queryOne()
    // @param serializable: 对象的主键; @param clazz: 对象的Class类型
    public static <T> T queryOne(Class<T> clazz, Serializable serializable) {
        Session session = null;
        try {
            session = HibernateUtil.getSession();
            T t = (T)session.get(clazz, serializable);
            // User user = session.get(User.class, "对象的主键值");
            return t;
        } finally {
            HibernateUtil.close(session);
        }
    }
    // 根据查询条件查询一条记录: @param hql
    public static <T> T queryOne(String hql, Object... obj) {
        Session session = null;
        try {
            session = HibernateUtil.getSession();
            Query query = session.createQuery(hql);
            if (obj.length > 0) {
                for (int i = 0; i < obj.length; i++) {
                    query.setParameter(i, obj[i]);
                }
            }
            Object result = query.uniqueResult();
            return obj != null ? (T) result : null;
        } finally {
            HibernateUtil.close(session);
        }
```

```
}
// 根据实体类名，查询所有记录: @param clazz
public static <T> List<T> queryAll(Class<?> clazz) {
    Session session = null;
    try {
        session = HibernateUtil.getSession();
        List<T> list = session.createQuery("from " + clazz.getName())
                .list();
        return list;
    } finally {
        HibernateUtil.close(session);
    }
}
// 根据HQL语句，查询所有记录
public static <T> List<T> queryAll(String hql, Object... obj) {
    Session session = null;
    try {
        session = HibernateUtil.getSession();
        Query query = session.createQuery(hql);
        if (obj.length > 0) {
            for (int i = 0; i < obj.length; i++) {
                query.setParameter(i, obj[i]);
            }
        }
        return query.list();
    } finally {
        HibernateUtil.close(session);
    }
}
 //使用HQL实现带分页的条件查询
@SuppressWarnings("rawtypes")
public static Pager queryAllWithPage(String hql, Integer page,
    Integer pageSize, HttpServletRequest request,Object... obj) {
    Session session = null;
    try {
        session = HibernateUtil.getSession();
        Query query = session.createQuery(hql);    //Hibernate查询接口
```

```
            if (obj.length > 0) {
                for (int i = 0; i < obj.length; i++) {
                    query.setParameter(i, obj[i]);
                }
            }
            //查询总记录数
            String sqlCount="select count(*) "+query.getQueryString();
            //当确定返回的实例只有一个或者null时，用uniqueResult()方法
            //否则，使用list()方法
            Long recordsNum = (Long)session.createQuery(sqlCount).uniqueResult();
            // 设置分页信息
            // pageStart为空，则默认从0开始
            if (page<=1)
                query.setFirstResult(0);
            else {
                query.setFirstResult((page - 1)*pageSize);
            }
            // pageSize不为空则设置值，为空则默认取出所有记录
            if (pageSize != null)
                query.setMaxResults(pageSize);
            List list = query.list();
            return new Pager(list, pageSize, page,
                                    Integer.valueOf(recordsNum.toString()), request);
        } finally {
            HibernateUtil.close(session);
        }
    }
}
```

5.3.4 基于 Hibernate 框架开发的会员管理项目 MemMana4_h

项目 MemMana4_h 基于 Struts2 和 Hibernate 框架开发。配置文件 struts.xml 的代码如下：

```
<?xml version="1.0" encoding="utf-8"?>
<!DOCTYPE struts PUBLIC
    "-//Apache Software Foundation//DTD Struts Configuration 2.0//EN"
    "http://struts.apache.org/dtds/struts-2.3.dtd">
<struts>
```

```
<constant name="struts.multipart.maxSize" value="1048576000"></constant>
<package name="default" namespace="/" extends="json-default">

    <action name="Index" class="struts.HomeAction">
        <result>/index.jsp</result>
    </action>
    <action name="mLogin" class="struts.MemberAction" method="mLogin">
        <result name="success" type="redirect">/Index</result>
        <result name="message">/message.jsp</result>
    </action>
    <action name="mRegister" class="struts.MemberAction" method="mRegister">
        <result name="message">/message.jsp</result>
    </action>
    <action name="mUpdate" class="struts.MemberAction"    method="mUpdate">
        <result name="success">/mUpdate.jsp</result>
        <result name="message">/message.jsp</result>
    </action>
    <action name="updateMem" class="struts.MemberAction" method="updateMem">
        <result name="success" type="redirect">/Index</result>
    </action>
    <action name="Logout" class="struts.MemberAction" method="logout">
        <result name="success" type="redirect">/default.jsp</result>
    </action>
    <action name="adminLogin" class="struts.AdminAction" method="adminLogin">
        <!-- 将结果类型设置为json -->
        <result name="success" type="json">/adminLogin.jsp</result>
    </action>
    <action name="adminIndex" class="struts.AdminAction"   method="adminIndex">
        <result name="success" type="redirect">
                                /admin/adminIndex.jsp</result>     </action>
    <action name="memInfo" class="struts.AdminAction"    method="memInfo">
        <result name="success">/admin/memInfo.jsp</result>
        <result name="error">/message.jsp</result>
    </action>
    <action name="memDelete" class="struts.AdminAction"
        method="memDelete">
```

```
            <result name="success">/admin/memDelete.jsp</result>
            <result name="error" type="redirect">/message.jsp</result>
        </action>
        <!-- 会员及管理员登出共用动作logout -->
        <action name="logout" class="struts.AdminAction" method="logout">
            <result name="success" type="redirect">/default.jsp</result>
        </action>
        <action name="simpleFileUpload" class="upload.SimpleFileUploadAction">
            <result name="success">/admin/simpleFileUploadResult.jsp</result></action>
        <action name="multipartFileUpload" class="upload.MultipartFileUpload">
            <result name="success">/admin/multipartFileUploadResult.jsp</result></action>
    </package>
</struts>
```

配置文件 hibernate.xml 的代码如下：

```
<?xml version='1.0' encoding='utf-8'?>
<!DOCTYPE hibernate-configuration PUBLIC
        "-//Hibernate/Hibernate Configuration DTD 3.0//EN"
        "http://hibernate.sourceforge.net/hibernate-configuration-3.0.dtd">
<hibernate-configuration>
    <session-factory>
        <property name="dialect">org.hibernate.dialect.MySQLDialect</property>
        <property name="connection.url"> jdbc:mysql://localhost:3308/
            memmana4_h? useUnicode=true&amp;characterEncoding=utf-8</property>
        <property name="connection.username">root</property>
        <property name="connection.password">root</property>
        <property name="connection.driver_class"> com.mysql.jdbc.Driver</property>
        <!--根据映射文件和实体自动生成或更新数据库表  -->
        <property name="hbm2ddl.auto">update</property>
        <property name="show_sql">false</property>
        <property name="format_sql">true</property>
        <mapping resource="bean/User.hbm.xml"/>  <!-- 映射文件不能前移-->
        <mapping resource="bean/Admin.hbm.xml"/>
        <mapping resource="bean/News.hbm.xml"/>
    </session-factory>
</hibernate-configuration>
```

使用 Struts+Hibernate 框架完成的项目文件系统，如图 5.3.1 所示。

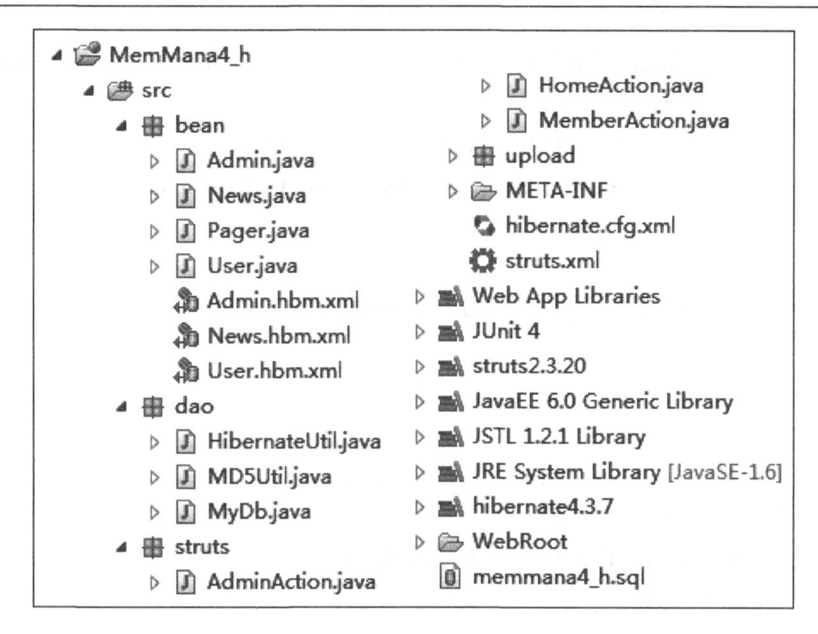

图 5.3.1　使用 Hibernate 框架开发的项目 MemMana4_h

会员管理系统主页的设计要点是：执行请求动作控制器 HomeAction 的默认方法，获取新闻列表数据，最后转发给页面 index.jsp 显示。HomeAction.java 的代码如下：

```
package struts;
import java.util.List;
import util.MyDb;
import bean.News;
import com.opensymphony.xwork2.ActionContext;
import com.opensymphony.xwork2.ActionSupport;
public class HomeAction extends ActionSupport {
    public String execute() throws Exception {
        List<News> newsList=MyDb.queryAll("from News Order by contentTitle asc");
        //上面的方法参数为HQL指令，并对模型数据进行升序排列
        //查询的结果直接就是Java对象列表，可直接转发给视图
        ActionContext.getContext().put("newsList", newsList);
        return SUCCESS;
    }
}
```

会员控制器 MemberAction 包含了登录、注册和信息修改等方法。例如，会员登录方法 mLogin()在 MemberAction.java 里的代码如下：

```
    public String mLogin(){
        try {
            String hql="from User where username=? and password=?";
```

```
                User tempuser = MyDb.queryOne(hql, user.getUsername(),user.getPassword());
                if (tempuser!=null) {
                    ServletActionContext.getRequest().getSession()
                            .setAttribute("username", user.getUsername());
                    return "success";
                } else {
                    this.setMessage("用户名和密码错误!");
                    return "message";
                }
            } catch (Exception e) {
                // TODO Auto-generated catch block
                //e.printStackTrace();
                this.setMessage("用户名和密码错误!");
                return "message";
            }
        }
```

管理员登录后，查看会员信息时采用分页方式，动作控制器 AdminAction 之动作 memInfo 转发页面 WEB-INF/admin/memInfo.jsp 的代码如下：

```
<%@ page language="java" contentType="text/html; charset
                                                =utf-8" pageEncoding="utf-8"%>
<%@ taglib prefix="c" uri="http://java.sun.com/jsp/jstl/core" %>
<html>
<head>
    <title>查看会员信息</title>
    <style type="text/css">
        form{
            display:inline;   /*表单不另行*/
        }
    </style>
    <link rel="stylesheet" href="${pageContext.request.contextPath }
                                        /css/bootstrap.min.css" type="text/css"/>
    <script src="${pageContext.request.contextPath }
                                /js /bootstrap.min.js" type="text/javascript"></script>
</head>
<body>
    <h3 class="text-center"><strong>会员信息显示</strong></h3>
    <table border="1"   width="500" class="table table-striped
                                table-bordered table-hover table-condensed">
```

```
        <tr><td>会员名称</td><td>会员真名</td><td>手机号</td><td>年龄</td></tr>
            <c:forEach items="${pager.list }" var="user">
                <tr>
                    <td>${user.username }</td>
                    <td>${user.realname }</td>
                    <td>${user.mobile }</td>
                    <td>${user.age }</td>
                </tr>
            </c:forEach>
        <tr><td colspan="4" align="center">${pager.pageNav }</td></tr>
    </table>
</body>
</html>
```

会员信息分页显示效果，如图 5.3.2 所示。

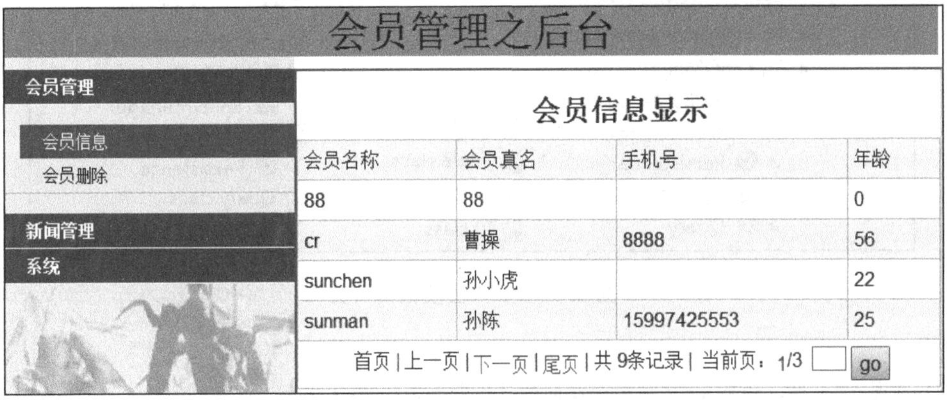

图 5.3.2　会员信息的分页显示效果

5.4　Java 对象持久化 API——JPA

5.4.1　JPA 是一种 ORM 产品规范

JPA(Java persistence API，Java 持久化 API)是一种 ORM 产品规范，提供了一些操作数据库的统一 API 接口，屏蔽了底层具体的数据库类型，使得应用程序以统一的方式访问持久层，但具体实现由 ORM 厂商提供。

JPA 是对 Hibernate 的一个抽象。如果使用 Hibernate 作为 JPA 的实现，则 JPA 项目使用 Hibernate 的核心打包文件。

JPA 项目的持久化文件 persistence.xml 存放在文件夹 src\META-INF 里，并且使用了包

org.hibernate.ejb 中的类 HibernatePersistence。在 JPA 的持久化配置文件 persistence.xml 里，如果指定 Hibernate 作为 JPA 实现的 ORM 产品，则需要使用如下标签：

```
<provider>org.hibernate.ejb.HibernatePersistence</provider>
```

5.4.2 JPA 的主要接口与类

JPA 的主要接口和类，如图 5.4.1 所示。

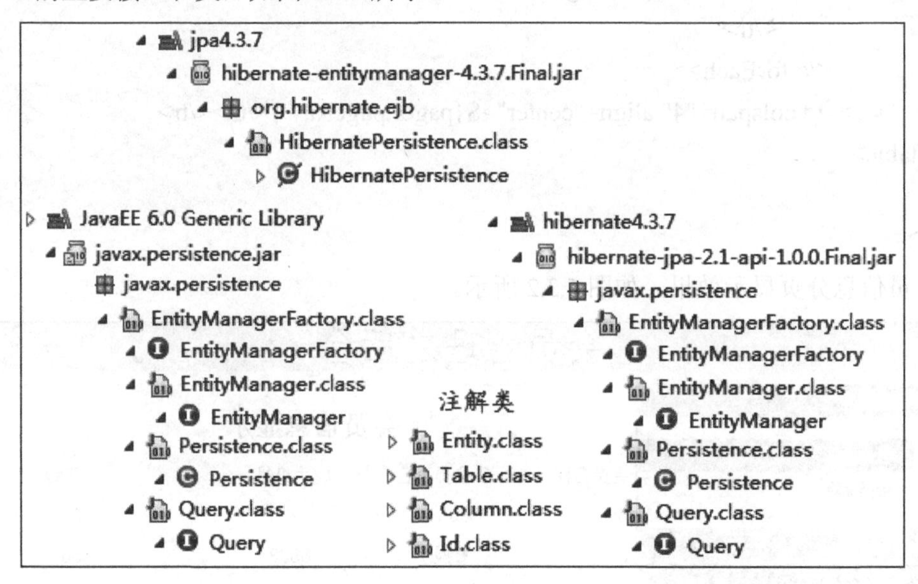

图 5.4.1　JPA 主要接口与类

注意：

(1) 在图 5.4.1 里，两个 jar 文件内含相同的软件包 javax.persistence。

(2) JPA 定义了两个重要的接口，即 javax.persistence.EntityManagerFactory(实体管理器工厂)和 javax.persistence.EntityManager(实体管理器)，它们分别对应 Hibernate 中的 SessionFactory 和 Session。

开发 JPA 项目时，先使用静态方法 Persistence.createEntityManagerFactory("持久化单元名")得到实体管理器工厂对象，再调用方法 createEntityManager()得到实体管理器对象，最后调用方法 createQuery()得到 Query 接口类型的查询对象。

注意：

(1) 持久化单元名在 src\META-INF\persistence.xml 里由标签<persistence-unit>定义。

(2) 由于 EntityManagerFactory 对象是手动创建的，所以在不使用时，一定要调用 close()方法手动关闭。

(3) 把 Hibernate 项目换成 JPA 项目，主要是把原来的接口 Session 改成 EntityManager。

实体 Bean 被 EntityManager 管理时，EntityManager 跟踪其状态变化，在任何决定更新实体 Bean 的时候，都会把发生改变的值同步到数据库中。EntityManager 提供了对实体 Bean 的保存方法 persist()、修改方法 merge()、删除方法 remove()和获取方法 find()。

JPA 编程涉及的主要接口与类的方法，如图 5.4.2 所示。

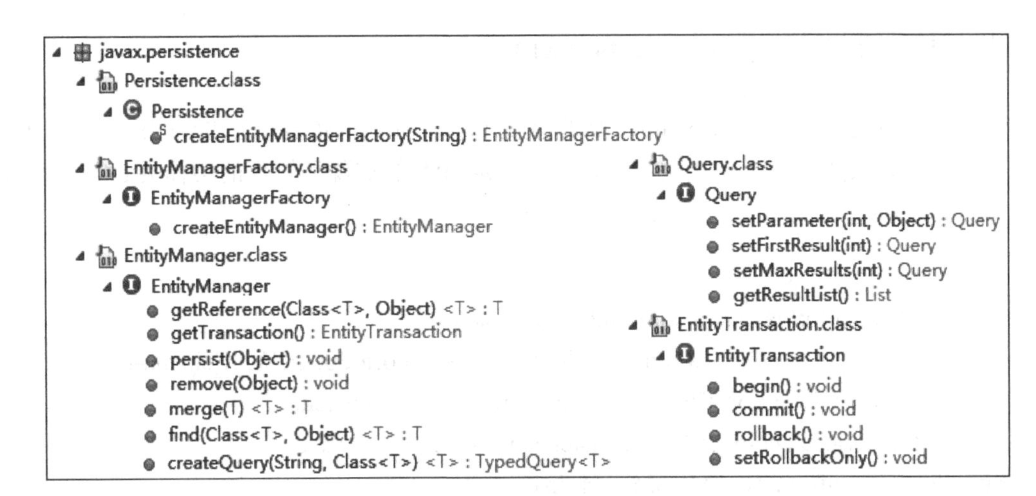

图 5.4.2　JPA 主要接口和类的方法

注意：

(1) 通过使用接口 EntityManager 的相关方法，可完成实体的 CRUD。其中，CUD 必须以事务方式进行。

(2) 对数据库表的查询，是通过使用接口 Query 提供的相关方法完成的。

(3) 方法 find()与 Hibernate 中 Session 的 get()方法类似，属于立即加载，而 getRefernece()是懒加载。

(4) JPA 项目里的 persistence.xml 取代了 Hibernate 项目里的 hibernate.xml。

(5) Hibernate 里的查询语言 HQL 在 JPA 项目里称为 JPQL。

(6) EJB 项目通常使用 JPA，参见第 8 章。

5.4.3　JPA 使用基于注解的模型类

在 JPA 项目里，可以对实体类进行注解，这样就不必编写实体类映射文件。JPA 常用的注解类，如图 5.4.3 所示。

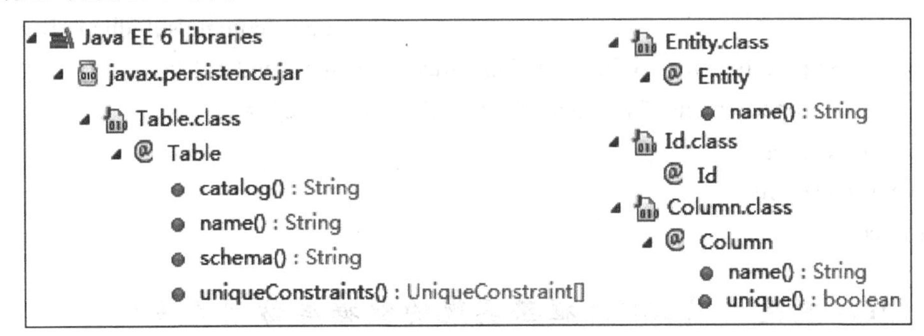

图 5.4.3　JPA 常用的注解类

JPA 的注解类中常用的是@Entity 和@Id，它们分别用来定义实体类映射的数据表和设置主键。

5.4.4 JPA 配置文件 persistence.xml

JPA 的配置文件 persistence.xml，要求存放在项目的文件夹 src/META-INF 里。在 JPA 配置文件里，要求建立一个持久化单元，其内指定 JPA 的实现和管理的实体类名等。例如，项目 MemMana4_jpa 的 JPA 配置文件的代码如下：

```
<persistence version="1.0"
        xmlns="http://java.sun.com/xml/ns/persistence"
                    xmlns:xsi="http://www.w3.org/2001/XMLSchema-instance"
        xsi:schemaLocation="http://java.sun.com/xml/ns/persistence
        http://java.sun.com/xml/ns/persistence/persistence_1_0.xsd">
    <persistence-unit name="MemMana4_jpa"
                            transaction-type="RESOURCE_LOCAL">
        <!-- 指定ORM产品作为JPA实现 -->
        <provider>org.hibernate.ejb.HibernatePersistence</provider>
        <!--注解实体类，不可放在标签properties之后！ -->
        <class>bean.Admin</class>
            <class>bean.News</class>
            <class>bean.User</class>
        <properties>
            <property name="hibernate.dialect"
                                value="org.hibernate.dialect.MySQLDialect" />
            <property name="hibernate.connection.url" value="jdbc:mysql:
                        //localhost:3308/memmana4_jpa?characterEncoding=utf-8" />
            <property name="hibernate.connection.username" value="root" />
            <property name="hibernate.connection.password" value="root" />
            <property name="hibernate.connection.driver_class"
                                value="com.mysql.jdbc.Driver" />
            <property name="hibernate.hbm2ddl.auto" value="update" />
            <property name="hibernate.show_sql" value="true" />
        </properties>
    </persistence-unit>
</persistence>
```

5.4.5 JPA 规范+Hibernate 框架实现的数据库访问类设计

在封装数据库访问类之前，先创建一个辅助类 JPAUtil.java，其代码如下：

```
package util;
import javax.persistence.EntityManager;    //3
```

```
import javax.persistence.EntityManagerFactory;    //2
import javax.persistence.Persistence;    //1

public class JPAUtil {
    private static final EntityManager MANAGER = createEntityManager();
    // 获取EntityManager工厂
    private static EntityManager createEntityManager() {
      //下面的参数MemMana4_jpa为持久化单元名，在Hibernate配置文件里定义
        EntityManagerFactory factory = Persistence
                .createEntityManagerFactory("MemMana4_jpa");
        return factory.createEntityManager();
    }
    // 获取EntityManager对象
    public static EntityManager getEntityManager() {
        return MANAGER;
    }
}
```

对数据库进行 CRUD 的通用类 MyDB.java 的文件代码如下：

```
package util;
import java.util.List;
import javax.persistence.EntityManager;
import javax.persistence.Query;
@SuppressWarnings("unchecked")
public class MyDb { // 泛型类
    public static <T> void add(T t) { // 插入
        EntityManager manager = null;
        try {
            manager = JPAUtil.getEntityManager();
            manager.getTransaction().begin();
            manager.persist(t);
            manager.getTransaction().commit();
        } catch (Exception e) {
            e.printStackTrace();
            manager.getTransaction().rollback();
        }
    }
    public static <T> void update(T t) { // 修改
        EntityManager manager = null;
```

```
        try {
            manager = JPAUtil.getEntityManager();
            manager.getTransaction().begin();
            manager.merge(manager);
            manager.getTransaction().commit();
        } catch (Exception e) {
            e.printStackTrace();
            manager.getTransaction().rollback();
        }
    }
    public static <T> void delete(T t) { // 删除
        EntityManager manager = null;
        try {
            manager = JPAUtil.getEntityManager();
            manager.getTransaction().begin();
            manager.remove(t);
            manager.getTransaction().commit();
        } catch (Exception e) {
            e.printStackTrace();
            manager.getTransaction().rollback();
        }
    }
    //根据对象的主键查询指定记录
    public static <T> T queryOne(Class<T> clazz, Object primaryKey) {
        EntityManager manager = null;
        manager = JPAUtil.getEntityManager();
        // T t = manager.getReference(clazz, primaryKey);// 懒加载
        T t = manager.find(clazz, primaryKey);
        return t;
    }
    //根据查询条件查询一条记录
    public static <T> T queryOne(String jpql, Object... obj) {
        EntityManager manager = null;
        manager = JPAUtil.getEntityManager();
        Query query = manager.createQuery(jpql);
        if (obj.length > 0) {
            for (int i = 0; i < obj.length; i++) {
                query.setParameter(i + 1, obj[i]);
            }
```

```
        }
        Object result = query.getSingleResult();
        return obj != null ? (T) result : null;
    }
    //根据实体类的类名查询所有记录
    public static <T> List<T> queryAll(Class<?> clazz) {
        EntityManager manager = JPAUtil.getEntityManager();
        List<T> list = manager.createQuery("from " + clazz.getName())
                    .getResultList();
        return list;
    }
    //根据查询条件查询所有记录，参数式查询
    public static <T> List<T> queryAll(String jpql, Object... obj) {
        EntityManager manager = JPAUtil.getEntityManager();
        Query query = manager.createQuery(jpql);
        if (obj.length > 0) {
            for (int i = 0; i < obj.length; i++) {
                query.setParameter(i + 1, obj[i]);
            }
        }
        return query.getResultList();
    }
}
```

5.4.6　使用 JPA 开发的会员管理项目 MemMana4_jpa

使用 JPA 和 Hibernate 实现的会员管理项目 MemMana4_jpa 的文件系统，如图 5.4.4 所示。

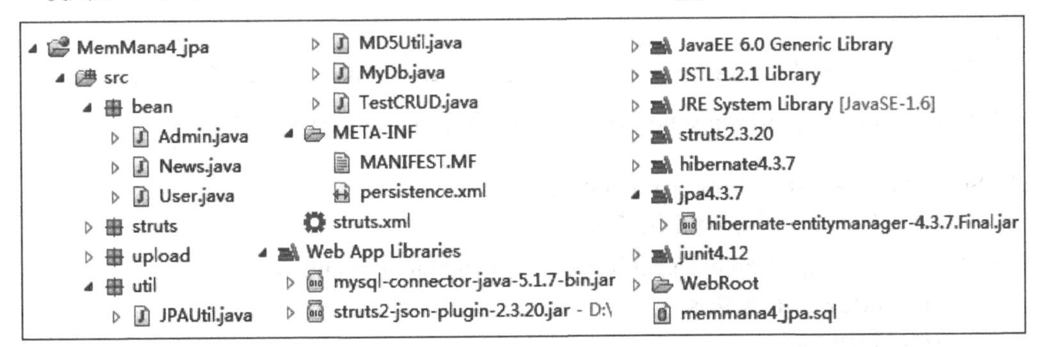

图 5.4.4　项目 MemMana4_jpa 文件系统

会员管理项目主页对应的动作控制器 HomeAction.java 的文件代码如下：

```
package struts;
import java.util.List;
import util.MyDb;
import bean.News;
import com.opensymphony.xwork2.ActionContext;
import com.opensymphony.xwork2.ActionSupport;
public class HomeAction extends ActionSupport {
    public String execute() throws Exception {
        List<News> newsList=MyDb.queryAll("from News Order
                                                   by contentTitle asc"); //升序排列
        ActionContext.getContext().put("newsList", newsList);
        return SUCCESS;
    }
}
```

会员控制器文件 MemberAction.java 里，处理会员登录方法的代码如下：

```
    public String mLogin() throws Exception {
        String hql = "from User where username=? and password=?";
        User tempuser = MyDb.queryOne(hql, user.getUsername(),
                user.getPassword());
        if (tempuser != null) {
            ServletActionContext.getRequest().getSession()
                    .setAttribute("username", user.getUsername());
            return "success";
        } else {
            this.setMessage("用户名和密码错误!");
            return "message";
        }
    }
```

注意：类 User 类型的对象 user 作为类的成员，定义了 get/set 方法，自动接收表单提交的数据。

管理员控制器文件 AdminAction.java 里，删除会员方法的代码如下：

```
public String memDelete() throws Exception {
  // 防止非管理员未经登录而直接使用
  if (ActionContext.getContext().getSession().get("admin")== null) {
      this.setMessage("未登录");
      return ERROR;
  }
  if (username != null) {
      MyDb.delete(new User(username));
```

```
    }
    String hql = "from User order by username asc"; // HQL语句
    List<User> users = MyDb.queryAll(hql);
    ServletActionContext.getContext().put("users", users);
    return SUCCESS;
}
```

注意：username 作为类 AdminAction 的成员，定义了 get/set 方法，自动接收 HTTP 请求的参数。

5.5　持久化框架 MyBatis

5.5.1　MyBatis 概述及主要 API

MyBatis 也是对 JDBC 进行封装的持久层框架，在 POJO 与 SQL 之间建立映射关系。通过配置映射文件，将 SQL 所需的参数及返回的结果字段映射到指定的 POJO。

与 Hibernate 类似，MyBatis 通过 SqlSessionFactoryBuilder 由 XML 配置文件生成 SqlSessionFactory，然后由 SqlSessionFactory 生成 SqlSession，最后由 SqlSession 开启执行事务和 SQL 语句。其中，SqlSessionFactoryBuilder、SqlSessionFactory 和 SqlSession 的生命周期相同。

MyBatis 具有如下优点：

- MyBatis 可以进行更为细致的 SQL 优化，可以减少查询字段；
- MyBatis 容易掌握，学习成本比 Hibernate 低。

注意：MyBatis 与 Hibernate 相比，有如下不同点。

(1) 使用 MyBatis 前，必须先建立数据库及表，因为它没有自动根据模型类生成表的功能。

(2) 使用 MyBatis 时，不要求必须在实体类里设置主键。

MyBatis 的主要接口提供了对数据表的 CRUD 方法，其定义如图 5.5.1 所示。

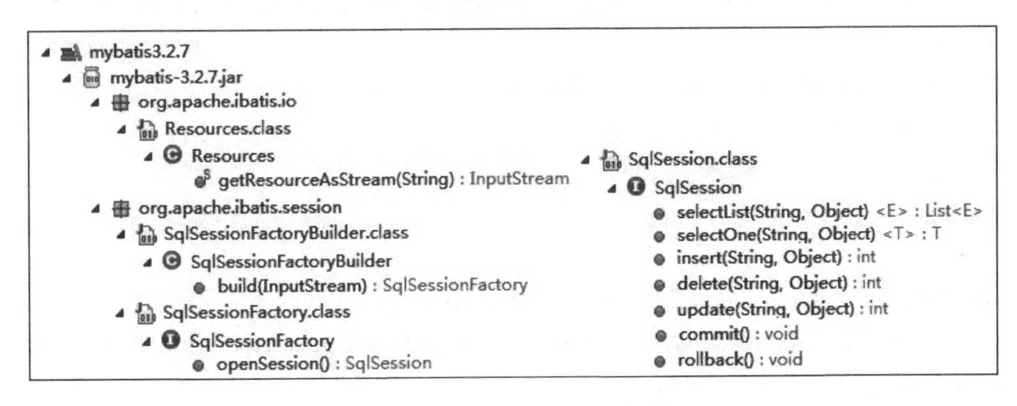

图 5.5.1　MyBatis 的相关类与接口

注意：在应用方法 insert()/delete()/update()后，必须使用事务提交方法 commit()；否则，不会真正写入数据库。

5.5.2 使用MyBatis的主要步骤

1. 编写数据库表映射文件

与Hibernate类似，在一个 XML 映射文件中，将POJO对象映射成数据库里的记录，一个映射文件里可以定义多个映射语句。其中，映射语句中可以包含用#{}表示的占位符参数。例如，在项目MemMana4_mybatis里，与表user相应的映射文件User.xml的代码如下：

```
<?xml version="1.0" encoding="utf-8" ?>
<!DOCTYPE mapper
  PUBLIC "-//mybatis.org//DTD Mapper 3.0//EN"
  "http://mybatis.org/dtd/mybatis-3-mapper.dtd">
<mapper namespace="bean.User">
    <insert id="addUser">
        insert into user(username,password,realname,mobile,age)
                    values(#{username},#{password},#{realname},#{mobile},#{age})
    </insert>
    <delete id="deleteUser" parameterType="String">
        delete from user where username=#{username}
    </delete>
    <update id="updateUser" parameterType="User">
        update user set username=#{username},password=#{password},
                            realname=#{realname},mobile=#{mobile},age=#{age}
    </update>
    <select id="getOneUser" parameterType="User" resultType="User">
        select * from user where username = #{username} and password=#{password}
    </select>
    <select id="getAllUser" resultType="User">
        select * from user
    </select>
</mapper>
```

注意：

(1) 在<select id>里，可以不设置参数类型属性parameterType。

(2) 当使用insert/delete/update时，<select id>里不必设置结果属性resultType；而使用select查询时，<select id>里必须设置结果属性resultType。

(3) MyBatis支持普通SQL查询、存储过程和高级映射。

2. 编写MyBatis配置文件mybatis.xml

为了简化MyBatis配置文件的编写，一般先建立数据源特性文件datasource.properties，其代码如下：

```
driver=com.mysql.jdbc.Driver
url=jdbc:mysql://localhost:3308/memmana4_mybatis?characterEncoding=utf-8
username=root
password=root
```

注意：

(1) 对于不同的环境，其配置参数需要适当修改。

(2) 数据源特性文件在 MyBatis 配置文件 mybatis.xml 里会使用到。

然后，需要编写 MyBatis 的配置文件 mybatis.xml，其代码如下：

```
<?xml version="1.0" encoding="utf-8"?>
<!DOCTYPE configuration PUBLIC "-//mybatis.org//DTD Config 3.0//EN"
                                        "http://mybatis.org/dtd/mybatis-3-config.dtd">
<configuration>
    <properties resource="datasource.properties" />
    <!-- 指定后，就不用在映射文件里的resultType属性值的类名前写包名 -->
    <typeAliases>
        <package name="bean"/>
    </typeAliases>
    <!-- development : 开发模式，work : 工作模式 -->
    <environments default="development">
        <environment id="development">
            <transactionManager type="JDBC" />
            <dataSource type="POOLED">  <!-- 配置数据库连接信息 -->
                <!-- 下面的value属性值来自datasource.properties -->
                <property name="driver" value="${driver}" />
                <property name="url" value="${url}" />
                <property name="username" value="${username}" />
                <property name="password" value="${password}" />
            </dataSource>
        </environment>
    </environments>
    <mappers>  <!-- 添加映射文件 -->
        <mapper resource="bean/User.xml" />
        <mapper resource="bean/News.xml" />
        <mapper resource="bean/Admin.xml" />
```

```
    </mappers>
</configuration>
```

3. 封装 MyBatis 工具类 MyBatisUtil

为了方便不同程序访问数据库，需要编写获得 SqlSession 接口类型对象的工具类，其文件 MyBatisUtil.java 的代码如下：

```
package dao;
import java.io.IOException;
import java.io.InputStream;
import org.apache.ibatis.io.Resources;
import org.apache.ibatis.session.SqlSession;    //
import org.apache.ibatis.session.SqlSessionFactory;
import org.apache.ibatis.session.SqlSessionFactoryBuilder;
public class MyBatisUtil {
    private static SqlSessionFactory factory;
    static {
        try {
            InputStream is = Resources.getResourceAsStream("mybatis.xml");
            factory = new SqlSessionFactoryBuilder().build(is);
        } catch (IOException c) {
            e.printStackTrace();
        }
    }
    public static SqlSession getSqlSession() {
        return factory.openSession();
    }
    public static void closeSqlSession(SqlSession session) {
        if (null != session)
            session.close();
    }
}
```

5.5.3 使用 MyBatis 开发的会员管理项目

使用 Servlet+MyBatis 开发的项目 MemMana3_mybatis，参见本章实验内容(二)。

使用 Struts+ MyBatis 开发的项目 MemMana4_mybatis，其文件系统如图 5.5.2 所示。

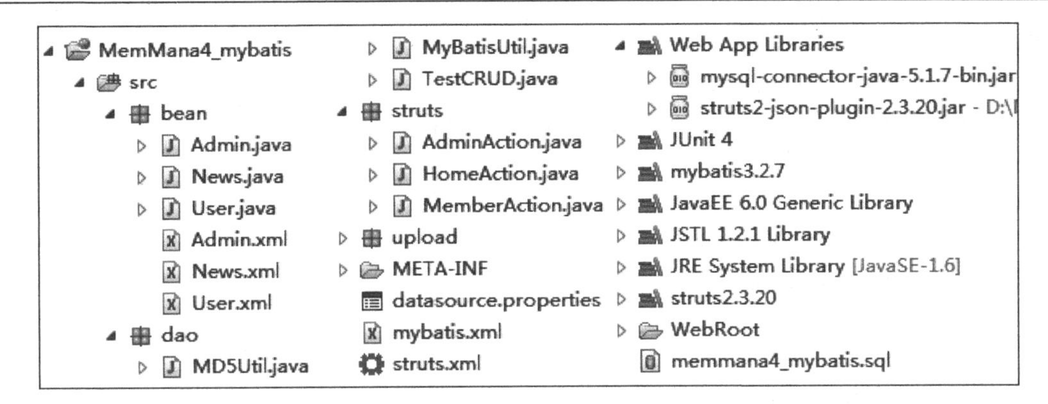

图 5.5.2　使用 MyBatis 开发的会员管理项目文件系统

会员管理项目主页对应的动作控制器 HomeAction.java 的文件代码如下：

```
package struts;
import java.util.List;
import org.apache.ibatis.session.SqlSession;
import bean.News;
import com.opensymphony.xwork2.ActionContext;
import com.opensymphony.xwork2.ActionSupport;
import dao.MyBatisUtil;
public class HomeAction extends ActionSupport {
    public String execute() throws Exception {
        //getAllNews为映射文件News.xml里定义的SQL命令的id属性值
        SqlSession session = MyBatisUtil.getSqlSession();
        List<News> news = session.selectList("getAllNews");
        ActionContext.getContext().put("newsList", news);
        return SUCCESS;
    }
}
```

在 Struts 配置文件里，定义了主页控制器 HomeAction 转发的视图页面 index.jsp，它显示转发而来的数据 newsList。页面 index.jsp 主体部分对应的代码如下：

```
<%@ page language="java" pageEncoding="utf-8"%>
<%@ taglib prefix="s" uri="/struts-tags"%>
<html>
    <head><title>会员信息管理系统</title>
<style>
.main {
    width: 800px;    height: 500px;    margin    0px    auto;    /*水平居中*/
}
```

```
.left {
    width: 250px;     height: 400px;     float: left;
    overflow: hidden;     background: url(images/bg.jpg);
}
.left ul {
    list-style: none; /*取消项目符号*/
    padding-left: 25px; overflow: hidden;
}
.left li {
    line-height: 35px; /*列表文字行高*/
}
.right {
    width: 550px;     height: 400px;     float: left;
}
</style>
<body>
    <div class="main">
        <div class="left">                  <br>
            <center class="bt">技术文档</center>
            <ul>
                <s:iterator value="#newsList" var="row">
                    <li><a href="${row.contentPage }"
                target="iframeName">${row.contentTitle}</a></li>
                </s:iterator>
            </ul>
        </div>
        <div class="right">
            <iframe name="iframeName" width="550px" height="480px"
                src="index0.html" frameborder="no"> </iframe>
        </div>
    </div>
</body>
</html>
```

会员控制器文件 MemberAction.java 里，处理会员登录方法的代码如下：

```
public String mLogin() {
    SqlSession session = MyBatisUtil.getSqlSession();
    List<User> list = session.selectList("getOneUser", user);
    if (list.size()!=0) {
```

```
            ServletActionContext.getRequest().getSession()
                    .setAttribute("username", user.getUsername());
            return "success";
        } else {
            this.setMessage("用户名或密码错误!");
            return "message";
        }
}
```

注意：对象 user 作为控制类的成员，定义了 get/set 方法，自动接收表单提交的数据。

管理员控制器文件 AdminAction.java 里，删除会员方法的代码如下：

```
public String memDelete() throws Exception {
        if (ActionContext.getContext().getSession().get("admin")== null) {
            this.setMessage("未登录");
            return ERROR;
        }
        SqlSession session=MyBatisUtil.getSqlSession();
        if(username!=null){   //传递了请求参数
            //System.out.println(username);
            session.delete("deleteUser", username);
            session.commit();   //CUD必须以事务方式提交
        }
        List<User> list=session.selectList("getAllUser");
        ActionContext.getContext().put("userList", list);
        return SUCCESS;
}
```

注意：username 作为类 AdminAction 的成员，定义了 get/set 方法，自动接收 HTTP 请求的参数。

管理员删除会员时的操作效果如图 5.5.3 所示。

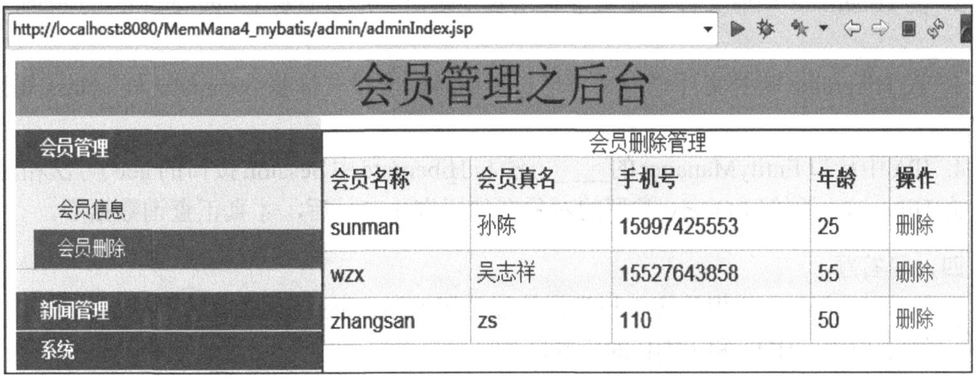

http://localhost:8080/MemMana4_mybatis/admin/adminIndex.jsp

会员管理之后台

会员管理
会员信息
会员删除
新闻管理
系统

会员删除管理

会员名称	会员真名	手机号	年龄	操作
sunman	孙陈	15997425553	25	删除
wzx	吴志祥	15527643858	55	删除
zhangsan	zs	110	50	删除

图 5.5.3　管理员删除会员时的操作效果

习 题 5

一、判断题

1. Hibernate 框架与 Struts 框架一样，只能在 Web 项目里使用。
2. 使用 Hibernate 时，每个实体类必须定义主键。
3. Hibernate、JPA 和 MyBatis，都是 ORM 框架。
4. 在启动 Tomcat 时，可以观察到 Hibernate 配置文件被加载和解析。
5. 使用 Mybatis 时，在实体类里可以不设置主键。

二、选择题

1. Hibernate 的 Session 接口提供的查询实体的方法是____。

A. save()　　B. update()　　C. delete()　　D. get()

2. 在 Hibernate 配置文件关于 session-factory 的配置选项中，不是必需的是____。

A. dialect　　B. connection.url

C. connection.driver_class　　D. show_sql

3. 编写 Hibernate 映射文件时，若类属性与表字段不一致，则必须在标签<property>里同时使用属性 name 和____。

A. column　　B. class　　C. type　　D. id

4. 在 JPA 中，接口 EntityManager 的____方法体现了该接口与 Query 接口的联系。

A. persist()　　B. merge()　　C. createQuery()　　D. remove()

5. 使用 Hibernate 框架时，Session 的_____操作不必使用事务管理方式。

A. save　　B. get　　C. delete　　D. update

三、填空题

1. Hibernate 映射文件的<class>标签通常是内嵌一对<id>标签和若干对____标签。

2. 在 Hibernate 映射文件里定义非自增长主键时，应设置标签<generator>的 class 属性值为____。

3. 在 Hibernate 映射文件里定义自增长主键时，应设置标签<generator>的 class 属性值为____。

4. JPA 中接口 EntityManager 的____方法与 Hibernate 中 Session 接口的 get()方法相对应。

5. Hibernate 的接口 Query 类型的对象在使用方法____后，才真正查询数据库。

四、简答题

1. 结合 Hibernate 的相关接口与类，简述使用 Hibernate 访问数据库的一般步骤。

2. 简述 SQL、HQL 和 JPQL 的用法区别。

3. 结合项目 MemMana4 和 MemMana4_h 中主页里的新闻内容获取，说明使用 Hibernate 框架的好处。

实验 5　持久化框架的使用

一、实验目的

1. 掌握 Hibernate 用户库的建立与使用。
2. 掌握 Hibernate 配置文件 hibernate.cfg.xml 的编写方法。
3. 掌握 Hibernate API 中主要接口与类的作用。
4. 掌握使用 Hibernate 访问数据库类的封装方法。
5. 掌握 JPA 主要类与接口的作用。
6. 掌握使用 JPA 访问数据库类的封装方法。
7. 掌握使用 MyBatis 访问数据库类的方法。

二、实验内容及步骤

【预备】访问本课程上机实验网站 http://www.wustwzx.com/javaee，单击第 5 章实验的超链接，下载本章实验内容的源代码(含素材)并解压，得到文件夹 ch05。

(一)　Hibernate 使用基础

(1) 下载 Hibernate 4.3.7，在 MyEclipse 中创建名为 hibernate4.3.7 的用户库。

(2) 在 SQLyog 里执行解压文件夹 MemMana4_h 里的 SQL 脚本，创建名为 MemMana4_h 的 MySQL 数据库。

(3) 导入使用 Hibernate 框架的 java 项目 Example5_2_1，打开 TestCRUD.java。

(4) 查看 Hibernate 配置文件 hibernate.cfg.xml 里的主要配置信息。

(5) 分别查看 TestCRUD.java 里各方法所使用的 Hibernate API。

(6) 分别对 TestCRUD.java 里的 CRUD 方法做单元测试。

(二)　查看使用 Servlet+MyBatis 开发的项目 MemMana3_mybatis

(1) 在 MyEclipse 中，导入 Web 项目 MemMana3_ mybatis。

(2) 查看项目对 MyBatis 用户库的引用。

(3) 结合项目文件 util/MyBatisUtil.java，查看 MyBatis 提供的用于访问 MyBatis 数据库的相关类与接口。

(4) 查看前台功能“登录/增加/修改”对应的 Servlet 中对 MyBatis 的访问方法。

(5) 查看后台功能“显示会员/删除会员”对应的 Servlet 中对第三方提供的 MyBatis 分页类 PageHelper 的使用方法。

(三)　封装 Hibernate 对 MySQL 的访问类及分页设计

(1) 在 MyEclipse 中，导入 Web 项目 MemMana4_h。

(2) 查看 HomeAction.java 在转发数据前的处理代码(HQL 查询的结果是 List<News>类型，比原来使用 JDBC 高效)。

(3) 查看控制器程序 AdminAction.java 里方法 memInfo()对 dao/MyDb.java 的调用。

(4) 查看控制器程序 AdminAction.java 里处理会员登录的方法 mLogin()。

(5) 查看控制器程序 MemberAction.java 里处理会员信息修改的相关方法。

(6) 查看 dao/MyDb.java 的方法 queryAllWithPage()对实体类 bean/Pager.java 的调用。

(7) 查看实体类 Pager.java 的代码。

(8) 查看页面 WEB-INF/admin/memInfo.jsp 分页显示会员信息的代码。

(9) 总结本项目分页实现与项目 MemMana3 分页实现的异同点。

(四) 掌握 JPA 的使用

(1) 在 MyEclipse 中，导入 Web 项目 MemMana4_jpa。

(2) 在 SQLyog 里执行解压文件夹 MemMana4_jpa 里的 SQL 脚本，创建名为 MemMana4_jpa 的 MySQL 数据库。

(3) 查看持久化配置文件 src/META-INF/persistence.xml 里的配置信息。

(4) 跟踪 org.hibernate.ejb.HibernatePersistence，查看它所在的 jar 文件。

(5) 查看类文件 JPAUtil.java 代码，理解其作用。

(6) 查看类文件 MyDb.java 代码，理解其作用。

(7) 对比 JPA 与 Hibernate 项目里数据库访问类的不同点。

(8) 查看控制器程序 AdminAction.java 里处理会员登录的方法 mLogin()。

(9) 查看控制器程序 MemberAction.java 里处理会员信息修改的相关方法。

(五) 掌握持久化框架 MyBatis 的使用

(1) 在 MyEclipse 中，导入 Web 项目 MemMana4_mybatis。

(2) 在 SQLyog 里执行解压文件夹 MemMana4_mybatis 里的 SQL 脚本，创建名为 MemMana4_ mybatis 的 MySQL 数据库。

(3) 查看数据源配置文件 src/datasource.properties 里的配置信息。

(4) 查看 MyBatis 配置文件 src/mybatis.xml 里的配置信息及对数据源配置文件的引用。

(5) 查看 MyBatis 工具类文件 MyBatisUtil.java 代码，理解其作用。

(6) 查看 MyBatis 测试类文件 TestCRUD.java 代码，分别做单元测试。

(7) 总结不能像 Hibernate 和 JPA 那样对 MyBatis 封装数据库访问类的原因。

三、实验小结及思考

(由学生填写，重点对比使用 Hibernate 访问数据库与使用 JDBC 访问数据库的差别。)

第6章 Spring框架与SSH整合

在项目 MemMana4_h 里所使用的 Struts 框架和 Hibernate 框架，是独立配置的，它们各自使用自己创建的对象。Spring 是为解决企业应用程序开发复杂性而创建的开源框架，主要用于框架整合和 Java EE 程序的分层架构，使用对象依赖注入方式来降低它所集成的 Web 组件之间的耦合度。此外，用户无须编程就能获得单例模式支持。本章学习要点如下：

- 掌握 Spring 框架的工作原理；
- 掌握 Spring 框架在 Web 开发中的作用；
- 掌握使用 Spring 整合其他框架的方法及步骤；
- 掌握 SSH 框架的整合方法。

6.1 Spring 简介

6.1.1 软件设计的单例模式与简单工厂模式

1. 单例模式

在一个应用系统中，允许在不同的程序里重复创建某个类的实例，有时候是没有意义的(如整个系统中只使用一个数据库访问对象)。

如果一个类始终只能创建一个实例，则称这个类为单例类，这种模式称为单例模式。

使用单例模式的要点如下：

- 定义类的构造方法为 private，将类的构造器隐藏起来；
- 通过定义 private static 的属性缓存已经创建的对象；
- 提供一个 public 的静态方法(通过类而不是访问)，将其作为获取类实例的访问点。

单例模式的应用参见第 1.4.4 小节封装类 MyDb.java 中的对象 mydb，其好处是避免了在不同程序里重复创建很费内存资源的数据库的连接对象。

注意：Spring 容器创建的对象，默认是单例的，参见第 6.2.5 小节标签<bean>之 scope 属性。

2. 简单工厂模式

初学者通常使用 new 关键字来创建一个 B 实例，然后调用 B 实例的方法。这种 new 方式的特点是：A 类的方法实现直接调用了 B 类的类名(称为硬编码耦合)，当系统重构时(如使用 C 类代替 B 类时)，就需要重写许多以硬编码耦合了 B 类的地方。

对于 A 对象而言，它只需要调用 B 对象的方法，不需关心 B 对象的实现与创建过程。如果让 B 类实现一个 IB 接口，让 A 类实现另一个 IB 接口，再定义负责创建 IB 实例的一个工厂类 IBFactory，则 A 类通过调用 IBFactory 的方法就能得到 IB 的实例。显然，要使用 C 类代替 B 类进行系统重构，需要 C 类实现 IB 接口、改写 IBFactory 中创建 IB 实例的实现代码并让工厂产生 C 实例。

这种将多个类对象交给类工厂来生成的软件设计方式，称为简单工厂模式。

注意： 容器创建对象的依据是 Spring 配置对象，参见第 6.2.5 小节配置实例中的标签<bean>。

6.1.2 控制反转 IOC

在传统的程序设计中，当一个类需要另外一个类协助的时候，通常由调用者使用关键字 new 来创建被调用者的实例。Spring 将在 Java 应用中各实例之间的调用关系称为依赖(dependency)。如果实例 A 调用实例 B 的方法，则称 A 依赖 B。

Spring 将这种创建被调用者将不再由调用者完成而是由 Spring 容器完成的方式称为依赖注入(dependency injection，DI)或控制反转(Inversion of controll，IOC)。

在 Spring 容器实例化对象的时候，会主动地将被调用者(或者说它的依赖对象)注入给调用对象。

注意：

(1) Spring 是创建对象(或实体 bean)的工厂。

(2) Spring 容器创建对象的依据是 Spring 配置文件，参见第 6.2.5 小节配置实例中的标签<bean>。

6.1.3 面向切面 AOP

面向切面(aspect oriented programming，AOP)将业务逻辑从应用服务(如事务管理)中分离出来，实现了高内聚开发，应用对象只关注业务逻辑，不再负责其他系统问题(如日志、事务等)。

AOP 编程是 OOP 编程的有力补充。面向对象编程(OOP)将程序分成各个层次的对象，是静态的抽象；面向切面的编程是动态的抽象，是从运行程序的角度考虑程序的结构，将运行过程分解成各个切面。AOP 对应用执行过程的步骤进行抽象，从而获得步骤之间的逻辑划分。

总之，Spring 是一个轻量级的控制反转和面向切面的容器框架。未使用 Spring 时，耦合程度高，如业务层进行数据库访问时需要引入相关包并创建对象；而使用 Spring 后，就实现了程序间的解耦，因为所用的对象不是由应用程序主动创建的。使用 Spring 的优点如下。

- 使用 Spring 的 IOC 容器，将对象之间的依赖关系交给 Spring，降低组件之间的耦合性，让我们更专注于应用逻辑。
- 可以提供众多服务，如事务管理、WS 等。
- AOP 的很好支持，可以方便面向切面编程。

- 对主流框架提供了很好的集成支持，如 Hibernate、Struts 2、JPA 等。
- Spring DI 机制降低了业务对象替换的复杂性。
- Spring 属于低侵入，代码污染极低。
- Spring 的高度可开放性，并不强制依赖于 Spring，开发者可以自由选择 Spring 的部分或全部。

6.2　Spring 框架的基本使用

6.2.1　创建 Spring 用户库

要创建 Spring 用户库，先从网站 http://projects.spring.io/spring-framework/中下载并解压，操作如图 6.2.1 所示。

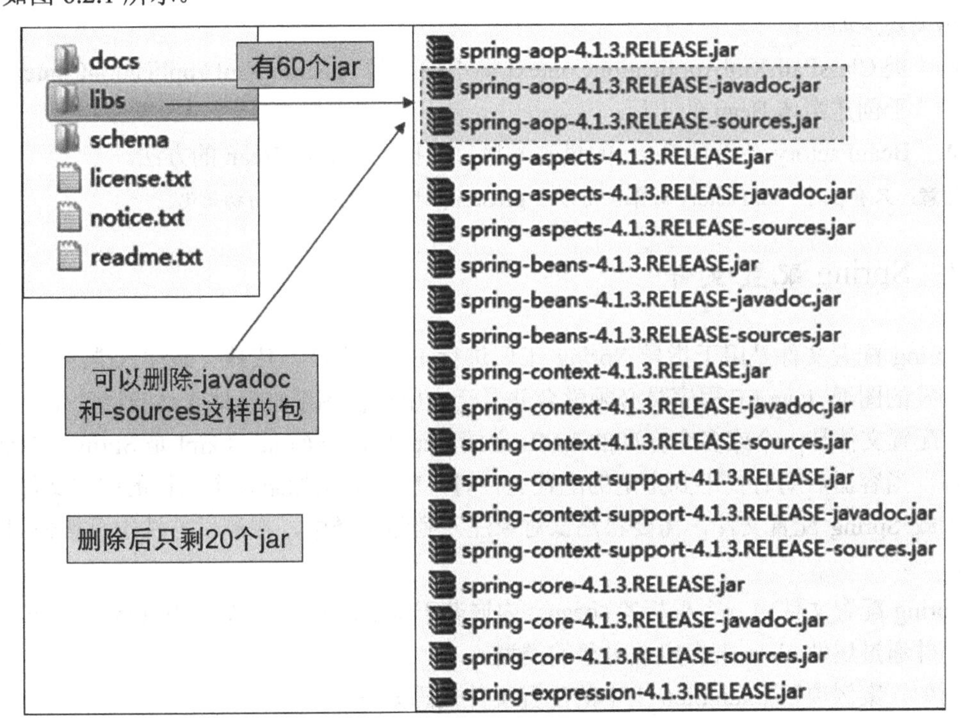

图 6.2.1　Spring 4.1.3 框架的 jar 文件

注意：如果单独使用 Spring 框架，则需要 commons-logging 包，该包在 Struts 的 lib 中可以找到。

6.2.2　Spring 框架的主要类与接口

Spring 框架的主要类与接口，如图 6.2.2 所示。

```
spring4.1.3
  spring-context-4.1.3.RELEASE.jar - D:\Web程序设计
    org.springframework.context.support
      ClassPathXmlApplicationContext.class
        ClassPathXmlApplicationContext
          ClassPathXmlApplicationContext(String)
    org.springframework.context
      ApplicationContext.class
        ApplicationContext
    org.springframework.beans.factory
      BeanFactory.class
        BeanFactory
          getBean(String) : Object
```

图 6.2.2　Spring 4.1.3 框架的类与接口

相关要点如下：

- 类 ClassPathXmlApplicationContext 继承抽象类 AbstractXmlApplicationContext，用于创建实体 Bean 的工厂；
- BeanFactory 是管理 Bean 的最基本接口，提供了获取 Bean 的方法。

注意：只有在对 BeanFactory 对象使用方法 getBean()时才会进行对象的初始化。

6.2.3　Spring 配置文件

Spring 配置文件是用于指导 Spring 工厂进行 Bean 生产、依赖关系注入(装配)及 Bean 实例分发的图纸。Java EE 程序员必须学会并灵活应用这份图纸准确地表达自己的生产意图。Spring 配置文件是一个或多个标准的 XML 文档，applicationContext.xml 是 Spring 的默认配置文件，当容器启动时找不到指定的配置文件时，就会尝试加载这个默认的配置文件。

加载 Spring 配置文件，需要将测试对象注入到测试类中，在测试方法中直接使用对象即可。

Spring 配置文件由一个根标签<beans>内嵌若干<bean>标签组成。<bean>标签用于定义对象，并通过属性 class 来指定该对象的类型。

例如，案例项目 Example6_1 中的配置文件代码如下：

```
<?xml version="1.0" encoding="utf-8"?>
<beans
    xmlns="http://www.springframework.org/schema/beans"
    xmlns:xsi="http://www.w3.org/2001/XMLSchema-instance"
    xmlns:p="http://www.springframework.org/schema/p"
    xsi:schemaLocation="http://www.springframework.org/schema/beans
                http://www.springframework.org/schema/beans/spring-beans-3.0.xsd">
```

```
    <bean id="user1" class="test.Woman">
            <property name="username" value="张莉"></property></bean>
    <bean id="user2" class="test.Man">
          <property name="username" value="李波"></property></bean>
</beans>
```

注意：Spring 容器创建对象的依据是 Spring 配置文件，参见第 6.2.3 小节配置实例中的标签<bean>。

6.2.4　使用 Spring 配置文件的两种方式

在控制器方法里，为了使用由 Spring 容器创建的对象，需要先加载 Spring 配置文件。一种方式是类 ClassPathXmlApplicationContext 的构造方法，另一种是使用注解方式。

使用 JUnit 4 测试 Spring，Spring 提供便捷的测试，非常方便整合 JUnit，只需导入 spring-test-3.2.0.RELEASE.jar，Spring 就能与 JUnit 整合使用。

注意：

(1) 使用 JUnit 版本要与 Spring 版本相适应，否则，可能出现没有测试结果但又不报错的情形。

(2) JUnit 4.8 与 Spring 4.1.3 不匹配，而 JUnit 4.12 与 Spring 4.1.3 匹配。

Spring 2.5 引入了 @Autowired 注解，它可以对类成员变量、方法及构造函数进行标注，完成自动装配的工作。通过 @Autowired 的使用来消除 get/set 方法，且不必在 Spring 配置文件里配置 bean。使用注解方式的一个示例代码如下：

```
@RunWith(SpringJUnit4ClassRunner.class) // 整合
//以注解方式加载Spring配置文件
@ContextConfiguration(locations="classpath:applicationContext.xml")
public class HelloServiceTest {
    @Autowired
    private HelloService helloService; //注解方式注入
    @Test
    public void testSayHello() {
            helloService.sayHello();
    }
}
```

注意：在 Spring MVC 项目里创建 bean 时，经常使用注解方式，参见第 7.4 节项目 MemMana7_h。

6.2.5　测试 Spring 依赖注入的 Hello 程序

下面介绍一个在 Java 项目里测试 Spring DI 功能的项目。

【例 6.2.1】一个测试 Spring DI 功能的案例项目 Example6_2_1。

案例项目 Example6_2_1 文件系统，如图 6.2.3 所示。

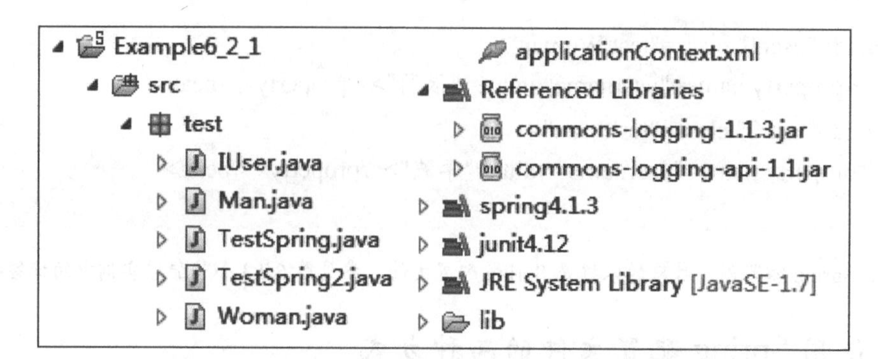

图 6.2.3　案例项目 Example6_2_1 文件系统

其中，类 Man 和 Women 分别是接口 IUser 的两个实现类，applicationContext.xml 是 Spring 的配置文件。

applicationContext.xml 用于创建应用程序所需的对象 user1 和 user2，其代码如下：

```
<?xml version="1.0" encoding="utf-8"?>
<beans
    xmlns="http://www.springframework.org/schema/beans"
    xmlns:xsi="http://www.w3.org/2001/XMLSchema-instance"
    xmlns:p="http://www.springframework.org/schema/p"
    xsi:schemaLocation="http://www.springframework.org/schema/beans
    http://www.springframework.org/schema/beans/spring-beans-3.0.xsd">
    <bean id="user1" class="test.Woman">   <!-- 默认属性scopy="singleton" -->
        <property name="username" value="张莉"></property> <!-- 属性注入方式   -->
    </bean>
    <bean id="user2" class="test.Man">
        <property name="username" value="李波"></property>
    </bean>
</beans>
```

测试文件 TestSpring.java 里对象 obj 是由 Spring 容器创建的，而不是由程序主动新建的，文件代码如下：

```
package test;
import org.springframework.beans.factory.BeanFactory;
import org.springframework.context.support.ClassPathXmlApplicationContext;
public class TestSpring {
    public static void main(String[] args) {
        // TODO Auto-generated method stub
        BeanFactory bf=new ClassPathXmlApplicationContext("applicationContext.xml");
        IUser obj = (IUser)bf.getBean("user1");
        System.out.println(obj.execute());
```

```
        obj=(IUser)bf.getBean("user2");
        System.out.println(obj.execute());
    }
}
```

注意：

(1) 运行本案例项目，还需要 Struts jar 包库里的两个日志 jar 文件的支持，存放在项目的 lib 文件夹里。

(2) 测试程序里的 BeanFactory 换成 ApplicationContext，重新导包也能正常运行。

(3) 在 Spring 配置文件里通过 value 注入不同的属性值，并不需要修改程序 TestSpring.java。

(4) Spring 是轻量级框架，这表现在它构建的应用程序易于进行单元测试，不是必须运行于 Web 服务器上。而 Servlet 程序必须在 Tomcat 等容器里测试和运行。

在程序里，获取使用 Spring 框架创建的对象，除了对 BeanFactory 类型的对象使用 getBean()方法外，还可以使用注解方式。此外，加载 Spring 配置文件也可以使用注解的方式。

案例项目 Example6_2_1 里的测试类 TestSpring2 就使用了注解方式，其代码如下：

```
package test;
import javax.annotation.Resource;
import org.junit.Test;
import org.junit.runner.RunWith;
import org.springframework.beans.factory.annotation.Autowired;
import org.springframework.context.ApplicationContext;
import org.springframework.test.context.ContextConfiguration;
import org.springframework.test.context.junit4.SpringJUnit4ClassRunner;
@RunWith(SpringJUnit4ClassRunner.class)    //Spring整合了JUnit
@ContextConfiguration(locations = "classpath:applicationContext.xml") // 加载配置
public class TestSpring2 {
    @Autowired
    private IUser user1;
    @Test
    public void testSpring() {
        System.out.println(user1.execute());    //使用注解方式注入对象user1
    }
    @Resource    //与@Autowired相同
    private ApplicationContext applicationContext;
    @Test
    public void testSpring2() {
        IUser obj = (IUser) applicationContext.getBean("user2");    //非注解方式
        System.out.println(obj.execute());
    }
}
```

6.3 使用 Spring 整合的 Web 项目

6.3.1 Spring 整合 Struts 2

Spring 整合 Struts 框架时，动作控制器程序未使用 new 来创建所需要的对象，而是由 Spring 容器根据其配置文件创建。

在 Spring 配置文件中，bean 默认是单例模式，应用服务器启动后就会立即创建 bean，以后可以重复使用。这就带来一个问题，bean 的全局变量被赋值以后，在下一次使用时会把值带过去。也就是说，bean 是有状态的。

在 Web 状态下，请求是多线程的，全局变量可能会被不同的线程修改，尤其在并发时会带来意想不到的 Bug。而在开发时，访问量很小，不存在并发、多线程的问题，程序员极有可能会忽视这个问题。

所以在配置 Action Bean 时，应使用 scope="prototype"，为每一次 Request 创建一个新的 Action 实例。这符合 Struts 2 的要求，Struts 2 为每一个 Request 创建一个新的 Action 实例。当 Request 结束，Bean 就会被 JVM 销毁，作为垃圾收回。

此外，设置 scope="session"，也能避免 Web 中 Action 的并发问题，只为当前用户创建一次 Bean，直至 Session 消失。

注意：

(1) Spring 整合 Struts，需要 Struts 2 的包 struts2-spring-plugin-2.3.20.jar 的支持。

(2) 默认情况下，Spring IOC 容器创建的对象是单例的，而 Struts 2 应是多例的(不然，会引起逻辑错误)。因此，在 Spring 整合 Struts 2 注入动作对象时要特别注意这一点。

【例 6.3.1】一个使用 Spring 整合 Struts 框架的案例项目。

Example6_3_1 是一个使用 Spring 整合 Struts 框架的 Web 项目，其文件系统如图 6.3.1 所示。

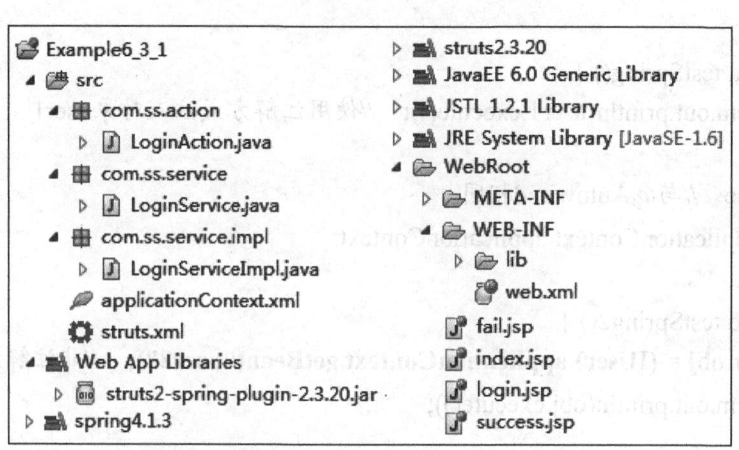

图 6.3.1 案例项目 Example6_3_1 文件系统

Spring 配置文件 applicationContext.xml 的代码如下：

```
<?xml version="1.0" encoding="utf-8"?>
<beans
    xmlns="http://www.springframework.org/schema/beans"
    xmlns:xsi="http://www.w3.org/2001/XMLSchema-instance"
    xmlns:p="http://www.springframework.org/schema/p"
    xsi:schemaLocation="http://www.springframework.org/schema/beans
                http://www.springframework.org/schema/beans/spring-beans-3.1.xsd">
    <bean id="loginService" class="com.ss.serviceimpl.
    LoginServiceImpl" scope="singleton"/>
    <bean id="loginAction" class="com.ss.action.LoginAction" scope="prototype">
        <property name="loginService" ref="loginService"/></bean>
</beans>
```

注意：

(1) 标签 bean 的属性值 scope="singleton"表示单例模式，默认也是 singleton。而属性值 scope="prototype"表示每次从容器中取出 bean 时，都会生成一个新实例，相当于使用 new 创建的一个新对象。

(2) 标签 property 的 name 属性值 loginService 是控制器类 LoginAction 的成员属性。为了在控制器方法内使用 loginService 对象，要有建立类属性 loginService 的 get/set 方法。

(3) 标签 property 的 ref 属性值，表明将对象 loginService 作为属性注入到对象 loginAction。

(4) 单独使用 Struts 框架时，动作控制器对象是由 Struts 框架自动创建的且为多例。

Struts 配置文件 struts.xml 的代码如下：

```
<struts>
    <package name="spring" extends="struts-default">
        <action name="login" class="loginAction">
            <result name="success">/success.jsp</result>
            <result name="fail">/fail.jsp</result>
        </action>
    </package>
</struts>
```

注意：

(1) 单独使用 Struts 时，Struts 配置文件里标签<action>之 class 属性值是一个类，而整合时是一个注入的对象。单独用 Struts 时 Struts 内部容器创建对象，而整合之后 Struts 的内部创建对象的动作全部交给 Spring 类统一创建和管理，Struts 只需要引用 Spring 创建好的对象即可。

(2) 在 web.xml 文件里，使用了标签<listener>来加载 Spring 配置文件，其代码如下：

```
<listener>
    <listener-class>org.springframework.web.context.ContextLoaderListener</listener-class>
</listener>
```

接口 LoginService 实现类文件 LoginServiceImpl .java 的代码如下：

```
package com.ss.service.impl;
import com.ss.service.LoginService;
public class LoginServiceImpl implements LoginService {
    @Override
    public boolean isLogin(String username, String password)
    {
        if ("wust".equals(username) && "123".equals(password)) {
            return true;
        }
        return false;
    }
}
```

在下面的控制器程序里，对象 loginService 不是使用 new 创建出来的，而是由 Spring 容器管理的。控制器文件 LoginAction .java 的完整代码如下：

```
package com.ss.action;
import com.opensymphony.xwork2.ActionSupport;
import com.ss.service.LoginService;
public class LoginAction extends ActionSupport {
    private String username;
    private String password;
    private LoginService loginService;
    @Override
    public String execute() throws Exception {
        if (loginService.isLogin(username, password)) {
            return SUCCESS;
        } else {
            addActionError("用户名或密码错，请重新输入！"); //回显
            return "fail";
        }
    }
    public String getUsername() {
        return username;
    }
    public void setUsername(String username) {
        this.username = username;
    }
    public String getPassword() {
        return password;
```

```
    }
    public void setPassword(String password) {
        this.password = password;
    }
    public LoginService getLoginService() {
        return loginService;
    }
    public void setLoginService(LoginService loginService) {
        this.loginService = loginService;
    }
}
```

用户登录表单使用 Struts 标签制作，且包含处理用户登录失败时回显信息的 Struts 标签 <s: actionerror />。文件 login.jspava 的代码如下：

```
<%@ page language="java"   pageEncoding="utf-8"%>
<%@ taglib uri="/struts-tags" prefix="s"%>
  <body>
      <h2>用户登录界面</h2>
    <s:form action="login">
        <s:textfield name="username" label="用户名称"/>
        <s:password name="password" label="用户密码"/>
        <s:submit value="提交"/>
    </s:form>
    <hr>
      <s:actionerror/>    <!-- 回显 -->
  </body>
</html>
```

用户登录时的用户界面，如图 6.3.2 所示。

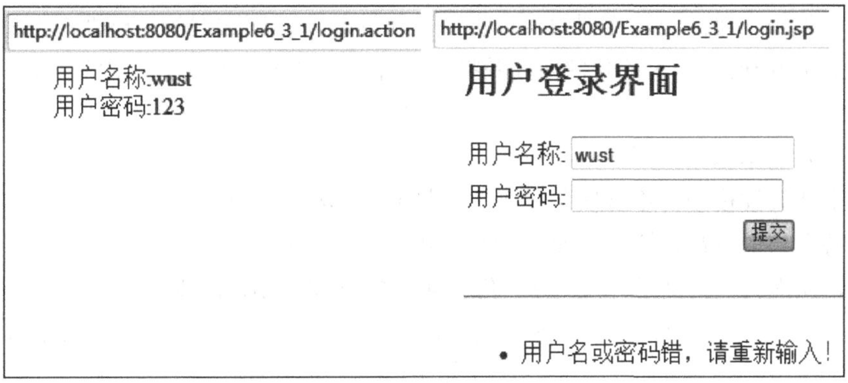

http://localhost:8080/Example6_3_1/login.action
用户名称:wust
用户密码:123

http://localhost:8080/Example6_3_1/login.jsp
用户登录界面
用户名称: wust
用户密码:
提交
• 用户名或密码错，请重新输入！

图 6.3.2　登录时项目运行界面

6.3.2 Spring 整合 Hibernate

Spring 关心的是业务逻辑之间的组合关系，并提供了强大的对象管理能力。Hibernate 完成了 OR 映射，使开发人员不用关心 SQL 语句，直接与对象打交道。Spring 提供了对 Hibernate 的 SessionFactory 的集成功能，将 Hibernate 做完映射之后的对象交给 Spring 来管理。

使用 Spring 整合 Hibernate 的用法，与 Spring 整合 Struts 类似，详见第 6.4.1 小节里的 Spring 配置文件。

注意：Spring 整合 Hibernate 后，就不需要建立 Hibernate 配置文件了。

6.3.3 SSH 整合

基于 SSH 整合的架构分层结构为表现层、服务层、数据访问层和实体层，以帮助开发人员搭建结构清晰、可复用性好、维护方便的 Web 应用程序。其中，Struts 框架主要处理页面和业务的交互，采用 MVC 思想的编程模式，在 Struts 框架视图控制器模型中，控制业务的转发或重定向。Hibernate 框架对数据库和实体类进行 ORM 映射，从而达到操作实体类如同操作数据一样。Spring 框架负责架构的整合，主要通过 IOC 容器管理对象的创建、销毁等。具体做法如下。

(1) 用面向对象的分析方法根据需求抽取出具体的 Java 模型对象。

(2) 采用 Hibernate 框架进行 Java 模型对象和数据的一一映射。

(3) 编写供业务层访问的 DAO(data access objects)接口并编写 Hibernate 的 DAO 的具体实现，从而建立实现 Java 类与数据库之间的转换和访问。

(4) 由 Spring 的 Bean 容器来统一管理创建项目中需要的相应对象。

系统的基本业务流程是：在表示层中，首先通过 JSP 页面实现交互界面，负责接收请求 Request 和传送响应 Response，然后 Struts 根据配置文件 struts.xml 将动作控制器接收到的 Request 委派给相应的 Action 处理；在业务层中，管理服务组件的 Spring IOC 容器负责向 Action 提供业务模型 Model 组件和该组件的协作对象数据处理 DAO 组件完成业务逻辑，并提供事务处理、缓冲池等容器组件以提升系统性能和保证数据的完整性；在持久层中，系统依赖于 Hibernate 的对象化映射和数据库交互，处理 DAO 组件请求的数据，并返回处理结果。

SSH 整合的示意图如图 6.3.3 所示。

采用上述开发模型，不仅实现了视图、控制器与模型的彻底分离，而且还实现了业务逻辑层与持久层的分离，达到可复用性高、不同层之间耦合度小、有利于团队成员并行工作等效果，从而大大提高了开发效率，缩短项目的开发周期，减少了项目的维护成本。

注意：当系统的业务逻辑不是很复杂时，可以不写数据访问层和服务层接口，而是直接写业务逻辑实现写入控制器里，参见本章实验项目 MemMana6_ssh0。

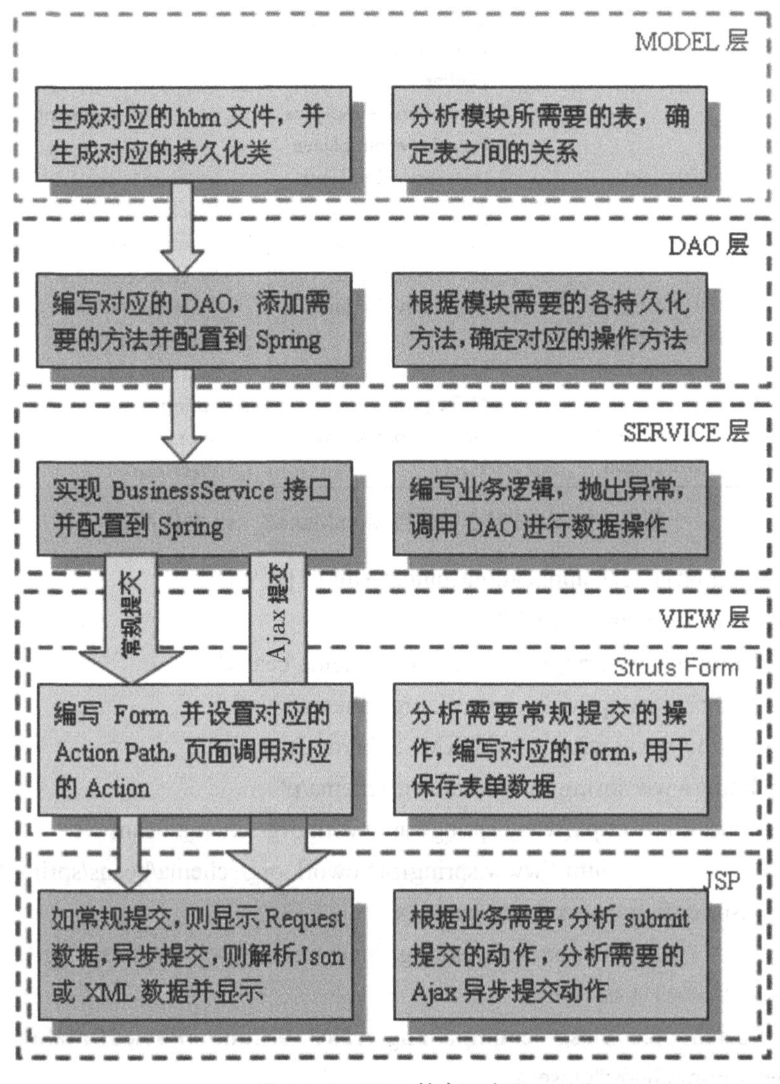

图 6.3.3　SSH 整合示意图

6.4　使用 SSH 整合的会员管理项目 MemMana6_ssh

6.4.1　项目总体设计

使用 SSH 整合开发的会员管理项目，与第 3.4.3 小节介绍的项目 MemMana3_dao 类似，也是将系统分为表现层、控制器、业务层和 DAO 层，其文件系统如图 6.4.1 所示。

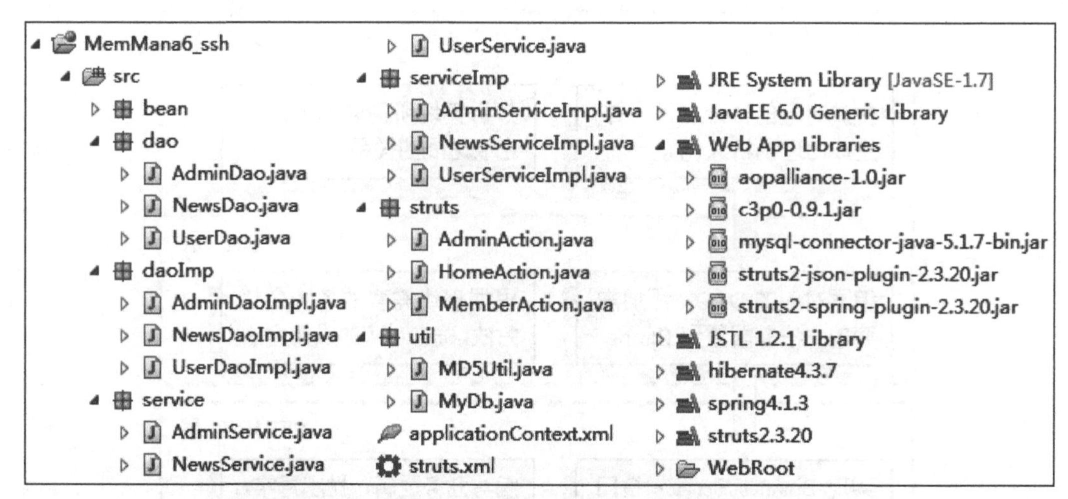

图 6.4.1 SSH 整合的项目 MemMana6_ssh 文件系统

项目的 Spring 配置文件 applicationContext.xml 的代码如下：

```
<?xml version="1.0" encoding="utf-8"?>
<beans xmlns="http://www.springframework.org/schema/beans"
    xmlns:tx="http://www.springframework.org/schema/tx"
    xmlns:xsi="http://www.w3.org/2001/XMLSchema-instance"
    xmlns:p="http://www.springframework.org/schema/p"
    xsi:schemaLocation="http://www.springframework.org/schema/beans
                    http://www.springframework.org/schema/beans/spring-beans-3.1.xsd
    http://www.springframework.org/schema/tx
                    http://www.springframework.org/schema/tx/spring-tx-3.1.xsd">
    <!-- 定义数据源的信息 -->
    <bean id="dataSource" class="com.mchange.v2.c3p0.ComboPooledDataSource"
          destroy-method="close">
        <property name="driverClass" value="com.mysql.jdbc.Driver"/>
        <property name="jdbcUrl" value="jdbc:mysql://localhost:3308/
                                memmana6_ssh?characterEncoding=utf-8"/>
        <property name="user" value="root"/>
        <property name="password" value="root"/>
        <property name="maxPoolSize" value="80"/>
        <property name="minPoolSize" value="1"/>
        <!-- 设置连接池初始值 -->
        <property name="initialPoolSize" value="1"/>
        <property name="maxIdleTime" value="20"/>
    </bean>
    <bean id="sessionFactory"
```

```
    class="org.springframework.orm.hibernate4.LocalSessionFactoryBean">
    <property name="dataSource" ref="dataSource" />
    <property name="hibernateProperties">
        <props>
            <prop key="hibernate.dialect">
                                    org.hibernate.dialect.MySQLDialect</prop>
            <prop key="hibernate.hbm2ddl.auto">update</prop>
            <prop key="show_sql">true</prop>
            <prop key="hibernate.format_sql">true</prop>
        </props>
    </property>
    <!-- 自动扫描实体对象bean的包结构中存放的实体类 -->
    <property name="packagesToScan" value="bean" />
</bean>
<!-- Dao层对象 -->
<bean id="adminDao" class="daoImp.AdminDaoImpl">
    <property name="sessionFactory" ref="sessionFactory"></property>
</bean>
<bean id="newsDao" class="daoImp.NewsDaoImpl">
    <property name="sessionFactory" ref="sessionFactory"></property>
</bean>
<bean id="userDao" class="daoImp.UserDaoImpl">
    <property name="sessionFactory" ref="sessionFactory"></property>
</bean>
<!-- 业务层对象 -->
<bean id="adminService" class="serviceImp.AdminServiceImpl">
    <property name="adminDao" ref="adminDao"></property>
</bean>
<bean id="newsService" class="serviceImp.NewsServiceImpl">
    <property name="newsDao" ref="newsDao"></property>
</bean>
<bean id="userService" class="serviceImp.UserServiceImpl">
    <property name="userDao" ref="userDao"></property>
</bean>
<!-- 控制层对象 -->
<bean id="homeAction" class="struts.HomeAction" scope="prototype">
    <property name="newsService" ref="newsService"></property>
</bean>
<bean id="memberAction" class="struts.MemberAction" scope="prototype">
```

```
        <property name="userService" ref="userService"></property>
    </bean>
    <bean id="adminAction" class="struts.AdminAction" scope="prototype">
        <property name="adminService" ref="adminService"></property>
        <property name="userService" ref="userService"></property>
    </bean>
    <!-- 配置Hibernate的局部事务管理器-->
     <bean id="txManager"
        class="org.springframework.orm.hibernate4.HibernateTransactionManager">
        <property name="sessionFactory" ref="sessionFactory" />
    </bean>
    <tx:annotation-driven transaction-manager="txManager" />   <!-- 事务注解-->
</beans>
```

Spring 配置文件中，配置 bean 对象的要点如下：

- 访问数据库的会话工厂对象 sessionFactory 是 DAO 层对象都需要注入的共同对象；
- 业务层对象注入相应的 DAO 层对象；
- 控制层对象注入相应的业务层对象。

注意：

(1) 本项目使用了由 AOP 联盟提供的 API 包 aopalliance-1.0.jar，它包含了针对面向切面的接口，是 Spring 等具备动态植入功能的框架的依赖包。

(2) 本项目使用了包 c3p0-0.9.1.jar，它用于数据库连接池，管理数据库连接对象。C3P0 是一个开源的 JDBC 连接池，它实现了数据源和 JNDI 的绑定，支持 JDBC3 规范和 JDBC2 的标准扩展。

项目的 Struts 配置文件 struts.xml 的代码如下：

```
<?xml version="1.0" encoding="utf-8"?>
<!DOCTYPE struts PUBLIC
    "-//Apache Software Foundation//DTD Struts Configuration 2.0//EN"
    "http://struts.apache.org/dtds/struts-2.3.dtd">
<struts>
    <constant name="struts.multipart.maxSize" value="1048576000"></constant>
    <constant name="struts.objectFactory" value="spring"></constant>
    <package name="default" namespace="/" extends="json-default">
        <action name="Index" class="homeAction"    method="index">
            <result name="success">/index.jsp</result>    </action>
        <action name="mLogin" class="memberAction" method="mLogin">
            <result name="success" type="redirect">/Index</result>
            <result name="message">/message.jsp</result>     </action>
        <action name="mRegister" class="memberAction" method="mRegister">
            <result name="message">/message.jsp</result>     </action>
```

```
        <action name="mUpdate" class="memberAction"      method="mUpdate">
            <result name="success">/mUpdate.jsp</result>
            <result name="message">/message.jsp</result>          </action>
        <action name="updateMem" class="memberAction" method="updateMem">
            <result name="success" type="redirect">/Index</result>       </action>
        <action name="Logout" class="memberAction" method="logout">
            <result name="success" type="redirect">/default.jsp</result></action>
        <action name="adminLogin" class="adminAction" method="adminLogin">
            <!-- 将返回类型设置为json -->
            <result name="success" type="json">/adminLogin.jsp</result></action>
        <action name="adminIndex" class="adminAction"      method="adminIndex">
            <result name="success" type="redirect">
                                /admin/adminIndex.jsp</result>      </action>
        <action name="memInfo" class="adminAction"      method="memInfo">
            <result name="success">/admin/memInfo.jsp</result>
            <result name="error" type="redirect">/message.jsp</result></action>
        <action name="memDelete" class="adminAction"      method="memDelete">
            <result name="success">/admin/memDelete.jsp</result>
            <result name="error" type="redirect">/message.jsp</result></action>
        <!-- 会员及管理员登出共用的动作logout -->
        <action name="logout" class="adminAction"      method="logout">
            <result name="success" type="redirect">/default.jsp</result></action>
    </package>
</struts>
```

注意：在所有标签<action>里，class 属性值为 Spring 管理的对象，而单独 Struts 项目中的配置是带有包名的动作类。

6.4.2　主要功能实现

下面以主页的实现说明系统功能的设计步骤与方法。

主页对应的动作控制器 HomeAction 使用了 Spring 管理的对象 newsService，通过业务逻辑类 NewsService 继承了数据访问类 DAO，因此，通过 newsService 就能进行数据库访问，获得要转发的结果数据。类文件 HomeAction.java 的代码如下：

```
package struts;
import java.util.List;
import service.NewsService;
import bean.News;
import com.opensymphony.xwork2.ActionContext;
import com.opensymphony.xwork2.ActionSupport;
```

```
public class HomeAction extends ActionSupport {
    private NewsService newsService;   //Spring管理
    public NewsService getNewsService() {   //get
        return newsService;
    }
    public void setNewsService(NewsService newsService) {   //set
        this.newsService = newsService;
    }
    public String index() throws Exception {
        //调用service/NewsService
        List<News> news=newsService.queryAll();
        ActionContext.getContext().put("newsList", news);   //转发数据
        return SUCCESS;
    }
}
```

服务层接口文件 NewsService.java 的代码如下：

```
package service;
import java.util.List;
import bean.News;
public interface NewsService{
    List<News> queryAll();
}
```

服务层接口实现类文件 NewsServiceImpl.java 的代码如下：

```
package serviceImp;
import java.util.List;
import dao.NewsDao;
import bean.News;
import service.NewsService;
public class NewsServiceImpl implements NewsService {
    private NewsDao newsDao;    //Spring管理
    @Override
    public List<News> queryAll() {
        return newsDao.queryAllNews();
    }
    public NewsDao getNewsDao() {
        return newsDao;
    }
    public void setNewsDao(NewsDao newsDao) {
```

```
        this.newsDao = newsDao;
    }
}
```

Dao 层接口文件 NewsDao.java 的代码如下：

```
package dao;
import java.util.List;
import bean.News;
public interface NewsDao {
    public List<News> queryAllNews();
}
```

Dao 层接口实现类文件 NewsDaoImpl.java 的代码如下：

```
package daoImp;
import java.util.List;
import bean.News;
import dao.NewsDao;
import util.MyDb;
public class NewsDaoImpl extends MyDb<News> implements NewsDao {
    @Override
    public List<News> queryAllNews() {
        return this.queryAll("from News Order by contentTitle asc");
    }
}
```

注意：此实现类继承了通用的访问数据库工具类 util/MyDb.java，否则，Dao 层的每个实现类都要重复编写访问数据库的代码。

最后，由页面 WebRoot/index.jsp 显示控制器 HomeAction 转发的数据 newList 即完成了主页的显示。

习 题 6

一、判断题

1. Spring 配置文件名是固定的。

2. Spring 配置文件由一对标签<beans>…</beans>内嵌若干对标签<bean>组成。

3. 在 Spring 整合 Struts 框架的 Web 项目里，如果使用基于 XML 的文件配置 bean，则在动作控制器里必须为注入的 bean 建立 get/set 方法。

4. 在使用了 Spring 框架的应用程序里，获取由 Spring 创建的对象有多种方式。

5. Spring 容器管理的 bean 默认是单实例的。

二、选择题

1. 在 Spring 配置文件里，下列不是创建对象的标签<bean>的属性是____。

A. class　　B. id　　C. property　　D. scopy

2. 设在使用了 Spring 框架的 Web 项目的 src 根里建立了配置文件 applicationContext.xml 和 dao.xml，则在应用程序里加载它们的不正确用法是____。

A. BeanFactory bf = new ClassPathXmlApplicationContext("applicationContext.xml");

B. BeanFactory bf = new ClassPathXmlApplicationContext("classpath:/*.xml");

C. ApplicationContext bf=new ClassPathXmlApplicationContext("classpath:/*.xml");

D. ApplicationContext bf=new ClassPathXmlApplicationContext(new String[]
{"applicationContext.xml","dao.xml"});

3. Spring 整合 Struts 2.3.20 时，需要引入 Struts 2.3.20 的____jar 包。

A. struts2-json-plugin-2.3.20　　B. struts2-spring-plugin-2.3.20.jar

C. struts2-dojo-plugin-2.3.20　　D. struts2-junit-plugin-2.3.20

4. Spring 整合 Struts 时，应在 Spring 配置文件标签<bean>中设置属性____="prototype"。

A. name　　B. id　　C. class　　D. scopy

三、填空题

1. 如果 Spring 配置文件只有一个，通常命名为____。

2. Spring 创建对象的属性注入方式是指使用标签<property>及其属性 name 和____。

3. Spring 创建对象的对象注入方式是指在标签<property>里使用属性 name 或____。

4. 在使用了 Spring 框架的项目里，使用注解方式获取容器创建对象的方法是使用关键字___。

四、简答题

1. 简述 Spring 对 bean 的单例配置与多例配置的应用情形。

2. 以 Spring 整合 Struts 2 为例，说明 Struts 2 配置文件与非整合时的不同。

实验 6　Spring 框架与 SSH 整合

一、实验目的

1. 掌握 Spring 用户库的建立。
2. 掌握 Spring　API 中主要接口与类的作用。
3. 掌握 SpringDI(或 IOC)工作原理。
4. 掌握 Spring 整合 Struts 和 Hibernate(JPA)的方法。
5. 掌握 Spring 同时整合 Struts 和 Hibernate 的方法。

二、实验内容及步骤

【预备】访问本课程上机实验网站 http://www.wustwzx.com/javaee，单击第 6 章实验的超链接，下载本章实验内容的源代码(含素材)并解压，得到文件夹 ch06。

(一) Spring 使用基础(由 Spring 容器创建对象)

(1) 下载 Spring 4.1.3 并解压，在 MyEclipse 中创建名为 spring4.1.3 的用户库。

(2) 导入案例项目 Example6_2_1，查看项目文件系统。

(3) 查看 Spring 配置文件 applicationContext.xml 里的配置信息。其中，对象 user1 为 Woman 类型，user2 为 Man 类型，它们均通过属性注入方式并使用默认的单例模式(即 scopy="singleton")，类 Woman 和 Man 实现同一接口 IUser。

(4) 分别查看 TestSpring.java 和 TestSpring2.java 后做运行测试。其中，前者是应用 ApplicationContext 对象的方法 getBean ("user1")得到 IUser 类型的对象(也是 Woman 类型的对象)；后者以注解方式加载 Spring 配置文件、引用 Spring 容器创建的对象。

(二) Spring 4.1.3 整合 Struts 2.3.20

(1) 导入案例项目 Example6_3_1，查看项目文件系统。

(2) 查验项目类路径包含了对整合包文件 struts2-spring-plugin-2.3.20.jar 的加载。

(3) 查看 Spring 配置文件 applicationContext.xml 里定义的两个实体 bean。其中，业务层的动作控制器对象 loginAction 通过使用属性 ref 注入了由 Spring 容器创建的服务层对象 loginService(即以对象注入方式实现业务层调用服务层)。

(4) 查看 Struts 配置文件使用 Spring 配置文件里定义的 bean。

(5) 部署项目后，观察控制台里显示加载 applicationContext.xml 的信息。

(6) 分别做登录成功与失败测试。

(三) 分析 SSH 整合的会员管理系统的会员登录功能的实现

(1) 在 MyEclipse 里导入 Web 项目 MemMana6_ssh。

(2) 在 SQLyog 里运行项目里的 SQL 脚本，创建名为 MemMana6_ssh 的 MySQL 数据库。

(3) 查看 Spring 配置文件里对控制层注入的业务层对象。

(4) 查看 Spring 配置文件里对业务层注入的 DAO 层对象。

(5) 查看 Spring 配置文件里对 DAO 层注入的数据库访问对象 sessionFactory。

(6) 以实现用户登录功能为例，查看各层对象之间的调用。

(7) 使用 @Auowired注解方式取消bean在XML配置文件里的配置后部署、运行系统。

三、实验小结及思考

(由学生填写，重点写上机中遇到的问题。)

第7章 Spring MVC 框架与 SSM 整合

目前，Spring MVC 被广泛使用，因为它的开发效率和性能高于 Struts 2。Spring MVC 框架实现了各个模块代码的分离，其作用相当于 Struts 2 框架(都是前端框架)。本章主要介绍了 Spring MVC 框架的作用、Spring 对 Spring MVC 及 MyBatis 的整合方法，学习要点如下：

- 理解 Spring MVC 是一个基于 MVC 开发模式的 Web 框架；
- 了解 Spring MVC 与 Struts 的区别；
- 掌握 Spring MVC 中各 jar 包、软件包及其主要类的作用；
- 掌握 Spring MVC 项目配置文件与 Spring MVC 配置文件的编写方法；
- 掌握使用 Spring MVC 实现文件上传的方法；
- 掌握使用 Spring MVC 处理 Ajax 请求的方法；
- 掌握 Spring 对 Spring MVC 及 MyBatis 的整合方法；
- 掌握使用 Spring MVC 开发 Web 项目的一般步骤。

7.1 Spring MVC 简介及其环境搭建

7.1.1 Spring MVC 概述

Spring MVC 是继 Struts 之后的一款开源产品，也是对 Servlet 的再封装，只是实现方式不同而已。Struts 2 通过过滤器拦截用户请求(参见第 4.1.4 小节)，而 Spring MVC 使用最传统的 Servlet 作为转发器(参见第 7.1.3 小节)。

Spring MVC 是基于方法的设计，一个方法对应一个请求的上下文，不同方法获取的请求数据是独立的；而 Struts 2 是基于类的设计，每一次请求都会实例化一个 Action，可以共享请求数据。

与 Spring MVC 模式相比，Spring 框架具有高度可配置和多种视图的特点；和 Struts 2 相比，Spring MVC 框架基于注解的方式，减少了 Struts 2 中对方法的配置。

Spring MVC 和 Spring 是无缝集成的，因此，从执行效率上来说，Spring MVC 比 Struts 2 高。

Spring MVC 支持 JSR 303 验证(即 Bean Validation)，处理起来相对灵活、易用，而 Struts 2 检验配置编写起来比较烦琐。

注意：

(1) Spring MVC 的设计特点，使得 100%零配置成为可能(Spring MVC 配置文件除外)。

(2) Spring MVC jar 包含有 Spring 基本 jar 包。

(3) 使用 Spring MVC 可实现原来的框架 Struts+Spring 的功能。

(4) 在设计思想上，Struts 2 更加符合 OOP 的编程思想， Spring MVC 比较谨慎，是对 Servlet 的扩展。

7.1.2 创建 Spring MVC 3.2 用户库

Spring MVC 与 Spring 是同一家公司的产品，因此，Spring MVC 沿用了 Spring 的一些 jar 包，当然，也增加了一些 jar 包，如 Spring MVC 核心包 spring-webmvc-4.1.3.RELEASE.jar 和 spring-webmvc-portlet-4.1.3.RELEASE.jar。用户库 spring4.1.3 的全部 jar 包，如图 7.1.1 所示。

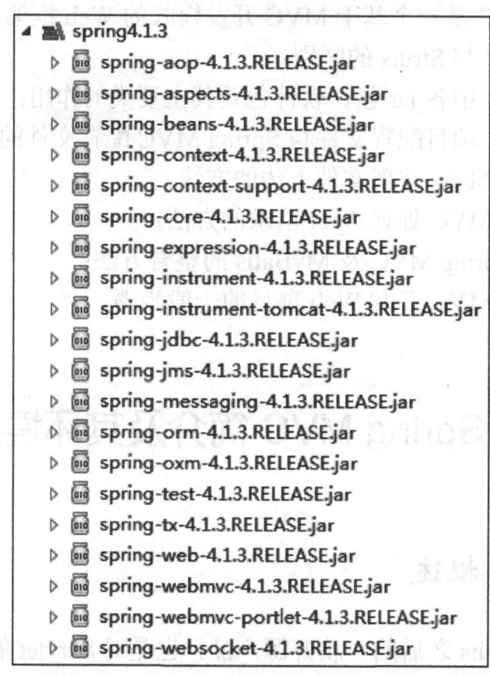

图 7.1.1 用户库 spring4.1.3 的全部 jar 包

注意：在前面应用 Spring 框架的项目里，只使用了 Spring 的 DI(或 IOC)功能，因此，去掉 Spring jar 包的两个 webmvc 包，对项目运行没有影响(请读者自行验证)。

7.1.3 Spring MVC 项目配置

Spring MVC 项目配置文件 web.xml 里，主要包括 Spring MVC 框架的配置文件的路径配置、核心控制器的配置，其代码见下面的粗体部分。

```
<?xml version="1.0" encoding="utf-8"?>
<web-app xmlns:xsi="http://www.w3.org/2001/XMLSchema-instance"
```

```
  xmlns="http://java.sun.com/xml/ns/javaee"
  xmlns:web="http://java.sun.com/xml/ns/javaee/web-app_2_5.xsd"
  xsi:schemaLocation="http://java.sun.com/xml/ns/javaee
  http://java.sun.com/xml/ns/javaee/web-app_2_5.xsd" id="WebApp_ID" version="2.5">
  <servlet>
      <servlet-name>springmvc</servlet-name>
      <servlet-class>
          org.springframework.web.servlet.DispatcherServlet
      </servlet-class>
      <init-param>
          <param-name>contextConfigLocation</param-name>
          <param-value>classpath:config/springmvc.xml</param-value>
      </init-param>
      <load-on-startup>1</load-on-startup>
  </servlet>
  <servlet-mapping>
     <servlet-name>springmvc</servlet-name>
     <url-pattern>/</url-pattern>
  </servlet-mapping>
  <!--下面的字符编码过滤配置与主页设置省略-->
</web-app>
```

标签<servlet-class>配置的 Web 前端核心控制器所在的位置，如图 7.1.2 所示。

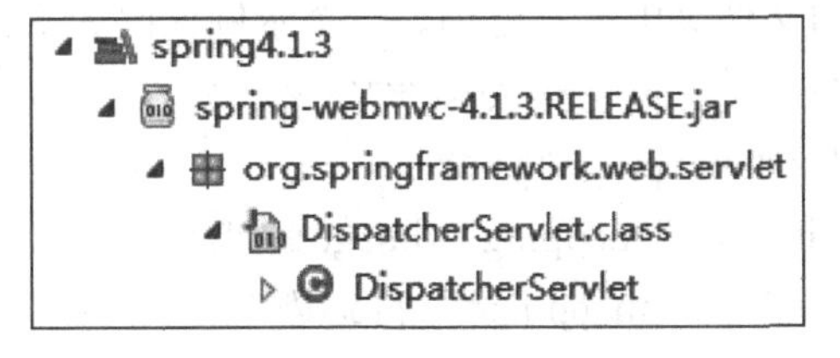

图 7.1.2　Spring MVC 框架 Web 前端的核心控制器

在 web.xml 中加载 Spring MVC 配置文件，有两种方式：一是指定加载，其配置文件一般存放在 src 的某个文件夹内，文件名称可以随意取；二是默认加载存放在 WEB-INF 里 Spring MVC 配置文件名称为“[Sprig MVC 配置的 servlet-name]-serlvet.xml”的.xml 文件，此时，在 web.xml 里不使用标签<init-param>。

注意：

(1) Spring MVC 框架的配置名称及存放路径不是固定的，文件名可随意命名。此时，在 web.xml 文件里，需要指定加载路径。

(2) 上面 Spring MVC 配置文件的加载方式是指定加载。

7.1.4 Spring MVC 框架配置文件

Spring MVC 框架配置包括控制器组件扫描配置、注解驱动配置、静态资源映射配置和视图解析器配置。

1. 控制器组件扫描配置

配置了<context:component-scan>这个标签后，Spring 可以自动扫描 base-package 下面或者子包下面的 Java 文件，如果扫描到@Controller、@Service 和@Repository 等注解类，则把这些类注解为 bean。一个使用控制器组件扫描的示例代码如下：

```
<context:component-scan base-package="com.memmana.controller" />
```

注意：

(1)当项目采用 DAO 模式编写程序时，则控制层、服务层和数据访问层均需要作为组件被扫描到。为方便扫描，这三层放到同一包内。

(2)@Component 泛指上面三种组件注解，当组件不好归类的时候，就可以使用这个注解进行标注。

2. 注解驱动配置

注解驱动实质上是加载处理注解的映射器和适配器，其代码如下：

```
<mvc:annotation-driven />
```

3. 静态资源映射配置

由于在 Spring MVC 项目的配置文件中配置的 org.springframework.web.servlet.DispatcherServlet(参见第 7.1.3 小节)会处理一切的 URL 对应的请求，因此，在 Spring MVC 配置文件里，使用了处理项目中的静态资源标签<mvc:resources>，它将静态文件(即非动态页文件)指定到某个特殊的文件夹中统一处理。一个示例代码如下：

```
<mvc:resources location="/css/" mapping="/css/**"/>
<mvc:resources location="/js/" mapping="/js/**"/>
<mvc:resources location="/images/" mapping="/images/**"/>
<mvc:resources location="/upload/" mapping="/upload/**"/>
```

4. 视图解析器配置

如果在 InternalResourceViewResolver 中定义了 prefix="/WEB-INF/"，suffix=".jsp"，然后请求的 Controller 处理器方法返回的视图名称为 test，那么这个时候 InternalResourceViewResolver 就会把 test 解析为一个 InternalResourceView 对象，先把返回的模型属性都存放到对应的 HttpServletRequest 属性中，然后利用 RequestDispatcher 在服务器端把请求 forword 到/WEB-INF/test.jsp。这就是 InternalResourceViewResolver 的一个非常重要的特性。JSP 视图解析器配置的一个示例代码如下：

```
<bean class="org.springframework.web.servlet.view.InternalResourceViewResolver">
    <!-- 支持JSTL  -->
    <property name="viewClass" value="org.springframework.web.servlet.view.JstlView"/>
    <!-- 视图文件地址后缀 -->
```

```
    <property name="suffix" value=".jsp" />
</bean>
```

注意：存放在/WEB-INF/下面的资源不能直接通过 request 得到，而为了安全性考虑，我们通常会把.jsp 文件放在 WEB-INF 目录下，使用 InternalResourceViewResolver 可以很好地解决这个问题。

在 Spring MVC 框架配置文件里有上述配置信息。例如，项目 MemMana7_ssm 的 Spring MVC 配置文件 src/config/springmvc.xml 的代码如下：

```
<beans xmlns="http://www.springframework.org/schema/beans"
    xmlns:xsi=http://www.w3.org/2001/XMLSchema-instance
    xmlns:mvc="http://www.springframework.org/schema/mvc"
    xmlns:context="http://www.springframework.org/schema/context"
    xmlns:aop=http://www.springframework.org/schema/aop
    xmlns:tx="http://www.springframework.org/schema/tx"
    xsi:schemaLocation="http://www.springframework.org/schema/beans
        http://www.springframework.org/schema/beans/spring-beans-3.2.xsd
        http://www.springframework.org/schema/mvc
        http://www.springframework.org/schema/mvc/spring-mvc-3.2.xsd
        http://www.springframework.org/schema/context
        http://www.springframework.org/schema/context/spring-context-3.2.xsd
        http://www.springframework.org/schema/aop
        http://www.springframework.org/schema/aop/spring-aop-3.2.xsd
        http://www.springframework.org/schema/tx
        http://www.springframework.org/schema/tx/spring-tx-3.2.xsd ">
    <!-- 控制器Controller组件扫描 -->
    <context:component-scan base-package="com.memmana.controller" />
    <!-- 注解驱动，实质上是加载处理注解的映射器和适配器 -->
    <mvc:annotation-driven />
    <!-- 将静态文件(即非动态页文件)指定到某个特殊的文件夹中统一处理 -->
    <mvc:resources location="/css/" mapping="/css/**"/>
    <mvc:resources location="/js/" mapping="/js/**"/>
    <mvc:resources location="/images/" mapping="/images/**"/>
    <mvc:resources location="/upload/" mapping="/upload/**"/>
    <!-- 配置JSP视图解析器-->
    <bean class="org.springframework.web.servlet.view.InternalResourceViewResolver">
        <property name="viewClass" value="org.springframework.
                                                        web.servlet.view.JstlView"/>
        <!-- 视图文件地址前缀 -->
        <!-- <property name="prefix" value="/WEB-INF/jsp/" /> -->
        <!-- 视图文件地址后缀 -->
        <property name="suffix" value=".jsp" />
```

```
    </bean>
    <!-- 设置multipartResolver才能完成文件上传 -->
    <bean id="multipartResolver" class="org.springframework.web.
                            multipart.commons.CommonsMultipartResolver">
        <property name="maxUploadSize" value="5000000"></property>
    </bean>
</beans>
```

启动 Tomcat 时，可以看到控制台中有对已部署的 Spring MVC 项目的配置文件的解析信息。

7.2 Spring MVC 框架工作原理

7.2.1 Spring MVC API

Spring MVC 主要 API 如下：

(1) webmvc jar 包提供了前端控制器 DispatcherServlet、内部资源视图解析器 InternalResourceViewResolver、JstlView 和控制器接口 Controller；

(2) web jar 包提供了路径请求映射注解类 requestMapping 等；

(3) context jar 包提供了控制器注解类@Controller 和模型接口 Model。

Spring MVC 主要 API 如图 7.2.1 所示。

spring4.1.3
- spring-webmvc-4.1.3.RELEASE.jar
  - org.springframework.web.servlet
    - DispatcherServlet.class
      - DispatcherServlet
    - ModelAndView.class
      - ModelAndView
  - org.springframework.web.servlet.view
    - InternalResourceViewResolver.class
      - InternalResourceViewResolver
    - JstlView.class
      - JstlView
  - org.springframework.web.servlet.mvc
    - Controller.class
      - Controller
- spring-web-4.1.3.RELEASE.jar
  - org.springframework.web.bind.annotation
    - RequestMapping.class 请求映射注解类
      - RequestMapping
    - ResponseBody.class Ajax响应注解类
      - ResponseBody
    - RequestParam.class 请求参数注解类
      - RequestParam
- spring-context-4.1.3.RELEASE.jar
  - org.springframework.stereotype
    - Controller.class 控制器注解类
      - Controller
  - org.springframework.ui
    - Model.class 模型接口
      - Model

图 7.2.1 Spring MVC 框架的主要类与接口

1. 模型接口 Model 与模型视图类 ModelAndView

模型接口与模型视图类，如图 7.2.2 所示。

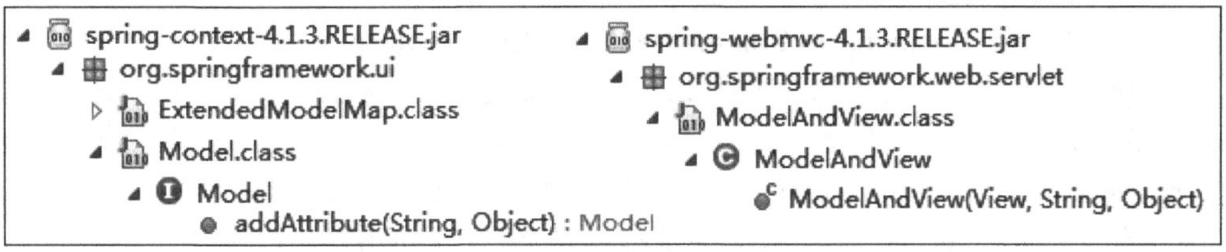

spring-context-4.1.3.RELEASE.jar
org.springframework.ui
ExtendedModelMap.class
Model.class
Model
addAttribute(String, Object) : Model
spring-webmvc-4.1.3.RELEASE.jar
org.springframework.web.servlet
ModelAndView.class
ModelAndView
ModelAndView(View, String, Object)

图 7.2.2　模型接口与模型视图类

注意：接口 Controller 的方法 handleRequest(HttpServletRequest,HttpServletresponse)的返回值类型是 ModelAndView。

2. 视图解析器类 ViewResolver

ViewResolver，顾名思义，视图解析器，它可以根据.xml 里配置的视图资源的路径前缀和文件格式后缀找到用户想要的具体视图文件，比如.html、.jsp 等。

7.2.2　Spring MVC 控制器及其注解

在 Spring MVC 项目开发时，使用注解@Controller 对控制器进行注解，使用@RequestMapping("")对控制器内的方法进行注解，其作用是处理客户提交的 Request 并生成相对应的视图且返回到视图模板。

在使用@RequestMapping 后，方法的返回值通常解析为跳转(转发或重定向)路径，而加上@responsebody 后，返回结果不会被解析为跳转路径。

Spring MVC 集成了 Ajax，一般在异步获取数据时使用，使用非常方便，只需一个注解@ResponseBody 就可以实现。方法使用注解@ResponseBody 后，就会将返回值(或对象)经过适当的 HttpMessageConverter 转换为指定格式后，输出到页面。

使用 DAO 模式设计时，通过使用注解@Autowired 来注入其它层创建的对象。

注意：

(1) 经@ResponseBody 注解的方法的返回值的数据格式，默认为 json 格式。

(2) Struts 2 拦截器集成了 Ajax，在 Action 中处理时一般必须安装插件或者自己编写代码将其集成进去，但使用起来相对不方便。

7.2.3　Spring MVC 工作原理

Spring MVC 处理 HTTP 请求的大致过程如下。

初始化 DispatcherServlet 时，该框架在 Web 应用程序中并在那里定义相关的 Beans，重写在全局中定义的任何 Beans，像前面 web.xml 中的代码那样。

(1) DispatcherSevlet 是 Spring 提供的前端控制器，一旦 HTTP 请求到来，将由它进行统一分发。

(2) 在 DispatcherServlet 将请求分发至 Spring Controller 之前，需要借助于 Spring 提供的 HandlerMapping 定位到具体的 Controller。HandlerMapping 是一种能够完成客户请求到 Controller 之间映射的对象。在 Struts 中，这种映射是通过配置文件完成的。其中，Spring 为 Controller 接口提供了若干实现，例如 Spring 默认使用的 BeanNameUrlHandlerMapping。此外，

还有 SimpleUrlHandlerMapping 和 CommonsPathMapHandlerMapping 等。

(3) Spring Controller 处理来自 DispatcherServlet 的请求，类似于 Struts 的 Action，能够接收 HttpServletRequest 和 HttpServletResponse。Spring 为 Controller 接口提供了若干实现类，位于 org.springframework.web.servlet.mvc 包中。由于 Controller 需要为并发用户处理上述请求，因此实现 Controller 接口时，必须保证线程安全并且可重用。

(4) 一旦 Controller 处理完客户请求，则返回 ModelAndView 对象给 DispatcherServlet 前端控制器。ModelAndView 包含了模型(Model)和视图(View)。从宏观角度考虑，DispatcherServlet 是整个 Web 应用的控制器；从微观角度考虑，Controller 是单个 HTTP 请求处理过程中的控制器，而 ModelAndView 是 HTTP 请求过程中返回的模型和视图。前端控制器返回的视图可以是视图的逻辑名，或者实现了 View 接口的对象。View 对象能够渲染客户响应结果。其中，ModelAndView 中的模型能够供渲染 View 时使用。借助于 Map 对象能够存储模型。

(5) 如果 ModelAndView 返回的视图只是逻辑名，则需要借助 Spring 提供的视图解析器(ViewResoler)在 Web 应用中查找 View 对象，由 DispatcherServlet 将 View 对象渲染出的结果返回给客户。

在 Spring MVC 开发中，必须掌握它与 Struts 在获取请求参数方面的区别。

(1) Spring MVC 是方法级别的拦截，拦截到方法后根据参数上的注解，把请求数据注入到方法里。每个方法对应一个请求上下文，并与一个 URL 相对应。

(2) Struts 2 框架是类级别的拦截，对每次的请求就创建一个 Action，然后调用 setter/getter 方法把请求数据注入到 Action，即 Struts 2 是通过 setter/getter 方法与请求对象交互的，一个 Action 对象对应一个请求上下文。

(3) Spring MVC 的方法之间基本上是独立的，独享请求与响应数据 (即方法之间不共享变量)，请求数据通过参数获取，处理结果通过 ModelMap 交回给 Spring MVC 框架。

7.3 Spring MVC 文件上传与 Ajax

7.3.1 Spring MVC 文件上传

在第 3 章和第 4 章，我们分别介绍了 Servlet 和 Struts 实现的文件上传功能。Spring MVC 的文件上传功能的实现，比前面的更加简单。Spring MVC 对文件上传支持的包如图 7.3.1 所示。

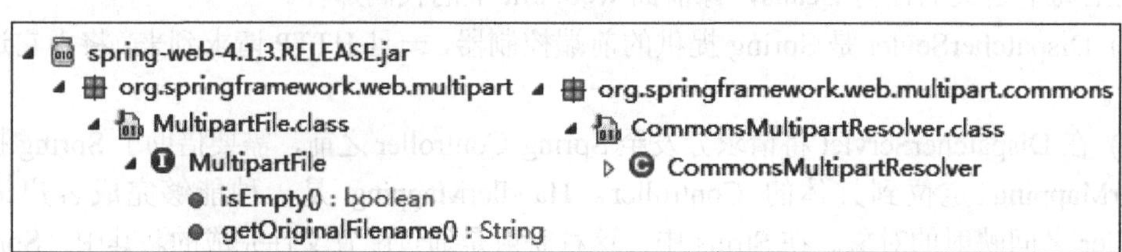

图 7.3.1 Spring MVC 文件上传支持包

在项目 MemMana7_jdbc 的控制器 MemberController 的用户注册方法 register 里，包含了多文件上传的实现，该方法完整的代码如下：

```
// 包含多文件上传的用户注册
@RequestMapping(value="/register", method=RequestMethod.POST)
public String register(User user,@RequestParam("attachs") MultipartFile[] attachs,
                                HttpSession session, Model model) throws Exception {
    String realpath = session.getServletContext().getRealPath("/upload");
    //System.out.println(realpath);
    for(MultipartFile attach:attachs) {
        if(attach.isEmpty()) continue;  //未选择上传文件时
        System.out.println(attach.getOriginalFilename());
        File f = new File(realpath+"/"+attach.getOriginalFilename());
        FileUtils.copyInputStreamToFile(attach.getInputStream(),f);
    }
    if ("".equals(user.getUsername()) || "".equals(user.getPassword())) {
        model.addAttribute("message", "用户名和密码不能为空!");
        return "message";
    } else {
        String sql = "select * from user where username=?";
        ResultSet rs = MyDb.getMyDb().query(sql, user.getUsername());
        if (rs.next()) {
            model.addAttribute("message","该用户名已经存在!");
            return "message";
        } else {
            Object[] objects = new Object[] { user.getUsername(), user.getPassword(),
                                user.getRealname(),user.getMobile(), user.getAge() };
            MyDb.getMyDb().cud("insert into user (username,password,realname,
                                        mobile,age) values(?,?,?,?,?)", objects);
            model.addAttribute("message", "注册成功！ ");
            return "message";
        }
    }
}
```

注意：方法里参数 Model model 可以用 HtppServletRequest request 代替，它们都用于转发数据。

此外，还需在 Spring 配置文件里编写如下代码：

```
<bean id="multipartResolver" class="org.springframework.web
                                .multipart.commons.CommonsMultipartResolver">
    <property name="maxUploadSize" value="5000000"></property>
```

```
</bean>
```

Spring MVC 项目注册时，含有文件(附件)上传功能，效果如图 7.3.2 所示。

http://localhost:8080/MemMana7_jdbc/mRegister.jsp
会员名称：
会员真名：
会员密码：
电话号码：
年 龄：
附件1： 浏览...
附件2： 浏览...
注册

图 7.3.2 Spring MVC 文件上传效果

7.3.2 Spring MVC 处理 Ajax 请求

Spring 使用了 Jackson 类库，帮助我们在 Java 对象和 JSON、XML 数据之间进行转换。可以将控制器返回的对象直接转换成 JSON 数据，供客户端使用。客户端可以传送 JSON 数据到服务器，直接进行转换。

在项目 MemMana7_jdbc 里，管理员登录控制器 AdminController 的方法 adminLogin 用于处理 Ajax 请求。方法完整的代码如下：

```
@RequestMapping("/adminLogin")
@ResponseBody
//声明为Ajax方法调用，默认使用JSON数据格式，需要三个jackson jar包支持
public Map<String, Object> adminLogin(String pw,
                                        HttpSession session) throws Exception{
    Map<String, Object> result = new HashMap<String, Object>();
    String sql="select * from admin where   pwd=md5(?)";
    ResultSet rs = MyDb.getMyDb().query(sql, pw);
    if(rs.next()){
        session.setAttribute("admin",rs.getString(1));   //会话跟踪
        result.put("success", true);
    }else{
        result.put("msg", "密码错误!");
        result.put("success", false);    //可去
    }
    System.out.println(result);   //测试
     return result;    //返回JSON格式数据
}
```

WEB-INF/adminLogin.jsp 页面的主要代码如下：

```
<script type="text/javascript" src="js/jquery-1.10.2.min.js"></script>
<script type="text/javascript">
    $(document).ready(function(){
        $("#submit").click(function(){
            var pwd = $("#pwd").val();
            $.ajax({
                url: "adminLogin",   //与控制器程序AdminController.java
                data: {
                    pw : pwd
                },
                success: function(data){
                    if(data.success){
                        location.href='adminIndex';
                    }else{
                        window.alert(data.msg); //异步通信、弹警告框
                    }
                }
            });
        });
    });
</script>
<div class="main">
    请输入管理员密码:
    <input type="password" id="pwd" value="admin">
    <input id="submit" type="button" value="提交"></div>
```

当密码输入错误时，弹出警告框但不清除屏幕，效果参见图 4.5.2。

使用 Spring MVC 功能的项目，参见本章实验项目 MemMana7_jdbc。

7.4　SSM 整合的会员管理项目 MemMana7_ssm

7.4.1　项目整体设计

Spring MVC 与 Spring 是同一公司开发的两种不同类型的框架，其作用不同。如今，企业开发广泛使用 Spring 整合 Spring MVC 和 MyBatis(以下简称 SSM 整合)，架构 Spring

+Spring MVC +MyBatis，相当于以前的 Spring +Struts+ Hibernate(即 SSH 整合)。两种架构方式的共同点是使用 Spring 创建与管理各层使用的对象；不同点是前端框架与数据库框架不同。并且，SSM 使用扫描注解的方式来创建和注入对象。

使用 SSM 整合开发的会员管理项目 MemMana7_ssm 的文件系统如图 7.4.1 所示。

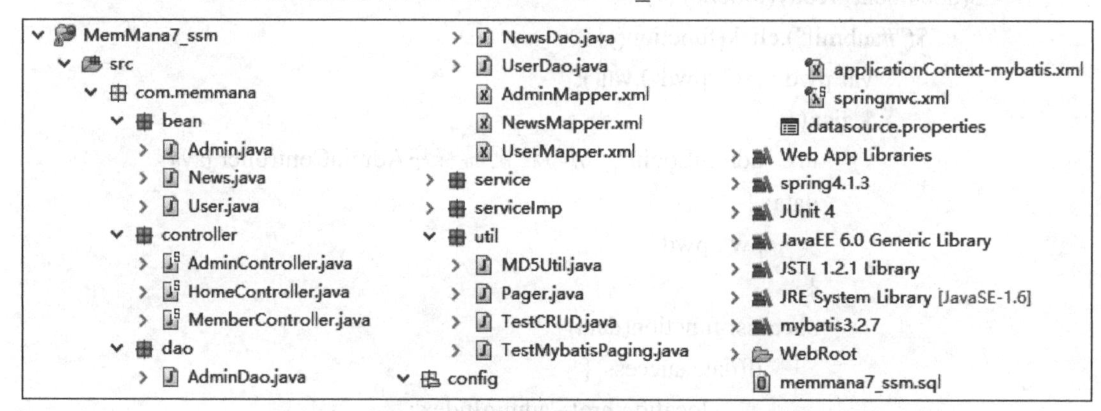

图 7.4.1　项目 MemMana7_ssm 文件系统

显然，系统代码进行了分层架构。文件夹 src 内的 Java 代码，分布在 7 个 package 包里，其作用如下。

(1) com. memmana.util：存放工具类，如通用的数据库访问类。

(2) com. memmana.bean：存放项目的实体类。

(3) com. memmana.dao：存放数据访问层接口。

(4) com. memmana.daoImp：存放数据访问层接口实现类。

(5) com. memmana.service：存放业务层接口。

(6) com. memmana.serviceImpl：存放服务接口实现类。

(7) com.memmana.controller：存放项目控制器类。

为了实现 Spring 整合 MyBatis，需要下载相应的整合包，对应于 WEB-INF/lib 里的文件 mybatis-spring-1.2.2.jar。

项目配置文件 WebRoot/WEB-INF/**web.xml** 包含了对 Spring MVC 配置文件的使用，其代码如下：

```
<?xml version="1.0" encoding="utf-8"?>
<web-app xmlns:xsi="http://www.w3.org/2001/XMLSchema-instance"
    xmlns=http://java.sun.com/xml/ns/javaee
    xmlns:web="http://java.sun.com/xml/ns/javaee/web-app_2_5.xsd"
    xsi:schemaLocation="http://java.sun.com/xml/ns/javaee
            http://java.sun.com/xml/ns/javaee/web-app_3_0.xsd"
    id="WebApp_ID" version="3.0">
    <servlet>
        <servlet-name>springmvc</servlet-name>
        <servlet-class>org.springframework.web.servlet.DispatcherServlet</servlet-class>
        <init-param>
```

```
            <param-name>contextConfigLocation</param-name>
            <param-value>classpath:config/springmvc.xml</param-value>
        </init-param>
        <load-on-startup>1</load-on-startup>
    </servlet>
    <servlet-mapping>
        <servlet-name>springmvc</servlet-name>
        <url-pattern>/*</url-pattern>
    </servlet-mapping>
    <filter>
        <filter-name>CharacterFilter</filter-name>
        <filter-class>org.springframework.web.filter.CharacterEncodingFilter</filter-class>
        <init-param>
            <param-name>encoding</param-name>
            <param-value>utf-8</param-value>
        </init-param>
     </filter>
     <filter-mapping>
            <filter-name>CharacterFilter</filter-name>
            <url-pattern>/*</url-pattern>
     </filter-mapping>
     <welcome-file-list>
          <welcome-file>default.jsp</welcome-file>
     </welcome-file-list>
</web-app>
```

Spring MVC 配置文件 src/config/springmvc.xml 包含了对 Spring 配置文件的使用，其代码如下：

```
<beans xmlns="http://www.springframework.org/schema/beans"
    xmlns:xsi=http://www.w3.org/2001/XMLSchema-instance
    xmlns:mvc="http://www.springframework.org/schema/mvc"
    xmlns:context="http://www.springframework.org/schema/context"
    xmlns:aop=http://www.springframework.org/schema/aop
    xmlns:tx="http://www.springframework.org/schema/tx"
    xsi:schemaLocation="http://www.springframework.org/schema/beans
        http://www.springframework.org/schema/beans/spring-beans-3.2.xsd
        http://www.springframework.org/schema/mvc
        http://www.springframework.org/schema/mvc/spring-mvc-3.2.xsd
```

```
        http://www.springframework.org/schema/context
        http://www.springframework.org/schema/context/spring-context-3.2.xsd
        http://www.springframework.org/schema/aop
        http://www.springframework.org/schema/aop/spring-aop-3.2.xsd
        http://www.springframework.org/schema/tx
        http://www.springframework.org/schema/tx/spring-tx-3.2.xsd ">
    <!--引入Spring配置文件 -->
    <import resource="classpath:config/applicationContext-mybatis.xml"/>
    <!--组件扫描 -->
    <context:component-scan base-package="com.memmana"/>
    <!-- 注解驱动，实质上是加载处理注解的映射器和适配器 -->
    <mvc:annotation-driven />
    <!-- 将静态文件(即非动态页文件)指定到某个特殊的文件夹中统一处理 -->
    <mvc:resources location="/css/" mapping="/css/**"/>
    <mvc:resources location="/js/" mapping="/js/**"/>
    <mvc:resources location="/images/" mapping="/images/**"/>
    <mvc:resources location="/upload/" mapping="/upload/**"/>
    <mvc:resources location="/admin/" mapping="/adminIndex0.html"/>
    <!-- 配置JSP视图解析器-->
    <bean class="org.springframework.web.servlet.view.InternalResourceViewResolver">
        <!--Java标准标签JSTL设计的视图解析-->
        <property name="viewClass" value="org.springframework.web.servlet
                                                                .view.JstlView"/>
        <!-- 视图文件地址前缀 -->
        <!-- <property name="prefix" value="/WEB-INF/jsp/" /> -->
        <!-- 视图文件地址后缀 -->
        <property name="suffix" value=".jsp" />
    </bean>
    <!-- 设置multipartResolver才能完成文件上传 -->
    <bean id="multipartResolver" class="org.springframework.web
                                    .multipart.commons.CommonsMultipartResolver">
        <property name="maxUploadSize" value="5000000"></property>
    </bean>
</beans>
```

由于 Spring 与 Spring MVC 是无缝集成，因此，SSM 整合实际上是 Spring 整合 MyBatis。本项目的 Spring 配置文件 WebRoot/WEB-INF/ applicationContext-mybatis.xml 的代码如下：

```
<?xml version="1.0" encoding="utf-8"?>
<beans xmlns="http://www.springframework.org/schema/beans"
```

```
xmlns:tx="http://www.springframework.org/schema/tx"
xmlns:xsi="http://www.w3.org/2001/XMLSchema-instance"
xmlns:p="http://www.springframework.org/schema/p"
xsi:schemaLocation="http://www.springframework.org/schema/beans
                http://www.springframework.org/schema/beans/spring-beans-3.1.xsd
                http://www.springframework.org/schema/tx
                http://www.springframework.org/schema/tx/spring-tx-3.1.xsd">
<!-- 加载数据源特性文件 -->
<context:property-placeholder location="classpath:datasource.properties" />
<!-- 创建数据源对象 -->
<bean id="dataSource" class="org.apache.commons.dbcp.BasicDataSource"
                                        destroy-method="close">
    <property name="driverClassName" value="${jdbc.driver}" />
    <property name="url" value="${jdbc.url}" />
    <property name="username" value="${jdbc.username}" />
    <property name="password" value="${jdbc.password}" />
</bean>
<!--定义数据库会话层对象，并注入数据源对象 -->
<bean id="sqlSessionFactory" class="org.mybatis.spring.SqlSessionFactoryBean">
    <property name="dataSource" ref="dataSource" />
    <!-- 定义映射文件结果类型的别名 -->
    <property name="typeAliasesPackage" value="com.memmana.bean"/>
    <!-- 映射文件位置 -->
    <property name="mapperLocations"
                        value="classpath:com/memmana/dao/*Mapper.xml"/>
    <property name="plugins"> <!-- 分页插件PageHelper -->
        <array>
            <bean class="com.github.pagehelper.PageHelper">
                <property name="properties">
                    <value>
                        dialect=mysql
                    </value>
                </property>
            </bean>
        </array>
    </property>
</bean>
<!-- MyBatis映射扫描配置 -->
<bean class="org.mybatis.spring.mapper.MapperScannerConfigurer">
```

```
            <property name="basePackage" value="com.memmana.dao" />
            <property name="sqlSessionFactoryBeanName" value="sqlSessionFactory"/>
        </bean>
</beans>
```

注意：

(1) 本项目所使用数据源为 org.apache.commons.dbcp.BasicDataSource，对应于 WEB-INF/lib 里的文件 commons-dbcp-1.4.jar，这与以前的 SSH 整合项目不同。

(2) Spring 配置文件里，包含了对分页插件 PageHelper 的引用。PageHelper 组件对应于 WEB-INF/lib 里的 pagehelper-4.0.0.jar 和 pagehelper-4.0.0-javadoc.jar。

(3) 只使用 Spring MVC 功能的项目 MemMana7_jdbc(见本章实验)，没有使用 Spring 的 DI 功能。

(4) Spring 也可整合 Spring MVC 和 Hibernate。

SSM 整合项目是否成功，可以通过 Spring 单元测试来检测。一个示例代码文件如下：HomeController.java 的代码如下：

```
package com.memmana.util;
import java.util.List;
import org.junit.Test;
import org.junit.runner.RunWith;
import org.springframework.beans.factory.annotation.Autowired;
import org.springframework.test.context.ContextConfiguration;
import org.springframework.test.context.junit4.SpringJUnit4ClassRunner;
import com.memmana.bean.News;
import com.memmana.bean.User;
import com.memmana.controller.HomeController;
import com.memmana.dao.NewsDao;
import com.memmana.dao.UserDao;
import com.memmana.service.UserService;
@RunWith(SpringJUnit4ClassRunner.class) // Spring单元测试
@ContextConfiguration({"classpath*:config/springmvc.xml"}) // 加载配置
//@ContextConfiguration({"classpath*:config/applicationContext.xml"}) // 加载配置
public class TestCRUD {
    @Autowired
    private UserDao userDao;
    @Test
    public void testGetOneUser() {
        User users =    userDao.queryUserByUserNameAndPassword("cr", "cr");
        System.out.println(users); // 输出对象
    }
    @Autowired
```

```
    private NewsDao newsDao;
    @Test
    public void testNewsDao(){
        List<News> queryAllNews = newsDao.queryAllNews();    //测试Dao层
        System.out.println(queryAllNews);
    }
    @Autowired
    //需要加载Spring MVC配置文件，因为它调用Spring配置文件
    //Spring MVC定义了组件扫描包，Spring能创建和管理具有注入关系的不同层的对象
    private UserService userService;
    @Test
    public void testGetOneUserService() {   //测试服务层
        User users =    userService.queryUserByUserNameAndPassword("cr", "cr");
        System.out.println(users); // 输出对象
    }
    @Autowired
    private HomeController homeController; //测试控制层
    @Test
    public void testHomeController() {
        System.out.println(homeController.getClass()); //输出类名(含包名)
    }
}
```

7.4.2　项目主页控制器详细设计

项目主页对应的控制器 HomeAction，使用注解方式注入了一个服务层对象，对应的文件 HomeController.java 的代码如下：

```
package com.memmana.controller;
import java.util.List;
import javax.annotation.Resource;
import org.springframework.stereotype.Controller;
import org.springframework.ui.Model;
import org.springframework.web.bind.annotation.RequestMapping;
import com.memmana.bean.News;
import com.memmana.service.NewsService;
@Controller
public class HomeController {
    @Resource
    private NewsService newsService;    //注解注入
```

```
    @RequestMapping({"", "/", "/index" })
    public String index(Model model) {
        List<News> news = newsService.queryAllNews();
        model.addAttribute("newsList", news);
        return "index";
    }
}
```

服务接口 NewsService.java 的代码如下：

```
package com.memmana.service;
import java.util.List;
import com.memmana.bean.News;
public interface NewsService{
    List<News> queryAllNews();    //查询所有新闻
}
```

服务层对象 newsService 对应的实现类文件 NewsServiceImp.java 的代码如下：

```
package com.memmana.serviceImp;
import java.util.List;
import org.springframework.beans.factory.annotation.Autowired;
import org.springframework.stereotype.Service;
import com.memmana.bean.News;
import com.memmana.dao.NewsDao;
import com.memmana.service.NewsService;
@Service
public class NewsServiceImpl implements NewsService {
    @Autowired
    private NewsDao newsDao; // 注解注入
    @Override
    public List<News> queryAllNews() {
        return newsDao.queryAllNews();
    }
}
```

注意：服务层实现类使用@Service 注解，也可用@Component 代替。

DAO 层接口文件 NewsDao.java 的代码如下：

```
package com.memmana.dao;
import java.util.List;
import com.memmana.bean.News;
public interface NewsDao {
    public List<News> queryAllNews();     //此处方法名要求与映射文件中的id一致！
```

```
};
```

对应于上面接口 NewsDao 的映射文件 NewsMapper.xml 的代码如下：

```
<?xml version="1.0" encoding="UTF-8" ?>
<!DOCTYPE mapper
  PUBLIC "-//mybatis.org//DTD Mapper 3.0//EN"
  "http://mybatis.org/dtd/mybatis-3-mapper.dtd">
<!--指定属性namespace实现SQL id与Dao接口里方法名的关联 -->
<mapper namespace="com.memmana.dao.NewsDao">
    <select id="queryAllNews" resultType="News">
        select * from news order by contentTitle asc
    </select>
</mapper>
```

注意：

(1) 在 SSH 里，要写接口实现类文件 NewsDaoImp.java。

(2) 在 SSM 里，通过 DAO 层接口名与 SQL id 名相同的机制来映射。

7.4.3　分页组件 PageHelper 的使用

在 SSM 整合的项目里，为了实现对 MySQL 数据库的分页功能，需要下载第三方提供的分页组件 PageHelper。一个使用 PageHelper 组件的示例代码如下：

```
import org.junit.Test;
import org.junit.runner.RunWith;
import org.springframework.beans.factory.annotation.Autowired;
import org.springframework.test.context.ContextConfiguration;
import org.springframework.test.context.junit4.SpringJUnit4ClassRunner;
import com.github.pagehelper.PageHelper; //
import com.github.pagehelper.PageInfo;   //
import com.memmana.bean.News;
import com.memmana.dao.NewsDao;
@RunWith(SpringJUnit4ClassRunner.class) // Spring单元测试
@ContextConfiguration("classpath*:config/applicationContext-mybatis.xml") // 加载配置
public class TestMybatisPaging {
    @Autowired
    private NewsDao newsDao;
    @Test
    public void testNewsDaoWithPaging (){
        //分页设置：第1参数为当前页，第2参数为页大小(每页记录数)
        PageHelper.startPage(1, 2);
        //获取分页对象pageInfo
```

```
        PageInfo<News> pageInfo = new PageInfo<News>(newsDao.queryAllNews());
        for (News news : pageInfo.getList()) {   //遍历List集合
            System.out.println(news);
        }
        System.out.println(pageInfo.getPageNum());   //获取当前页
        System.out.println(pageInfo.getTotal());   //获取总记录数
    }
}
```

7.4.4 项目会员控制器详细设计

会员控制器 MemberAction 提供了会员登录、注册和信息修改等常用功能，对应的文件 HomeController.java 的代码如下：

```
package com.memmana.controller;
import java.io.File;
import javax.servlet.http.HttpServletRequest;
import javax.servlet.http.HttpServletResponse;
import javax.servlet.http.HttpSession;
import org.apache.commons.io.FileUtils;
import org.springframework.beans.factory.annotation.Autowired;
import org.springframework.stereotype.Controller;
import org.springframework.ui.Model;
import org.springframework.web.bind.annotation.RequestMapping;
import org.springframework.web.bind.annotation.RequestMethod;
import org.springframework.web.bind.annotation.RequestParam;
import org.springframework.web.multipart.MultipartFile;
import com.memmana.bean.User;
import com.memmana.service.UserService;
@Controller
public class MemberController {
    @Autowired
    private UserService userService;
    @RequestMapping("/login")
    public String login(String username, String password,
            HttpSession session, Model model) throws Exception {
        User user = userService.queryUserByUserNameAndPassword(username, password);
        if (user != null) {
            session.setAttribute("username", username); // 会话属性设置
            return "redirect:/index";
```

```
        } else {
            model.addAttribute("message", "用户名和密码错误!");
            return "message";
        }
    }
    @RequestMapping(value = "/register", method = RequestMethod.POST)
    public String register(User user,@RequestParam("attachs") MultipartFile[] attachs,
                                    HttpSession session, Model model) throws Exception {
        String realpath = session.getServletContext().getRealPath("/upload");
        for(MultipartFile attach : attachs) {
            if(attach.isEmpty()) continue;
            System.out.println(attach.getOriginalFilename());
            File f = new File(realpath+"/"+attach.getOriginalFilename());
            FileUtils.copyInputStreamToFile(attach.getInputStream(),f);
        }
        if ("".equals(user.getUsername()) || "".equals(user.getPassword())) {
            model.addAttribute("message", "用户名和密码不能为空!");
            return "message";
        } else {
            User tempUser = userService.queryUserByUsername(user.getUsername());
            if (tempUser != null) { // rs!=null
                model.addAttribute("message", "该用户名已经存在!");
                return "message";
            } else {
                userService.add(user);
                model.addAttribute("message", "注册成功！");
                return "message"; // 转向控制
            }
        }
    }
    @RequestMapping("/mUpdate")
    public String mUpdate(HttpSession session, Model model) throws Exception{
        String un=(String)session.getAttribute("username");
        if(null==un){
            return "redirect:index";
        }else{
            User user = userService.queryUserByUsername(un);
            model.addAttribute(user);
        }
```

```
        return "mUpdate";
    }
    @RequestMapping("/updateMem")
    public String updateMem(User user, HttpServletRequest request,
                                                    HttpServletResponse resp){
        try {
            String username = (String)request.getSession().getAttribute("username");
            user.setUsername(username);
            userService.update(user);
        } catch (Exception e) {
            e.printStackTrace();
        }
        return "redirect:/index";
    }
    @RequestMapping(value="/logout", method=RequestMethod.GET)
    public String logout(HttpSession session, HttpServletResponse resp) throws Exception{
        session.invalidate();   //让会话信息失效就是登出
        return "redirect:/index";
    }
}
```

实现管理员功能使用的控制器是 AdminContoller，它定义了 adminLogin、memInfo 和 memDelete 三个方法。其中，会员登录方法 adminLogin 为 Ajax 方法，会员信息显示方法 memInfo 和会员删除方法 memDelete 使用了分页功能。

管理员控制器文件 AdminController.java 的代码如下：

```
package com.memmana.controller;
import java.util.HashMap;
import java.util.Map;
import javax.servlet.http.HttpServletRequest;
import javax.servlet.http.HttpSession;
import org.springframework.beans.factory.annotation.Autowired;
import org.springframework.stereotype.Controller;
import org.springframework.web.bind.annotation.RequestMapping;
import org.springframework.web.bind.annotation.RequestParam;
import org.springframework.web.bind.annotation.ResponseBody;
import com.memmana.bean.Admin;
import com.memmana.bean.Pager;
import com.memmana.bean.User;
import com.memmana.service.AdminService;
```

```
import com.memmana.service.UserService;
import com.memmana.util.MD5Util;
@Controller
public class AdminController {
    @Autowired
    private AdminService adminService;  //注入服务层对象
    @Autowired
    private UserService userService;  //注入服务层对象
    @RequestMapping(value = "/adminLogin")
    @ResponseBody
    public Map<String, Object> adminLogin(String pw,
                                          HttpSession session)    throws Exception {
        Map<String, Object> result = new HashMap<String, Object>();
        Admin admin = adminService.queryAdminByUsername("admin");
        if (MD5Util.MD5(pw).equalsIgnoreCase(admin.getPassword())) {
            session.setAttribute("admin", admin.getUsername());
            result.put("success", true);
        } else {
            result.put("msg", "密码错误!");
            result.put("success", false);
        }
        return result; // 返回JSON格式数据
    }
    @RequestMapping("/adminIndex")
    public String adminIndex() {
        return "admin/adminIndex";
    }
    @RequestMapping("/memInfo")
    public String memInfo(@RequestParam(value = "p", defaultValue = "1")
         Integer pageNum,HttpServletRequest request, HttpSession session) throws Exception {
        if ((String) session.getAttribute("admin") == null) {
             return "redirect:index";
        }
        Pager pager = userService.queryAllWithPage(pageNum, 2, request);
        request.setAttribute("pager", pager);
        return "admin/memInfo";
    }
    @RequestMapping("/memDelete")
    public String memDelete(@RequestParam(value = "p", defaultValue = "1")
            Integer pageNum,HttpServletRequest request, String username,
```

```
                                        HttpSession session)        throws Exception {
        if ((String) session.getAttribute("admin") == null) {
            return "redirect:index";   // 重定向
        }
        if (username != null) {
            User user = new User();
            user.setUsername(username);
            userService.delete(user);
        }
        Pager pager = userService.queryAllWithPage(pageNum, 2, request);
        request.setAttribute("pager", pager);
        return "admin/memDelete"; // 转发
    }
}
```

注意：上面程序里所使用的类 Pager 是一个封装了若干属性和方法(除了 get/set 之外)的实体类。

习　题　7

一、判断题

1. Spring MVC 控制器方法的返回值必须是 String 类型。
2. Spring MVC 里的 Model 和 ModelAndView 都是接口。
3. Spring MVC 项目的配置文件 web.xml 包含了对 Spring MVC 配置文件的调用。
4. 在 Spring MVC 中，使用 Model 或 HttpServeltRequest 对象向 JSP 页面传值等效。
5. @Controller 只能作为控制器注解。

二、选择题

1. 在 Spring MVC API 里，下列设计为接口的选项是____。
   A. ModelAndView　　B. DispatcherServlet
   C. JstlView　　D. Model
2. 设下面的 index 为转发的逻辑视图名，下列用法正确的是____。
   A. return　new ModelAndView("newsList","index",news);
   B. return　new ModelAndView("index","newsList",news);
   C. return　new ModelAndView("newsList",news",index");
   D. return　new ModelAndView("index",news,"newsList");
3. 为了实现异步获取数据，对 Controller 方法应使用____注解。
   A. @RequestBody　　B. @Responsebody
   C. @RequestParam　　D. @Controller
4. Spring MVC 项目使用@Autowired 或____实现注解方式注入 bean 对象。
   A. @Link　　B. @Controller　　C. @Service　　D. @Resource
5. 在分层架构的 Spring MVC 项目里，对 DAO 层实现类的注解一般使用____。
   A. @Controller　　B. @Service　　C. @Repository　　D. @Component

三、填空题

1. 在 Spring MVC 项目里，控制器名称习惯上使用的后缀是____。
2. 通常，控制器方法的返回值类型为 String 或____定义。
3. 当控制器方法返回值为 String 类型且包含数据转发时，该方法体内需要有____类型的对象。
4. 接口 Controller 的方法 handleRequest(HttpServletRequest,HttpServletresponse)的返回值类型是____。
5. 使用关键字@Autowired 或____实现 Spring 对象的注解注入。

实验 7　Spring MVC 框架的使用

一、实验目的

1. 掌握 Spring MVC 项目开发前的准备工作。
2. 掌握 Spring MVC 框架配置文件的编写方法。
3. 掌握使用 Spring MVC 框架的 Web 项目的配置文件 web.xml 的编写方法。
4. 掌握 Spring MVC 的文件上传方法。
5. 掌握 Spring MVC 项目里 Ajax 的使用方法。

二、实验内容及步骤

【预备】访问本课程上机实验网站 http://www.wustwzx.com/javaee，单击第 7 章实验的超链接，下载本章实验内容的源代码(含素材)并解压，得到文件夹 ch07。

(一) 分析使用 Spring　MVC+JDBC 实现的会员管理项目

(1) 在 MyEclipse 里导入项目 MemMana7_jdbc。

(2) 在 SQLyog 里运行项目里的 SQL 脚本，得到名为 MemMana7_jdbc 的数据库。

(3) 查看 Spring MVC 配置文件 src/config/springmvc.xml 的配置信息。

(4) 通过链接跟踪，查看项目配置文件 web.xml 里 Web 前端核心控制器的配置信息。

(5) 验证 WEB-INF/lib 下的三个 jackson 包对于使用 Ajax 技术实现的后台管理员登录(对应于页面 WEB-INF/adminLogin.jsp 和 AdmionController 控制器之 Ajax 方法 adminLogin)是必需的，且使用 JSON 数据格式。

(6) 验证控制器 HomeController 里两种方法的功能等效。

(7) 比较控制器 MemberController 里重定向与转发的用法区别。

(8) 查看控制器 MemberController 的用户注册方法里文件上传功能的实现代码。

(二) 分析 SSM 整合的会员管理项目

(1) 在 MyEclipse 里导入 Web 项目 MemMana7_ssm。

(2) 在 SQLyog 里运行项目里的 SQL 脚本，得到名为 MemMana7_ssm 的数据库。

(3) 查看 Spring 整合文件 src/config/applicationContext-mybatis.xml 的代码。

(4) 查看 Spring MVC 配置文件 src/config/springmvc.xml 的代码。

(5) 查看文件夹 WebRoot/WEB-INF/lib 里的整合包 mybatis-spring-1.2.2.jar。

(6) 查看查看文件夹 WebRoot/WEB-INF/lib 里的分页插件包 pagehelper-4.0.0.jar。。

(7) 对包 com.memmana/util 里的测试文件做单元测试。

(8) 做项目运行测试。

三、实验小结及思考

(由学生填写，重点写上机中遇到的问题。)

企业级 Java Bean 开发

EJB (enterprise JavaBean，企业 Java Bean)是 J2EE 的一部分，是用于分布式业务应用的标准服务器端组件模型。采用 EJB 架构的应用具有可伸缩、事务性和多用户安全的特点。EJB 为我们提供了很多在企业开发中需要的服务，如事务管理、安全、持久化和分布式等，这些服务由容器提供，大大减少了开发工作量。采用 EJB 编写的这些应用，可以部署在任何支持 EJB 规范的服务器平台，如 JBoss 和 WebLogic 等。本章学习要点如下：

- 掌握 EJB 的主要作用；
- 掌握 EJB 项目的工作原理；
- 掌握主要的 EJB API 的使用；
- 掌握开发 EJB 项目的一般步骤。

8.1 EJB 与分布式应用

8.1.1 EJB 概述

目前，项目都普遍采用 MVC 三层架构。没有使用 EJB 应用模式的应用框架如图 8.1.1 所示。

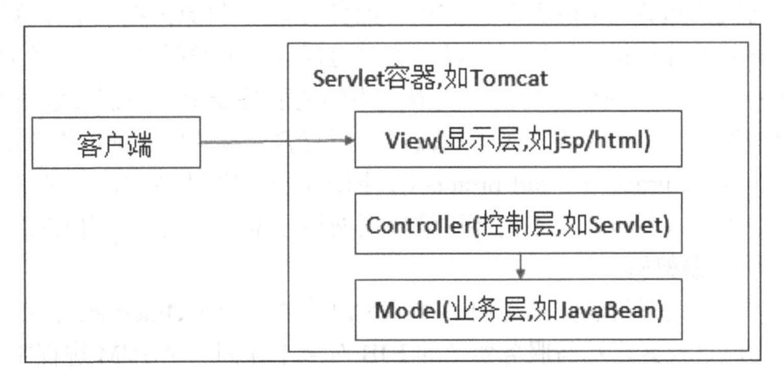

图 8.1.1　未使用 EJB 应用模式的应用框架

EJB 比较适合用于大型企业，因为大型企业一般会有多个信息系统，而这些信息系统又相互关联。为了避免业务功能的重复开发，实现最大限度的重用，有必要把业务层独立出来，让多个信息系统共享一个业务中心，这样应用就需要具备分布式能力。

8.1.2 分布式多层应用架构

EJB 的基础是 RMI，通过 RMI，J2EE 将 EJB 组件创建为远程对象。EJB 虽然用到了 RMI，但是只需要定义远程接口而无须实现，这样就将 RMI 技术细节屏蔽了。

这种将需要特定执行的类，放在 EJB 中并打包发送到服务器上，客户端通过 RMI 技术到服务器上调用，这样就实现了分布式调用。

使用了 EJB 应用模式的系统结构如图 8.1.2 所示。

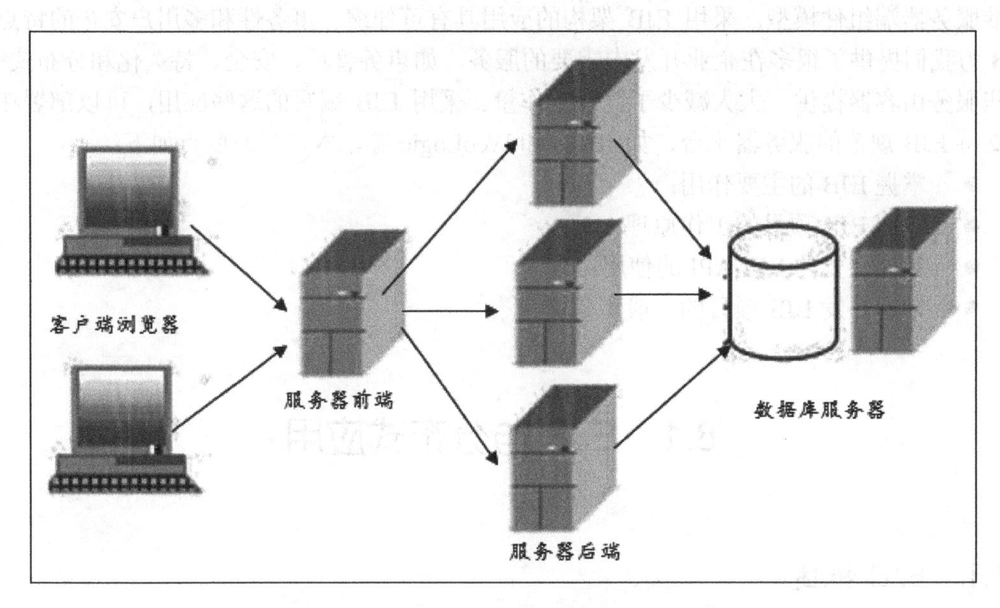

图 8.1.2 使用 EJB 实现分布式应用示意图

RMI 是将各种任务与功能的类放到不同的服务器上，然后通过各个服务器间建立的调用规则实现分布式的运算，实现所谓的 EJB “服务群集”。将原来在一个计算机上运算的几个类，分别放到其他计算机上去运行，以便分担运行这几个类所需要占用的 CPU 和内存资源。同时，也可以将不同的软件功能模块放到不同的服务器上，当需要修改某些功能的时候直接修改这些服务器上的类就行了，修改以后所有客户端的软件都被修改了。

RPC 协议(remote procedure call protocol)，即远程过程调用协议，它是一种通过网络从远程计算机程序上请求服务，而不需要了解底层网络技术的协议。采用 RPC 框架设计的系统属于客户机/服务器架构。

EJB 访问方式分为远程客户端访问、本地客户端访问和 WebService 客户端访问。所谓 EJB 的远程调用就是说客户端与服务器端的 EJB 对象不在同一个 JVM 进程中。本地客户端是说客户端与服务器端的 EJB 对象在同一个 JVM 进程中。

EJB 对象与普通的 Java 对象(使用 new 运算符)不同，它通过 JNDI 查找或者依赖注入创建。

EJB 项目之间可以相互调用。省略@Local，表示本地调用。

WebService 客户端可以访问无状态会话 Bean 的接口，只有在业务逻辑方法被标识为@WebMethod 的时候，WebService 客户端才可以被访问。

EJB 实际上是用于编写服务层代码的。多个信息系统共享业务层、组件级别的软件重用。

EJB 支持不同的客户端，只要少量代码，就可以让远程客户端访问到企业 Bean。

注意：如果你的应用不需要分布式能力，就完全没有必要使用 EJB，因为 Spring+Hibernate 提供了大部分原来只有 EJB 才有的服务，而且 Spring 提供的有些服务比 EJB 做得更细致、周到。

8.1.3 EJB 相关类

开发 EJB 项目，主要涉及注解类(如@Remote 等)和执行命名操作的初始上下文类 InitialContext，如图 8.1.2 所示。

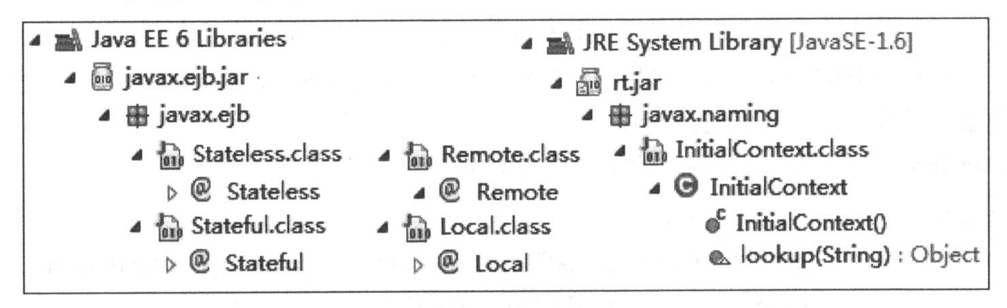

图 8.1.2　EJB 相关类

8.2 JNDI 与对象序列化

8.2.1 Java 命名与目录接口 JNDI

JNDI (Java naming and directory interface，Java 命名与目录接口) 是 SUN 公司提供的一种标准的 Java 命名系统接口，是一组在 Java 应用中访问命名和目录服务的 API。

命名服务(naming service)提供了一种为对象命名的机制，可以定位任何通过网络访问机器的对象，使用户无须知道对象位置就可以获取和使用对象。

JNDI 的几个基本概念如下。

- 绑定(binding)：名称和对象的一个关联。
- 上下文(context)：一级名称与对象的绑定；
- 命名空间(namespaces)：一个命名系统中所有名称的集合。

使用命名服务，首先要将对象在命名服务器里注册，然后用户就可以通过命名服务器的地址和该对象在命名服务器里注册的 JNDI 名找到、获得并引用该对象。

因为 JNDI 的实现产品有很多，所以 java.naming.factory.initial 的值因提供 JNDI 服务

器的不同而不同，java.naming.provider.url 的值包括提供命名服务的主机地址和端口号。

通过 JNDI 访问被绑定对象的步骤如下：

(1) 创建 Context 对象；

(2) 调用 Context 对象的方法来执行绑定、查找等操作；

(3) 关闭 Context。

JNDI 是一个应用程序设计的 API，为开发人员提供了查找和访问各种命名和目录服务的通用、统一的接口。现在，JNDI 已经成为 J2EE 的标准之一，所有的 J2EE 容器都必须提供一个 JNDI 服务。

JNDI 为开发人员提供了查找和访问各种命名和目录服务的通用、统一的方式，借助于 JNDI 提供的接口，能够定位用户、机器、网络、对象服务等。

通过 JNDI，我们可以把名称同 Java 对象或资源关联起来，可以使用通用接口访问不同种类的目录服务，而不必知道对象或资源的物理 ID，即 JNDI 与任何特定的命名或目录服务实现无关。因此，可以使用共同的方式对多种服务(包括新出现的和已经部署的服务)进行访问。

由管理者将 JNDI API 映射为特定的命名服务和目录服务系统，使得 Java 应用程序可以和这些命名服务和目录服务之间交互。

访问 Jboss 服务器会话 Bean 的实例代码如下：

```
Properties props = new Properties();
props.setProperty("java.naming.factory.initial", "org.jnp.interfaces.NamingContextFactory");
props.setProperty("java.naming.provider.url", "localhost:1099");
InitialContext ctx = new InitialContext(props);
HelloWorld helloworld = (HelloWorld) ctx.lookup("HelloWorldBean/remote");
```

注意：

(1) 如果建立 src\jndi.propertities，则 new InitialContext()默认使用它。

(2) 命名与目录服务主机名及默认端口分别是 localhost 和 1099。

(3) 目录服务是命名服务的一种自然扩展。在目录服务中，对象不但可以有名称，还可以有属性(例如，用户有 email 地址)，而命名服务中对象没有属性。

8.2.2 对象序列化

Java 的对象序列化就是将一个实现了 Serializable 接口的对象转换成一组 byte。以后用这个对象时，就把这些 byte 数据恢复，并据此重新构建该对象。这就意味着序列化机制能自动补偿操作系统有差异的不足，也就是说，可以在安装 Windows 操作系统的机器上创建一个对象，序列化后，再通过网络传到安装 Unix 操作系统的机器上，然后重建对象。

注意：

(1) 想把内存中的对象状态保存到一个文件或数据库时，需要序列化。

(2) 想用套接字在网络上传输对象或通过 RMI 传输对象时，也需要序列化。

对于 JavaBean 来说，对象序列化是必不可少的。Bean 的状态信息通常是在设计时配置的。这些状态信息必须保存起来，供程序启动时调用，对象序列化就负责这个工作。

Java 的远程方法调用(remote method invocation，RMI)能让用户像调用自己机器上的对象一样调用其他机器上的对象。向远程对象传递消息时，需通过对象序列化来传送参数和返回值。

注意：远程服务调用时需要序列化实体类，而本地服务调用时不需要。

8.3　创建 EJB 服务器端

8.3.1　服务器软件 JBoss 下载与配置

开发 EJB 项目前，需要选择一种支持 EJB 的服务器，我们通常选用 JBoss 做 EJB 开发。

下载并解压 JBoss 服务器软件后即可使用，因为它是免安装的。作者教学网站(http://www.wustwzx.com)Java EE 课程里提供了服务器软件 JBoss 4.2.3 的下载链接。

JBoss 4.2.3 的文件系统如图 8.3.1 所示。

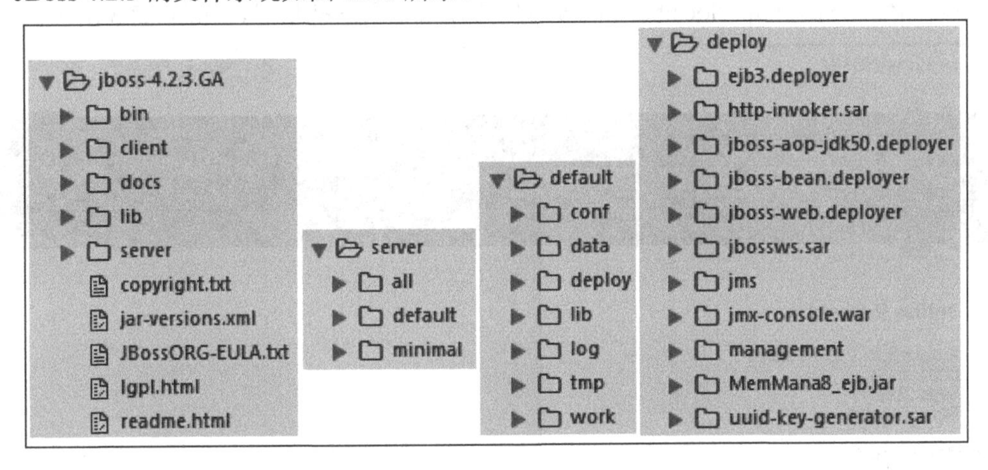

图 8.3.1　JBoss 4.2.3 文件系统目录结构

JBoss 4.2.3 的主要文件夹的含义如下。

- 文件夹 bin：包含启动服务器的命令文件，与 Tomcat 相同。
- 文件夹 client：包含运行 EJB 客户端项目所需要的 jar 包文件。
- 文件夹 server/default：默认使用的服务器。
- 文件夹 server/default/deploy：存放部署的 EJB 项目。
- 文件夹 server/default/conf：存放服务器配置文件。

在 MyEclipse 中，使用外部的 JBoss 的方法与 Tomcat 相同，如图 8.3.2 所示。

打开文件夹{jboss-home}\server\default\deploy\jboss-web.deployer 下的 server.xml 文件，可以查看 JBoss Web 服务默认使用端口 8080 通信，这与前面介绍的 Tomcat 服务器默认占用的 8080 端口相冲突。因此，在开发和使用 EJB 项目前，需要修改 JBoss Web 服务器的通信端口(如 8088)。

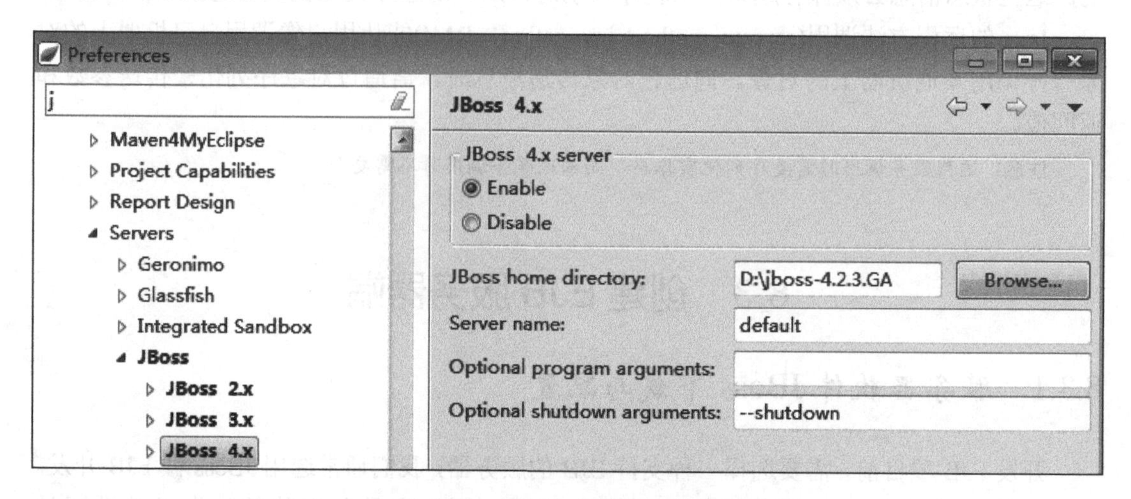

图 8.3.2　在 MyEclipse 中使用外部的 JBoss

启动 JBoss 服务器后，在 MyEclipse 控制器里会显示启动信息和一些已经部署项目的相关信息。当然，输入 http://localhost:8088 可以方便地查看这些信息，如图 8.3.3 所示。

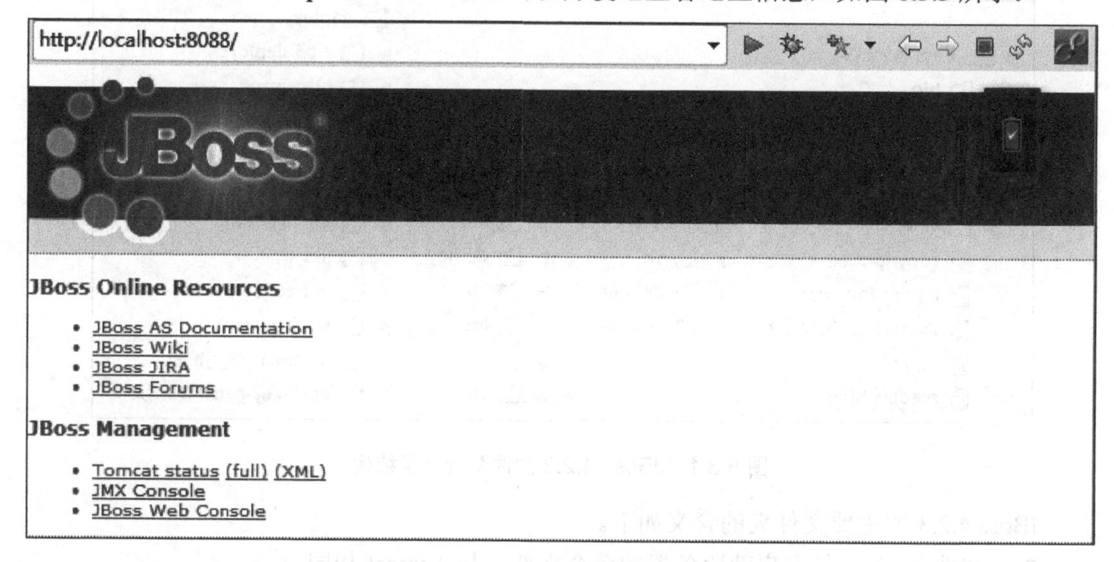

图 8.3.3　在 MyEclipse 中访问外部的 JBoss

8.3.2　EJB 中的三种 Bean 及其状态设置

EJB 规范中定义了三种 Bean，它们分别是会话 Bean(Session Bean)、实体 Bean(Entity Bean)和消息驱动 Bean(MessageDrive Bean，MDB)，如图 8.3.4 所示。这三种 Bean 各自有各自的特点，并且分别应用于不同的情况。

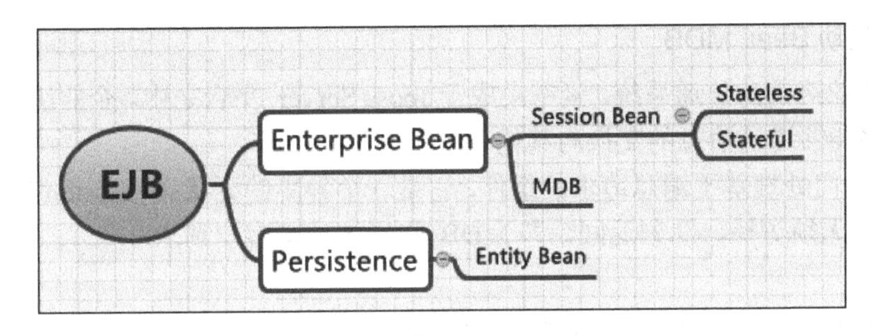

图 8.3.4　EJB Bean 分类

1. 会话 Bean

一个会话 Bean 表示的是应用服务器中的单个客户程序，它被用来实现一个具有特定客户业务逻辑的事务对象。一个会话 Bean 完成一个用户功能。多个用户可能在相同的时间里执行相同的功能，并且每个用户执行相同功能后所返回的结果可能是不一样的，所以每个会话 Bean 只能特定地属于一个客户程序。会话 Bean 不是持久的，当一个客户程序终止的时候，会话 Bean 的生命周期就结束了，与客户程序再无关联。

会话 Bean 运行在 EJB 容器中，企业 Bean 实际上就是一个封装了业务逻辑的 Java 类。使用企业 Bean，可以构造分布式应用，即将分布在各处的资源综合利用，而对于用户来说，展现的是一个统一的整体。分布式可以动态地分配任务，分散物理的资源和逻辑的资源，从而提高执行效率，避免由于单个节点失效而使整个系统崩溃的危险。

会话 Bean 根据是否为特定的客户程序保存状态分为有状态的会话 Bean 和无状态的会话 Bean。

有状态的会话 Bean，使用@Stateful 注解，它是客户应用程序的扩展。代表客户程序执行任务并维护该程序的相关状态，该状态称为会话状态。在有状态的会话 Bean 中调用的方法既可以从该会话状态中读取数据，也可以将数据写入该状态，并且本次会话的状态由该会话 Bean 调用的所有方法共享。有状态的会话 Bean 的状态在客户程序和 Bean 进行会话期间被保持，如果客户程序终止，则会话终止，状态也就消失了。

无状态的会话 Bean，使用@Stateless 注解，它不为特定的客户程序保持会话状态，它仅仅是一组类似于批处理的相关服务，每一个服务由一个方法表示。当调用无状态的会话 Bean 的方法时，它执行该方法并返回结果，其状态也仅仅在方法调用的时候存在，当方法完成后其状态就不再被保存了。

2. 实体 Bean

实体 Bean 是可以存储在持久存储介质上的持久对象。实体 Bean 常用来表示永久性数据并提供操作这些数据的方法。一般情况下，一个实体 Bean 对应着数据库中的一张表，而一个实体类的实例对应着这张表中的一条记录。

注意：实体 Bean 和会话 Bean 的最大区别在于实体 Bean 具有持久性，允许共享访问和主键的特性。实体 Bean 的状态与数据库同步，可以被多个客户程序共享，每个实体 Bean 都有一个成为主键的唯一对象标识。

3. 消息驱动 Bean MDB

JMS 是企业级消息传递系统，紧密集成于 Jboss Server 平台之中。企业级消息传递系统使得应用程序能够通过消息的交换与其他系统之间进行通信。

MDB 是专门处理基于消息请求的组件，它是一个异步的无状态 Session Bean，客户端调用 MDB 后无须等待，立刻返回，即 MDB 将异步处理客户请求。

注意：

(1) 消息驱动 Bean 没有任何接口，客户程序不是通过接口来访问 MDB 的。

(2) MDB 是没有状态的，它的实例不保持特定客户程序的会话状态。

(3) MDB 不需要返回任何数值给它的客户程序，也不能向客户程序返回异常。

8.3.3 设置远程/本地服务接口

对于 EJB 项目的接口的实现类，需要使用注解@Remote 或@Local 定义方法的调用方式。

注意：

(1) 同时注解@Local(UserService.class)和@Remote(UserService.class)时，括号内的类名不可省略。

(2) 对接口实现类使用注解@Local 或@Remote。

8.3.4 创建 EJB 服务器端项目、配置数据源

在 MyEclipse 中，使用菜单“File→New→EJB Project”创建含有数据源的 EJB 项目，有两个重要步骤。其一是选择 JPA，操作如图 8.3.5 所示。

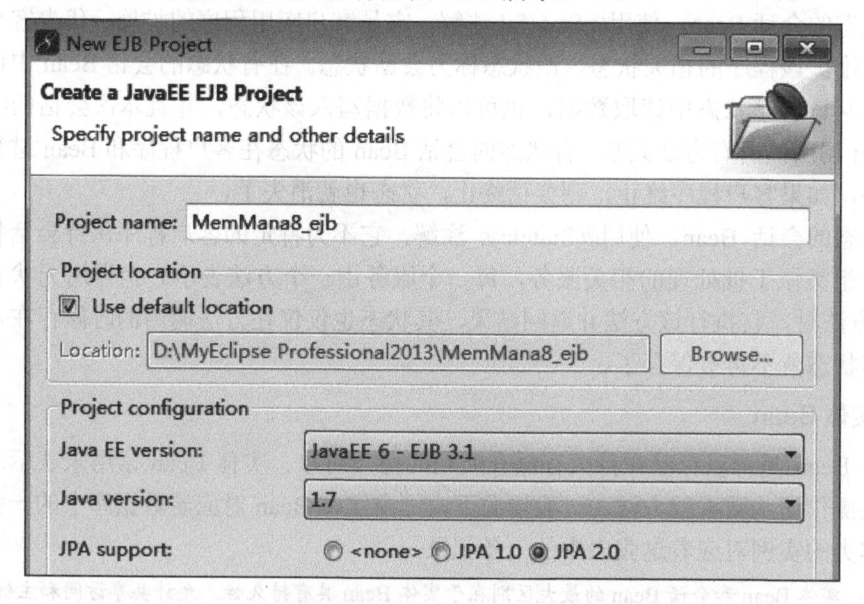

图 8.3.5 创建含有数据库访问的 EJB 服务器端项目

其二是指定数据源名称，操作如图 8.3.6 所示。

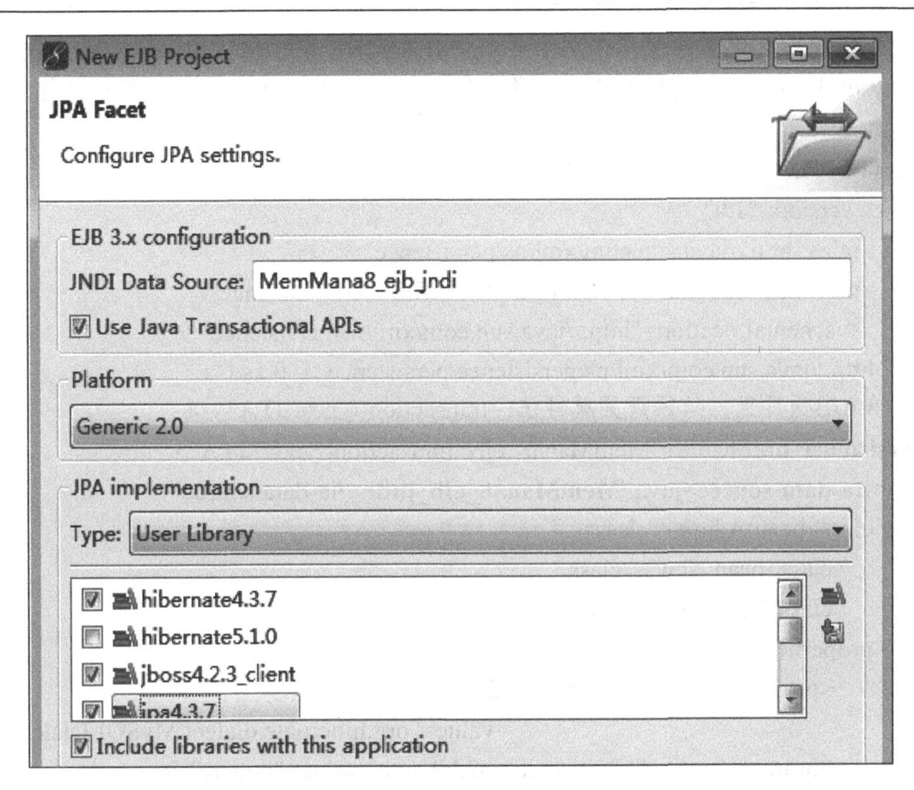

图 8.3.6　指定 EJB 服务器端项目的数据源名称

配置数据源文件 mysql-ds.xml 应存放在目录${jboss_home}/server/default/deploy 下。例如，项目 MemMana8_ejb 的数据源配置文件 mysql-ds.xml 的代码如下：

```
<?xml version="1.0" encoding="utf-8"?>
<datasources>
<local-tx-datasource>
    <jndi-name>MemMana8_ejb_jndi</jndi-name>
    <connection-url>jdbc:mysql://localhost:3308/memmana8_ejb?
        useUnicode=true&amp;characterEncoding=utf-8</connection-url>
    <driver-class>com.mysql.jdbc.Driver</driver-class>
    <user-name>root</user-name>
    <password>root</password>
    <exception-sorter-class-name>
        org.jboss.resource.adapter.jdbc.vendor.MySQLExceptionSorter
    </exception-sorter-class-name>
    <metadata>
        <type-mapping>mySQL</type-mapping> </metadata>
    </local-tx-datasource>
</datasources>
```

与数据源相关的是，将用于连接 MySQL 的 JDBC 驱动包文件 mysql-connector-java-5.1.5-bin.jar 复制到{jboss_home}/server/default/lib 目录下。

自动生成的持久化文件保存在文件夹 src/META-INF 里，名称为 persistence.xml，它使用了在 mysql-ds.xml 里创建的数据源名称。例如，项目 MemMana8_ejb 的持久化文件的代码如下：

```
<?xml version="1.0" encoding="utf-8"?>
<persistence version="1.0"
        xmlns=http://java.sun.com/xml/ns/persistence
        xmlns:xsi="http://www.w3.org/2001/XMLSchema-instance"
        xsi:schemaLocation="http://java.sun.com/xml/ns/persistence
        http://java.sun.com/xml/ns/persistence/persistence_1_0.xsd">
    <!-- 在EJB项目里，必须设置属性值：transaction-type="JTA" -->
    <persistence-unit name="MemMana8_ejb" transaction-type="JTA">
        <jta-data-source>java:/MemMana8_ejb_jndi</jta-data-source>
        <class>bean.Admin</class>
            <class>bean.News</class>
            <class>bean.User</class>
        <properties>
            <property name="hibernate.dialect"
                                value="org.hibernate.dialect.MySQLDialect" />
            <property name="hibernate.hbm2ddl.auto" value="update" />
            <property name="hibernate.show_sql" value="true" />
            <property name="hibernate.format_sql" value="true"/>
        </properties>
    </persistence-unit>
</persistence>
```

注意：

(1) 创建的 EJB 项目，从外观上看，与其他 Java 项目相同。

(2) 不含数据库访问的 EJB 项目，不会生成持久化文件。

一个真正的 EJB 项目，还需要配置运行时依赖库，操作步骤如图 8.3.7 和图 8.3.8 所示。

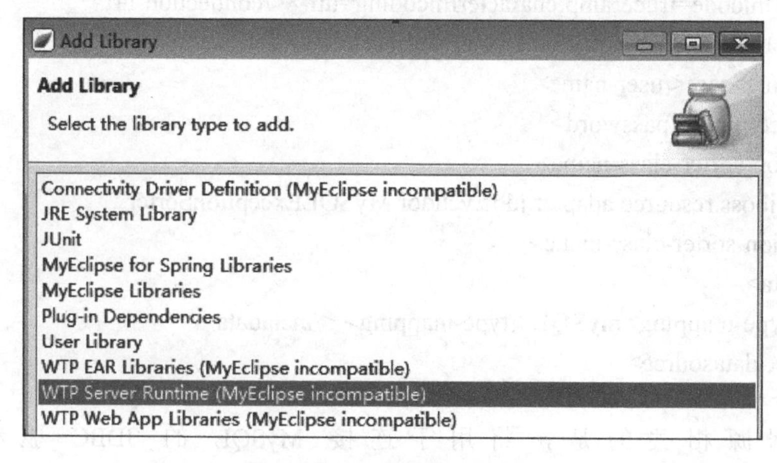

图 8.3.7　选择要添加的库类型

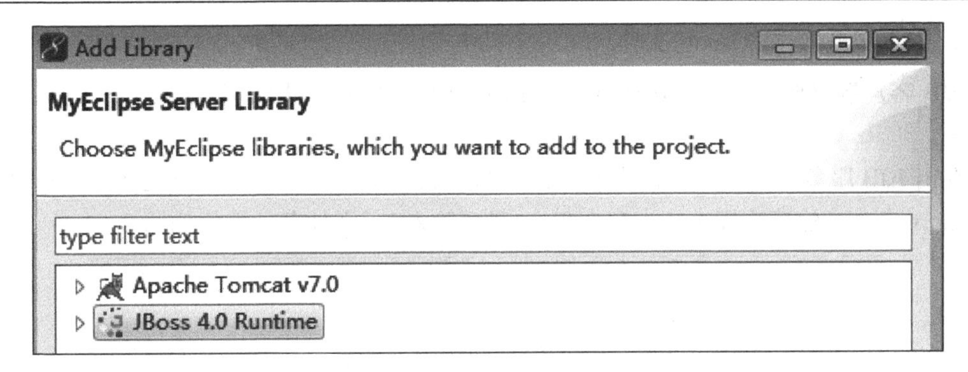

图 8.3.8　添加 EJB 服务器端项目依赖的运行时库

注意：将运行时库 JBoss 4.0 Runtime 换成 Java EE 6 库也是可以的，因为 EJB 项目所需要的软件包 javax.ejb 在这两个库里都有。参见例 8.4.2 项目 Test_EJB_Server，并请读者验证。

8.3.5　部署 EJB 服务器端项目

EJB 服务器端项目部署后，才能被客户端项目(Java 项目或 Java Web 项目)访问。部署到 JBoss 的方法与 Tomcat 相同。

部署 EJB 项目到 JBoss 后，访问 JBoss 服务器首页，单击 JBoss Management(部署管理)里的“jmx-console”超链接，可以查看发布 EJB 服务所暴露接口的相关信息。例如，测试项目 Test_EJB_Server 成功部署后，查看到的信息如图 8.3.9 所示。

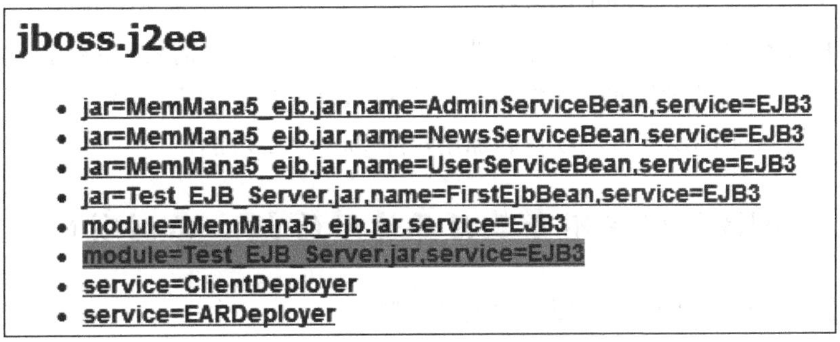

jboss.j2ee

- jar=MemMana5_ejb.jar,name=AdminServiceBean,service=EJB3
- jar=MemMana5_ejb.jar,name=NewsServiceBean,service=EJB3
- jar=MemMana5_ejb.jar,name=UserServiceBean,service=EJB3
- jar=Test_EJB_Server.jar,name=FirstEjbBean,service=EJB3
- module=MemMana5_ejb.jar,service=EJB3
- module=Test_EJB_Server.jar,service=EJB3
- service=ClientDeployer
- service=EARDeployer

图 8.3.9　查看已经部署的 EJB 服务

8.4　创建 EJB 客户端

8.4.1　创建 EJB 客户端的一般步骤

1. 创建使用 EJB 项目的 Java 或 Web 客户端项目

创建使用 EJB 项目的客户端项目的方法与创建普通的 Java 项目或 Web 项目的方法相同。

2. 引入服务器端的 jar 包文件

EJB 客户端仅通过服务器端业务逻辑 Bean 所定义的接口来访问业务逻辑，而与具体实现无关。

导出 EJB 服务器端接口文件为 jar 文件的方法是：选中接口文件，使用快捷菜单里的导出(Export)命令，然后选择 Java→JAR file，最后输入 jar 文件名。操作如图 8.4.1 所示。

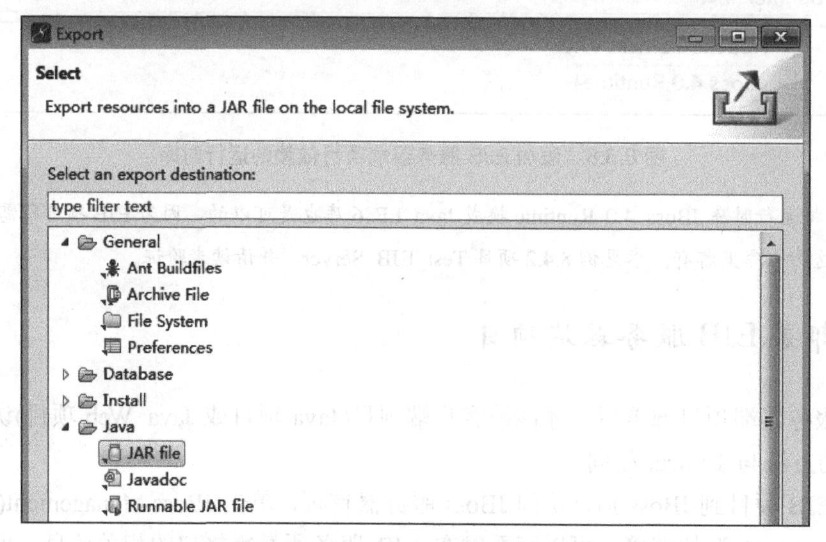

图 8.4.1　导出 EJB 服务器端接口文件为 jar 文件

3. 引入 JBoss 的客户端 jar 包文件

为了使 EJB 客户端能访问 EJB 服务器端，EJB 客户端项目需要 JBoss 提供对 EJB 客户端 jar 包的支持。一般的做法是：先将 JBoss4.2.3/client 下的所有 jar 包添加到名为 jboss4.2.3 的用户库里，然后对 EJB 客户端项目添加用户库 jboss.4.2.3 路径。

8.4.2　基于 EJB 访问但不含数据库访问的 Java 示例项目

下面的例子给出了开发 EJB 项目的主要步骤。

【例 8.4.1】一个服务器端没有使用数据源、Hello 级的 EJB 项目。

项目服务器端与客户端的文件系统如图 8.4.2 所示。

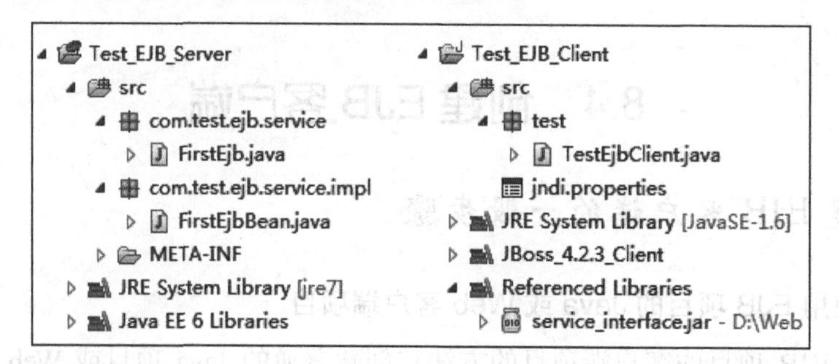

图 8.4.2　一个 Hello 级 EJB 项目的服务器端与客户端

部署 EJB 服务器端项目 Test_EJB_Server 到 JBoss 服务器后，运行相应的客户端项目 Test_EJB_Client 里的 Java 程序 TestEjbClient.java，控制台的输出如图 8.4.3 所示。

图 8.4.3　EJB 项目的客户端运行效果

在 EJB 服务器端项目 Test_EJB_Server 里，定义接口 FirstEjb，相应的文件 FirstEjb.java 的代码如下：

```
package com.test.ejb.service;
public interface FirstEjb {
    public String SaySomething(String name);
}
```

在 EJB 服务器端项目里定义接口 FirstEjb 的实现类 FirstEjbBean(习惯上接口名后缀为 Bean)，也称为 EJB Bean，它是一个封装了业务逻辑的 Java 类，需要在 EJB 容器中运行。EJB Bean 利用注解进行配置,其中一个重要注解是有无状态(Stateful/Stateless)，另一个重要注解是远程服务或本地服务。文件 FirstEjbBean.java 的代码如下：

```
package com.test.ejb.service.impl;
import javax.ejb.Remote;
import javax.ejb.Stateless;
import com.test.ejb.service.FirstEjb;
@Stateless
@Remote
public class FirstEjbBean implements FirstEjb {
    @Override
    public String SaySomething(String name) {
        return "你好，" + name;
    }
}
```

注意：

(1) 运行 EJB 客户端，必须先启动 EJB 服务器。

(2) 本项目是入门级的，不含数据库访问。

(3) 在 EJB 客户端项目 Test_EJB_Client 中，如果去掉@Remote，则运行异常(FirstEjbBean not bound)。

(4) 在 EJB 客户端添加的类路径中的 service_interface.jar，是由 EJB 服务器端的服务接口导出的服务接口 jar 文件。

EJB 客户端项目 TestEJB_Client 的文件夹 src 里有文件 jndi.properties，其代码如下：

```
package com.test.ejb.service;
#used to create InitialContext object
java.naming.factory.initial=org.jnp.interfaces.NamingContextFactory
java.naming.factory.url.pkgs=org.jboss.naming:org.jnp.interfaces
java.naming.provider.url=localhost
```

EJB 客户端可以是一个 Java 项目，通过服务器端提供的接口实现通信。本客户端的 JNDI 配置文件 src/jndi.properties，向 Java 应用程序提供命名和目录功能。软件包 javax.naming 为访问 JNDI 命名服务提供类和接口。运行 EJB 项目时，需要在客户端项目里添加 Jboss Client 的所有 jar 包。

```
package test;
import java.util.Properties;
import javax.naming.InitialContext;
import com.test.ejb.service.FirstEjb;
public class TestEjbClient {
    public static void main(String[] args) throws Exception {
        //命名服务的上下文工厂对象有两种创建方式
        InitialContext context=null;
        //方式一：自动查找JNDI配置文件
        //context=new InitialContext();

        //方式二：免JNDI配置文件
        Properties p=new Properties();  //特性类，存放键值对数据
        p.setProperty("java.naming.factory.initial",
                                    "org.jnp.interfaces.NamingContextFactory");
        //设置命令与目录服务器
        p.setProperty("java.naming.provider.url","localhost:1099");
        context=new InitialContext(p);
        //通过寻址找到EJB服务器暴露的服务接口
        FirstEjb firstEjb=(FirstEjb)
                                    context.lookup("FirstEjbBean/remote");
        //通过接口实现类的对象调用接口方法(即实现类的实现方法)
        System.out.println(firstEjb.SaySomething("张三"));
    }
}
```

8.5　使用 EJB 开发的会员管理系统

8.5.1　项目总体设计

EJB 服务器端项目 MemMana8_ejb 的文件系统如图 8.5.1 所示。

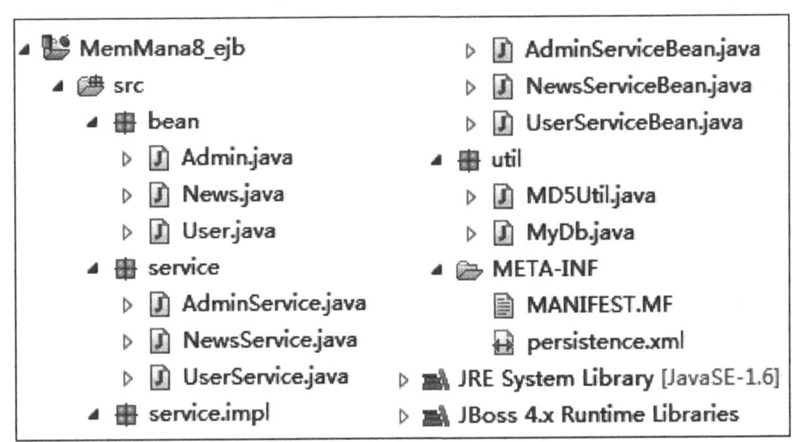

图 8.5.1　EJB 服务器端项目 MemMana8_ejb 文件系统

项目 MemMana8_ejb 的数据库访问使用了 JPA，但使用方式与 Web 项目 MemMana5_jpa 有些不同，具体表现在：

(1) 项目使用的 JDBC 驱动包文件应复制到服务器文件夹{jboss_home}/server/default/lib 里；

(2) 数据源文件 mysql-ds.xml 应存放至服务器文件夹{jboss_home}/server/default/deploy 里。

注意：如果不满足上述条件，则会造成 JBoss 的启动异常。

EJB 客户端项目 MemMana8_ejb_client 的文件系统如图 8.5.2 所示。

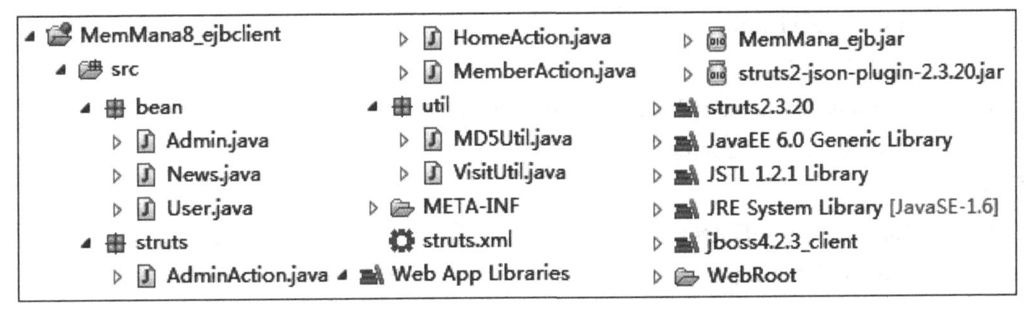

图 8.5.2　EJB 客户端项目 MemMana8_ejb_client 文件系统

EJB 项目的客户端与服务器端的实体类文件相同，且要实现接口 Serializable。例如

User.java 的代码如下：

```
package bean;
import java.io.Serializable;  //
import java.sql.Date;
import javax.persistence.Entity;
import javax.persistence.Id;
import javax.persistence.Table;
@Entity
@Table(name = "news")
public class News implements Serializable {
    private static final long serialVersionUID = 1L;
    @Id
    private Integer id;
    private String contentPage;
    private String contentTitle;
    private Date publishDate;
    public Integer getId() {
        return id;
    }
    public void setId(Integer id) {
        this.id = id;
    }
    public String getContentPage() {
        return contentPage;
    }
    public void setContentPage(String contentPage) {
        this.contentPage = contentPage;
    }
    public String getContentTitle() {
        return contentTitle;
    }
    public void setContentTitle(String contentTitle) {
        this.contentTitle = contentTitle;
    }
    public Date getPublishDate() {
        return publishDate;
    }
    public void setPublishDate(Date publishDate) {
        this.publishDate = publishDate;
```

```
    }
}
```

先部署 EJB 服务器端项目至 JBoss 服务器并启动，然后部署 EJB 客户端项目至 Tomcat 服务器并启动。访问 MemMana8_ejbclient 时将会远程调用 EJB Bean，效果如图 8.5.3 所示。

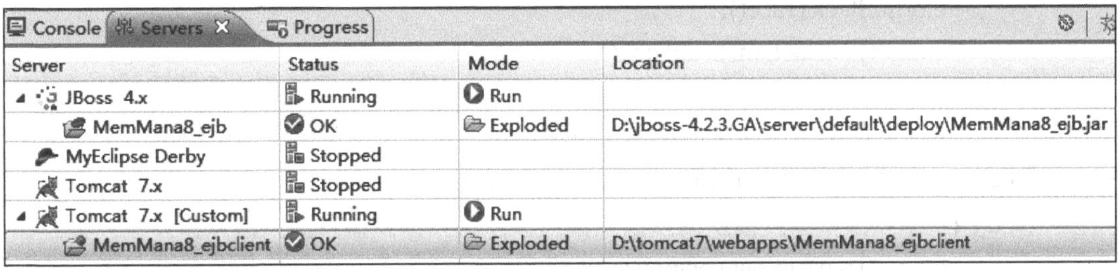

Console | Servers | Progress

Server	Status	Mode	Location
JBoss 4.x	Running	Run	
MemMana8_ejb	OK	Exploded	D:\jboss-4.2.3.GA\server\default\deploy\MemMana8_ejb.jar
MyEclipse Derby	Stopped		
Tomcat 7.x	Stopped		
Tomcat 7.x [Custom]	Running	Run	
MemMana8_ejbclient	OK	Exploded	D:\tomcat7\webapps\MemMana8_ejbclient

图 8.5.3　同时运行的 EJB 服务器 JBoss 与 Web 服务器 Tomcat

8.5.2　项目若干技术要点与详细设计

1. EJB 服务器端是特别的 Java 项目

从图 8.3.2 和图 8.5.1 可知，EJB 服务器端项目 MemMana8_ejb 包含了对系统运行时库 JBoss 4.x 的引用。

2. EJB 客户端是特别的 Web 项目

从图 8.5.2 可知，EJB 客户端项目 MemMana8_ejbclient 包含了对用户库 jboss 4.2.3 的引用，即客户端项目运行需要 JBoss 提供的客户端 jar 包的支持。

最重要的是，客户端项目 MemMana8_ejbclient 是通过远程调用来实现数据库访问的。

3. 封装数据库访问工具类 MbDb

在项目 MemMana8_ejb 里，封装了使用 JPA 访问 MySQL 数据库的工具类，它注入了来自 EJB 容器创建的 EntityManager 对象以完成数据库的访问逻辑，供服务层调用。类文件 src/util/MyDb.java 的代码如下：

```
package util;
import java.util.List;
import javax.persistence.EntityManager;   //实体管理器
import javax.persistence.PersistenceContext;
import javax.persistence.Query;
public class MyDb<T> {          // 类含有泛型参数
    @PersistenceContext(unitName="MemMana8_ejb")
    //注入一个来自EJB容器创建的EntityManager对象
    private EntityManager em;

    public void add(T t) { // 插入
        try {
```

```
            em.getTransaction().begin();
            em.persist(t);
            em.getTransaction().commit();
        } catch (Exception e) {
            e.printStackTrace();
            em.getTransaction().rollback();
        }
    }
    public void update(T t) { // 修改
        try {
            em.getTransaction().begin();
            em.merge(t);
            em.getTransaction().commit();
        } catch (Exception e) {
            e.printStackTrace();
            em.getTransaction().rollback();
        }
    }
    public void delete(T t) { // 删除
        try {
            em.getTransaction().begin();
            em.remove(t);
            em.getTransaction().commit();
        } catch (Exception e) {
            e.printStackTrace();
            em.getTransaction().rollback();
        }
    }
    public T queryOne(Class<T> clazz, Object primaryKey) {
        // T t = manager.getReference(clazz, primaryKey);// 延迟加载
        T t = em.find(clazz, primaryKey);
        return t;
    }
    public T queryOne(String jpql, Object... obj) {
        Query query = em.createQuery(jpql);
        if (obj.length > 0) {
            for (int i = 0; i < obj.length; i++) {
                query.setParameter(i + 1, obj[i]);
            }
```

```
        }
        Object result = query.getSingleResult();
        return obj != null ? (T) result : null;
    }
    public List<T> queryAll(Class<?> clazz) {
        List<T> list = em.createQuery("from " + clazz.getName())
                    .getResultList();
        return list;
    }
    public List<T> queryAll(String jpql, Object... obj) {
        Query query = em.createQuery(jpql);
        if (obj.length > 0) {
            for (int i = 0; i < obj.length; i++) {
                query.setParameter(i + 1, obj[i]);
            }
        }
        return query.getResultList();
    }
}
```

4. 服务层的实现类继承类 MyDB 并实现服务接口

服务层提供了服务接口及其实现类。例如，新闻服务定义的服务接口文件 src/service/NewsService.java 的代码如下：

```
package service;
import java.util.List;
import bean.News;
public interface NewsService {
    // 查询所有新闻
    public List<News> queryAll();
}
```

新闻服务实现类文件 NewsServiceBean.java 的代码如下：

```
package service.impl;
import java.util.List;
import javax.ejb.Remote;
import javax.ejb.Stateless;
import service.NewsService;
import util.MyDb;
import bean.News;
@Stateless
```

```
@Remote
public class NewsServiceBean extends MyDb<News> implements NewsService {
    @Override
    public List<News> queryAll() {
        return this.queryAll("from News Order by contentTitle asc");
    }
}
```

5. EJB 客户端项目拥有与服务器端项目相同的接口

展开客户端项目 MemMana8_ejbclient 的 Web App Libraries 库(参见图 8.5.2)可知，它就是服务器端项目 MemMana8_ejb 定义的接口。

6. 在 EJB 客户端项目里编写调用远程服务的工具类

在客户端项目 MemMana8_ejbclient 里，文件 src/util/VisitUtil.java 的代码如下：

```
package util;
import java.util.Properties;
import javax.naming.InitialContext;
import javax.naming.NamingException;
public class VisitUtil {
    private final static InitialContext context = initContext();
    public static <T> T remoteBean(Class<T> cls) {  // 远程访问
        try {
          //要求EJB项目的实现类均带后缀Bean
            return (T) context.lookup(cls.getSimpleName()
                                                  + "Bean/remote");
        } catch (NamingException e) {
            e.printStackTrace();
        }
        return null;
    }
    public static <T> T localBean(Class<T> cls) {  // 本地访问
        try {
            return (T) context.lookup(cls.getSimpleName() + "Bean/local");
        } catch (NamingException e) {
            e.printStackTrace();
        }
        return null;
    }
    private static InitialContext initContext() {// 初始化上下文对象
        try {
```

```
            Properties properties = new Properties();
            properties.put("java.naming.factory.initial",
                    "org.jnp.interfaces.NamingContextFactory");
            properties.put("java.naming.factory.url.pkgs",
                    "org.jboss.naming:org.jnp.interfaces");
            properties.put("java.naming.provider.url", "localhost:1099");
            return new InitialContext(properties);
        } catch (NamingException e) {
            e.printStackTrace();
        }
        return null;
    }
}
```

7. 在 EJB 客户端项目的控制器里调用远程服务

在 EJB 客户端项目里，每个控制器均可调用远程服务。例如，主页控制器文件 src/struts/HomeAction.java 的代码如下：

```
package struts;
//导入的包略
public class HomeAction extends ActionSupport {
    private static NewsService newsService;
    static {  //静态代码块在创建类实例时调用执行
      //得到一个Session Bean对象
        newsService = VisitUtil.remoteBean(NewsService.class);//远程调用
    }
    public String index() throws Exception {
        List<News> news = newsService.queryAll();
        ActionContext.getContext().put("news", news);
        return SUCCESS;
    }
}
```

会员控制器文件 src/struts/MemberAction.java 的代码如下：

```
package struts;
//导入的包略
public class MemberAction extends ActionSupport{
    private User user; // 属性驱动
    private String message;
    private static UserService userService;
    static{
```

```
        userService = VisitUtil.remoteBean(UserService.class);
    }
    public String mLogin(){
        try {
            User tempuser = userService.queryUserByUsernameAndPassword(
                    user.getUsername(), user.getPassword());
            if (tempuser != null) {
                ServletActionContext.getRequest().getSession()
                        .setAttribute("username", user.getUsername());
                return "success";
            } else {
                this.setMessage("用户名和密码错误!");
                return "message";
            }
        } catch (Exception e) {
            this.setMessage("用户名和密码错误!");
            return "message";
        }
    }
    public String mRegister() throws Exception {
        if ("".equals(user.getUsername()) || "".equals(user.getPassword())) {
            this.setMessage("用户名和密码不能为空!");
            return "message";
        } else {
            User tempuser = userService
                                .queryUserByUsername(user.getUsername());
            if (tempuser != null) {
                this.setMessage("该用户名已经存在!");
                return "message";
            } else {
                userService.saveUser(user);
                this.setMessage("注册成功！ ");
                return "message";
            }
        }
    }
    public String mUpdate() throws Exception {
        String un = (String) ServletActionContext.getRequest().getSession()
                                    .getAttribute("username");
```

```
        if (null == un) {
            this.setMessage("尚未登录!");
            return "message";
        } else {
            user = userService.queryUserByUsername(un);
        }
        return SUCCESS;
    }
    public String updateMem() {
        try {
            userService.updateUser(user);
        } catch (Exception e) {
            e.printStackTrace();
        }
        return SUCCESS;
    }
    public String logout() throws Exception {
        ServletActionContext.getRequest().getSession().invalidate();
        return SUCCESS;
    }
    public User getUser() {
        return user;
    }
    public void setUser(User user) {
        this.user = user;
    }
    public String getMessage() {
        return message;
    }
    public void setMessage(String message) {
        this.message = message;
    }
}
```

管理员控制器文件 src/struts/AdminAction.java 的代码如下：

```
package struts;
//导入的包略
public class AdminAction extends ActionSupport{
    private String username;
```

```
private String password;
private String message;
private String result; // 用户Ajax返回数据
private static AdminService adminService;
private static UserService userService;
static{
    adminService = VisitUtil.remoteBean(AdminService.class);
    userService = VisitUtil.remoteBean(UserService.class);
}
public String adminLogin() throws Exception {
    Map<String, Object> result = new HashMap<String, Object>();
    Admin admin = adminService.queryAdminByUsername("admin");
    if (MD5Util.MD5(password).equalsIgnoreCase(admin.getPassword())) {
        ActionContext.getContext().getSession()
                .put("admin", admin.getUsername());
        result.put("success", true);
    } else {
        result.put("msg", "密码错误!");
        result.put("success", false);// 可去
    }
    setResult(JSONUtil.serialize(result));   //数据转换成JSON格式
    return SUCCESS;
}
public String adminIndex() {
    return SUCCESS;
}
public String memInfo() throws Exception {
    if (ActionContext.getContext().getSession().get("admin") == null) {
        this.setMessage("未登录");
        return ERROR;
    }
    List<User> users = userService.queryAll();
    ActionContext.getContext().put("users", users);
    return SUCCESS;
}
public String memDelete() throws Exception {
    if (ActionContext.getContext().getSession().get("admin") == null) {
        this.setMessage("未登录");
        return ERROR;
```

```
        }
        if (username != null) {
            userService.deleteUser(new User(username));
        }
        List<User> users = userService.queryAll();

        ServletActionContext.getContext().put("users", users);
        return SUCCESS;
    }
    public String getResult() {
        return result;
    }
    public void setResult(String result) {
        this.result = result;
    }
    public String getPassword() {
        return password;
    }
    public void setPassword(String password) {
        this.password = password;
    }
    public String getUsername() {
        return username;
    }
    public void setUsername(String username) {
        this.username = username;
    }
    public String getMessage() {
        return message;
    }
    public void setMessage(String message) {
        this.message = message;
    }
}
```

习 题 8

一、判断题

1. EJB 项目里必须定义服务接口。

2. 在同一台计算机上同时运行 Tomcat 和 JBoss，则需要先修改服务器端口。

3. 创建 EJB 项目时，必须配置运行时库。

4. EJB 的客户端项目只能是 Web 项目。

5. 为了实现服务的远程，调用 EJB 项目里的实体类应实现接口 Serializable(尽管是空实现)。

二、选择题

1. 在 JBoss 系统文件夹{jboss_home}/server/default 的____文件夹里，存放已经部署的 EJB 客户端项目。

A. conf　　B. work　　C. lib　　D. deploy

2. 注解 EJB 项目无状态 Bean，应使用____。

A. @Romote　　B. @Local　　C. @Stateless　　D. @Stateful

3. 注解 EJB 项目为远程调用，应使用____。

A. @Romote　　B. @Local　　C. @Stateless　　D. @Stateful

4. EJB 项目的客户端查找服务器端暴露的远程 UserServiccBean 接口，应使用方法 lookup("____")。

A. UserServiceBean/local　　B. UserServiceBean/remote

C. local/UserServiceBean　　D. remote/UserServiceBean

5. JNDI 服务器默认使用的端口是____。

A. 8080　　B. 8088　　C. 1099　　D. 3306

三、填空题

1. 在设计远程访问的 EJB 项目时，实体类需要____接口。

2. 使用 JNDI 时需要使用的属性类文件名为____。

3. 在 EJB 项目的服务器端，会话 Bean 名称习惯上以____结束。

4. 创建 MySQL 数据库访问 EJB 项目时，需要在文件夹 JBoss/server/default/deploy 里建立名____的文件。

5. 在含有数据库访问的 EJB 项目里，持久化文件里标签<persistence-unit>的属性 transaction-type 的值应设为____。

实验 8　使用 EJB 实现企业级分布式应用

一、实验目的

1. 掌握 EJB 项目开发环境的搭建。
2. 掌握通过远程服务接口实现远程调用的方法。
3. 掌握 EJB 服务器端里持久化文件的设计方法。
4. 掌握 JNDI 在 EJB 项目中的作用。
5. 掌握 Web 项目调用 EJB 服务的设计方法。

二、实验内容及步骤

【预备】访问本课程上机实验网站 http://www.wustwzx.com/javaee，单击第 8 章实验的超链接，下载本章实验内容的源代码(含素材)并解压，得到文件夹 ch08。

(一) 搭建 EJB 项目开发环境

(1) 从教学网站 http://www.wustwzx.com 里下载 JBsoss 并解压。

(2) 在 MyEclipse 中使用 Window→Preferences→MyEclipse→Servers→JBoss→JBoss 4.x，设置对外部的服务器 JBoss 的使用。

(3) 编辑文件{jboss-home}\server\default\deploy\jboss-web.deployer 下的 server.xml，搜索 8080，然后修改连接端口(Connector port)为 8088。

(4) 在 MyEclipse 中启动 JBoss 后，输入 http://localhost:8088 访问。

(二) 无数据源的简单 EJB 项目

(1) 在 MyEclipse 里导入 EJB 服务器项目 Test_EJB_Server。

(2) 查看服务接口 FirstEjb 的实现类文件 FirstEjbBean.java 中对类的注解。

(3) 部署项目 Test_EJB_Server 至 JBoss 后启动 JBoss，观察控制台 JBoss 的启动信息。

(4) 输入 http://localhost:8088 访问 JBoss，观察项目 Test_EJB_Server 的相关信息。

(5) 导入相应于 Test_EJB_Server 的客户端 ava 项目 Test_EJB_Client。

(6) 查看 src 根目录下文件 jndi.properties 所包含的信息。

(7) 验证 jar 文件 service_interface.jar 是项目 Test_EJB_Server 的接口。

(8) 运行程序，验证结果是调用远程服务。

(三) 有数据源 EJB 项目——会员管理系统

(1) 在 MyEclipse 里导入 EJB 服务器端项目 MemMana8_ejb。

(2) 在 SQLyog 里运行项目里的 SQL 脚本，得到数据库 memmana8_ejb。

(3) 将文件 src/META-INF/mysql-ds.xml 复制到文件夹 JBoss/server/default/deploy 里。

(4) 查看文件 mysql-ds.xml 里使用标签<jndi-name>定义的数据源的 JNDI 名称。

(5) 查看持久化配置文件 src/META-INF/persistence.xml 里标签<jta-data-source>对 JNDI 数据源的引用。

(6) 部署项目 memmana8_ejb 至 JBoss 服务器后启动 JBoss 服务器。

(7) 在 MyEclipse 里导入 EJB 客户端项目 memmana8_ejb_client。

(8) 查验项目 memmana8_ejb_client 导入了项目 memmana8_ejb 的服务接口 jar 文件。

(9) 查看访问远程服务工具类 src/util/VisitUtil.java 里创建 InitialContext 对象的方法。

(10) 查看访问远程服务工具类 src/util/VisitUtil.java 里获取远程服务方法的代码。

(11) 部署项目 memmana8_ejb_client 至 Tomcat 服务器后做项目运行测试。

三、实验小结及思考

(由学生填写，重点写上机中遇到的问题。)

第9章 使用 Maven 管理 Java/Web 项目

Maven 是一个跨平台的项目管理工具，主要用于基于 Java 平台的项目构建和依赖管理。本章学习要点如下：

- 了解 Maven 所使用的远程中央仓库和本地仓库；
- 掌握项目对象模型和 pom.xml 文件的编写方法；
- 掌握使用 Maven 创建的 Java 平台的项目的文件结构；
- 掌握使用 Maven 开发基于 Java 平台的项目的方法。

9.1 Maven 概述

“Maven”意为知识的积累。在 MyEclipse 中开发 Java 或 Web 项目时，每一个 Java 或 Web 工程都要使用第三方的 jar 包。为了避免 jar 包在不同项目里重复，可以自定义用户库，但这样经常会出现在 MyEclipse 中导入别人完成的项目时 jar 包找不到的错误。此外，jar 包版本的不一致，可能导致软件冲突。如果创建 Maven 项目，就不会出现这些问题。

Maven 能实现基于 Java 平台的项目的构建和依赖管理，主要包括项目清理、编译测试和生成报告，以及打包和部署等工作。Maven 的优点就是可以统一管理这些 jar 包，并使多个工程共享这些 jar 包。

9.1.1 项目对象模型 POM

pom.xml 文件是 Maven 项目里必须编辑的核心文件。其中，p 表示 project，o 表示 object，m 表示 model。一个 Maven 项目的 pom.xml 文件的内容如下：

```
<project xmlns="http://maven.apache.org/POM/4.0.0"
    xmlns:xsi="http://www.w3.org/2001/XMLSchema-instance"
    xsi:schemaLocation="http://maven.apache.org/POM/4.0.0
                        http://maven.apache.org/maven-v4_0_0.xsd">
    <modelVersion>4.0.0</modelVersion>
    <groupId>com.wust</groupId>
    <artifactId>test_maven_javaweb</artifactId>
```

```
    <version>1.0-SNAPSHOT</version>
    <packaging>war</packaging>
    <name>test_maven_javaweb Maven Webapp</name>
    <url>http://maven.apache.org</url>
    <dependencies>
        <!-- http://mvnrepository.com/artifact/mysql/mysql-connector-java -->
        <dependency>
        <groupId>mysql</groupId>
        <artifactId>mysql-connector-java</artifactId>
        <version>5.1.39</version>
        </dependency>
        <!-- https://mvnrepository.com/artifact/org.apache.struts/struts2-core -->
        <dependency>
            <groupId>org.apache.struts</groupId>
            <artifactId>struts2-core</artifactId>
            <version>2.3.20</version>
        </dependency>
    </dependencies>
    <build>
        <plugins>
            <plugin>
                <artifactId>maven-war-plugin</artifactId>
            </plugin>
            <plugin>
                <artifactId>maven-compiler-plugin</artifactId>
                <configuration>
                    <source>1.6</source>
                    <target>1.6</target>
                </configuration>
            </plugin>
        </plugins>
    </build>
</project>
```

在 pom.xml 中，根标签<project>定义项目，标签<dependencys>用来定义项目所依赖的 jar 包，内嵌若干标签<dependency>。标签<dependency>的主要属性如下。

- groupId：组织的唯一标识。
- artifactId：项目的唯一标识。
- version：项目的版本。

- packaging：打包方式，如 jar、war 和 ejb 等。
- name：用户描述项目的名称，可选。
- url：可选。
- classifer：分类。

其中，groupId、artifactId、version 和 packaging 这四项组成了项目的唯一标识。

使用 Maven 管理项目的好处：

- 自动下载项目关联的 jar 包，不会出现手工管理时版本冲突的问题；
- 可下载 API 源代码及帮助文档；
- 生成可在 Web 服务器上进行项目测试或者提供给客户正式使用的 war 包；
- 可进行批量的单元测试。

注意：

(1) 在 pom.xml 文件里，说明组织或项目所使用的标签比定义项目依赖的 jar 包所使用的标签多。

9.1.2　本地仓库、远程仓库与中央仓库

工程所依赖的 jar 包先从本地仓库查找。本地仓库是相对于远程的中央仓库而言的，它与工程项目处于同一台计算机上。在 MyEclipse 里，使用首选项菜单可以查看本地仓库的位置，如图 9.1.1 所示。

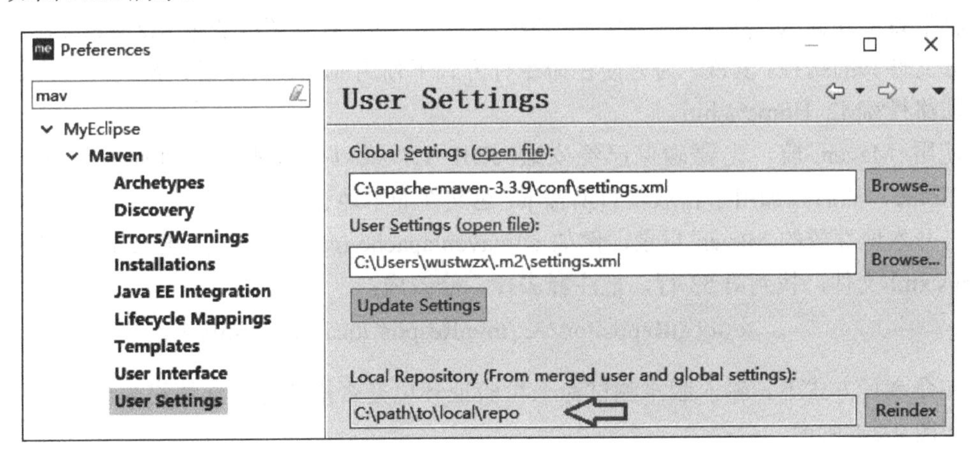

图 9.1.1　本地仓库的默认存储位置

一个 Maven 项目所需要的 jar 文件，根据 pom.xml 文件定义的标识，从本地仓库里取。若没有，就先到远程(中央)仓库里下载。

注意：

(1) 使用 Maven，通常是需要网络支持的。

(2) 大规模的公司可能自行建立中央仓库供公司内部使用。

(3)中央仓库的域名还有 http://www.mvnrepository.com 或 http://search.maven.org 等。

中央仓库是 Maven 默认的一个远程仓库，它存储了互联网上所有的 jar 包，并由 Maven 团队来维护，其访问地址为 http://repo1.maven.org/maven2。本地仓库与中央仓库的关系如图

9.1.2 所示。

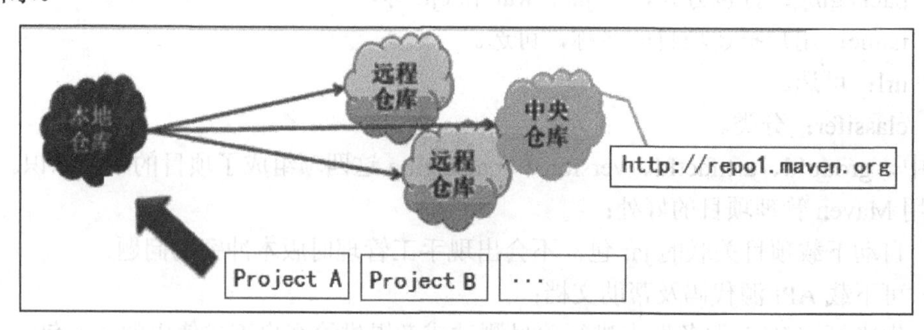

图 9.1.2　Maven 本地仓库与中央仓库

9.2　Maven 项目开发基础

9.2.1　Maven 3 开发环境搭建

要想使用 Maven 软件来管理 Java(或 Web)项目所需的 jar 包，首先需要下载绿色版(免安装)的 Maven 3 软件，可访问 Apache 官网 http://maven.apache.org/download.html。

将下载文件解压，然后设置 Maven 环境。首先，建立系统环境变量 M2_Home，其值为 Maven 文件夹的路径。其次，为方便在命令行方式下使用 Maven，需要在系统环境变量 path 里添加路径%M2_Home%\bin。

使用 Maven 前，先要确保已经安装 JDK 1.7 或以上版本，并且配置好环境变量 Java_Home，然后添加用于存放项目所需 jar 包文件的本地仓库。

打开本地存放的 Maven 目录，例如 c:\maven\apache-maven-3.3.9,打开 conf 文件夹下的 settings.xml 文件，找到第 53 行，把注释去掉，修改成：

```
<localRepository>c:/mvnRespo</localRepository>
```

在命令行方式下，输入版本测试命令可验证环境是否搭建好。环境搭建好后的测试效果，如图 9.2.1 所示。

```
C:\Users\wustwzx>mvn -version
Apache Maven 3.3.9 (bb52d8502b132ec0a5a3f4c09453c07478323dc5; 2015-11-11T00:41:47+08:00)
Maven home: c:\apache-maven-3.3.9
Java version: 1.8.0_121, vendor: Oracle Corporation
Java home: C:\Program Files\Java\jdk1.8.0_121\jre
Default locale: zh_CN, platform encoding: GBK
OS name: "windows 10", version: "10.0", arch: "amd64", family: "dos"

C:\Users\wustwzx>
```

图 9.2.1　Maven 开发环境测试

注意：

(1) Maven 3.3.9 版本要求 JDK 的版本为 1.7 及以上。

(2) 本地仓库里的 jar 文件，是从远程的中央仓库下载而来的。

为了在 MyEclipse 里使用 Maven 项目，我们需要将 Maven 的安装目录与 MyEclipse 建立关联，其方法是使用 MyEclipse 的首选项设置，操作如图 9.2.2 所示。

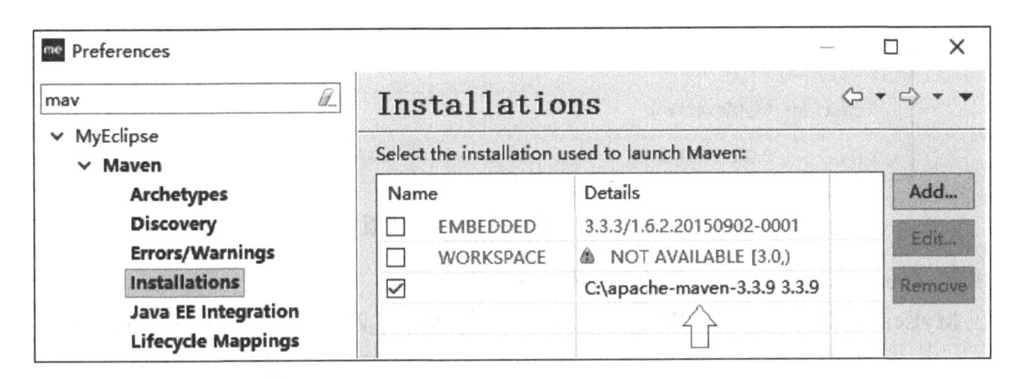

图 9.2.2　在 MyEclipse 2016 中选择外部的 Maven

9.2.2　在 MyEclipse 中新建项目时应用 Maven 支持

在 MyEclipse 中新建项目(Java 项目或者 Web 项目)时，可以勾选 Maven 支持的复选框。例如，新建项目名为 MyMavenWeb 的 Web Project，勾选 Maven 能力支持的界面，如图 9.2.3 所示。

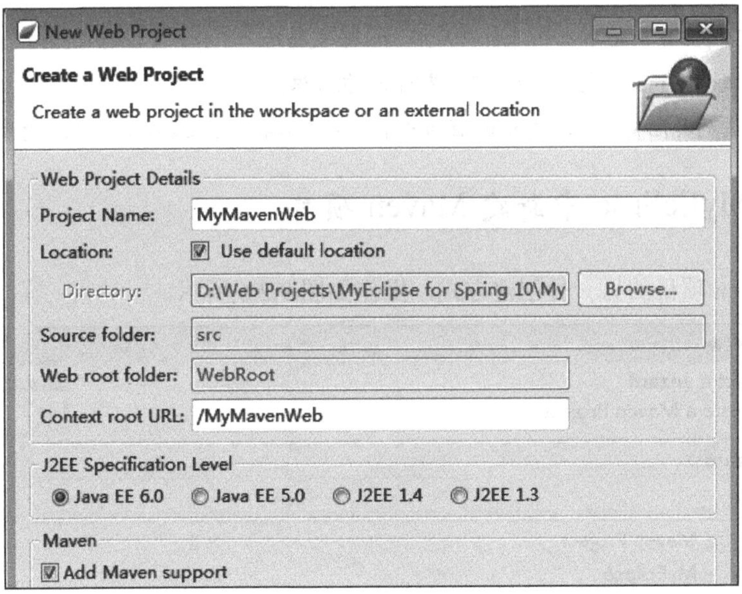

图 9.2.3　在 MyEclipse 中对项目设置 Maven 支持

注意： MyEclipse 本身提供对 Maven 的支持，如同它内置 Web 测试服务器一样。

接下来是 Artifact 设置。Group Id 是项目组织唯一的标识符，Artifact Id 是项目的唯一标识符，Version 是版本号，设置界面如图 9.2.4 所示。

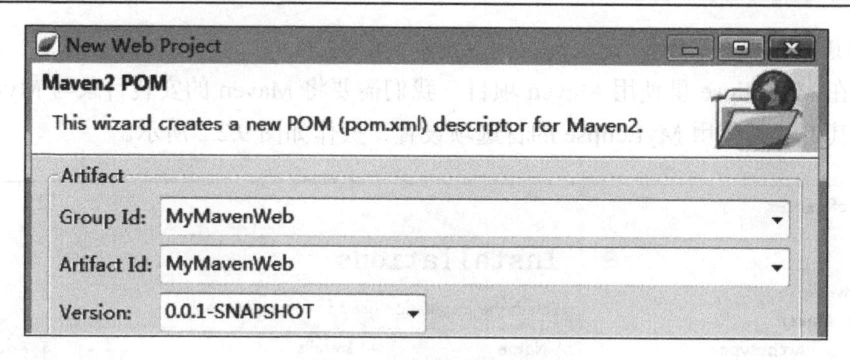

图 9.2.4　项目的 Maven 设置

注意：Group Id 与 Artifact Id 可以相同，也可以不同。

在 MyEclipse 2013 里，对 Web 应用 Maven 支持后的文件系统，如图 9.2.5 所示。

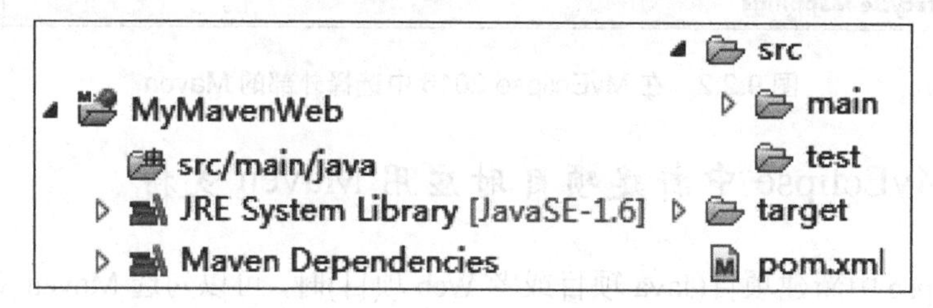

图 9.2.5　对项目设置 Maven 支持后的项目文件系统

注意：

(1) 在 MyEclipse 中新建 Web Project 并应用 Maven 支持后，不会产生以前的 Java EE 系统库。

(2) 自动生成的 pom.xml 包含了 Java EE 库的 jar 包标识。

(3) 项目所需的其他 jar 包(如 MySQL 驱动包等)，可在 pom.xml 里添加其标识而自动下载。

9.2.3　在 MyEclipse 中新建 Maven 项目

新建 Maven 项目的另一种创建方式，操作如图 9.2.6 所示。

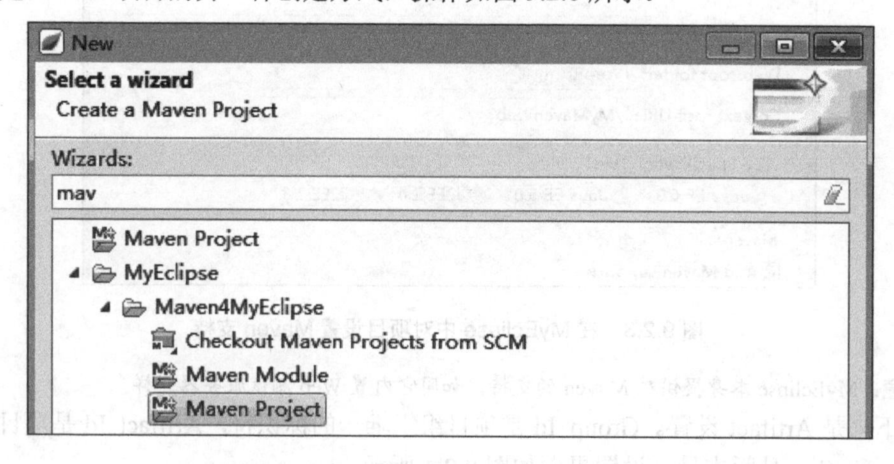

图 9.2.6　新建 Maven 项目

接下来的操作是选择项目类型，一般选择 Java 项目或 Web 项目，操作如图 9.2.7 所示。

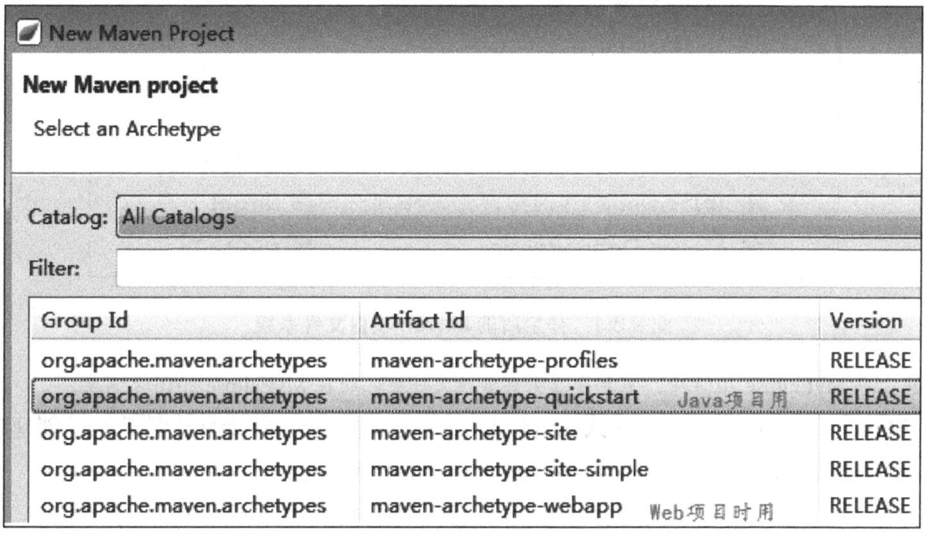

New Maven Project

New Maven project

Select an Archetype

Catalog: All Catalogs

Filter:

Group Id	Artifact Id	Version
org.apache.maven.archetypes	maven-archetype-profiles	RELEASE
org.apache.maven.archetypes	maven-archetype-quickstart　Java项目用	RELEASE
org.apache.maven.archetypes	maven-archetype-site	RELEASE
org.apache.maven.archetypes	maven-archetype-site-simple	RELEASE
org.apache.maven.archetypes	maven-archetype-webapp　Web项目时用	RELEASE

图 9.2.7　Maven 管理的项目类型选择

最后的操作是设定 Group Id 与 Artifact Id。其中，Artifact Id 对应于项目名称。在 MyEclipse 2013 里，一个使用 Maven 管理的 Java 项目的文件系统，参见图 9.2.5。

注意：使用本小节介绍的方法创建的 Maven Web 项目，与上一小节介绍的方法相比，只是项目名称之后自动添加了后缀“Maven Webapp”而已。

9.3　Maven 项目单元测试、发布和导入

9.3.1　Maven 单元测试

前面介绍的资源文件夹 src/main/java 存放非测试的源程序代码文件，它会被发布。实际上，Maven 的标准资源文件夹还有：

- 存放项目配置文件(含映射文件)的资源文件夹 src/main/resource；
- 存放测试程序的 Java 源代码的资源文件夹 src/test/java，它不会被发布；
- 存放测试程序的配置文件的资源文件夹 src/test/resources。

注意：Struts 配置文件 struts.xml 等框架配置文件，应存放在资源文件夹里，但 web.xml 则不然。

在有些开发环境中，可能需要手工建立几个资源文件夹。补全资源文件夹后的项目文件系统，如图 9.3.1 所示。

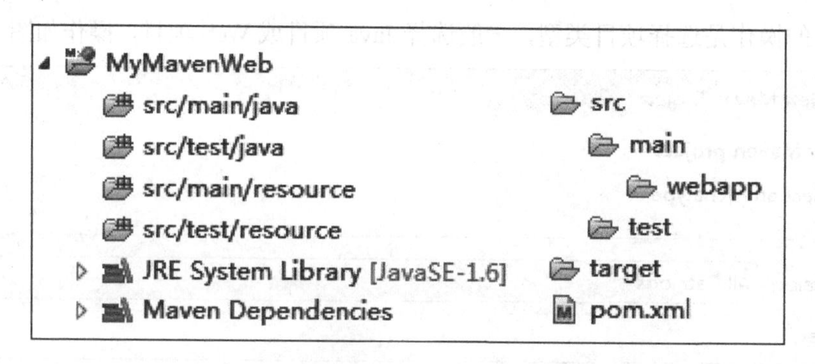

图 9.3.1 补全后的 Maven 项目文件系统

注意：在 MyEclipse 2013 中，需要手工补齐资源文件夹，而在 MyEclipse 2016 不需要。

在 Maven 项目里进行单元测试的方法是，在资源文件夹 src/test/java 里创建包，在其内编写测试程序(类)，然后进行 JUnit(或 Spring)单元测试。

9.3.2 Maven Web 项目发布

使用 Maven 管理的 Web 项目完成后，除了可以使用以前的方式部署外，还可以使用更加快捷的方式进行部署。为此，需要设置 JRE 的默认虚拟机参数，其方法如图 9.3.2 所示。

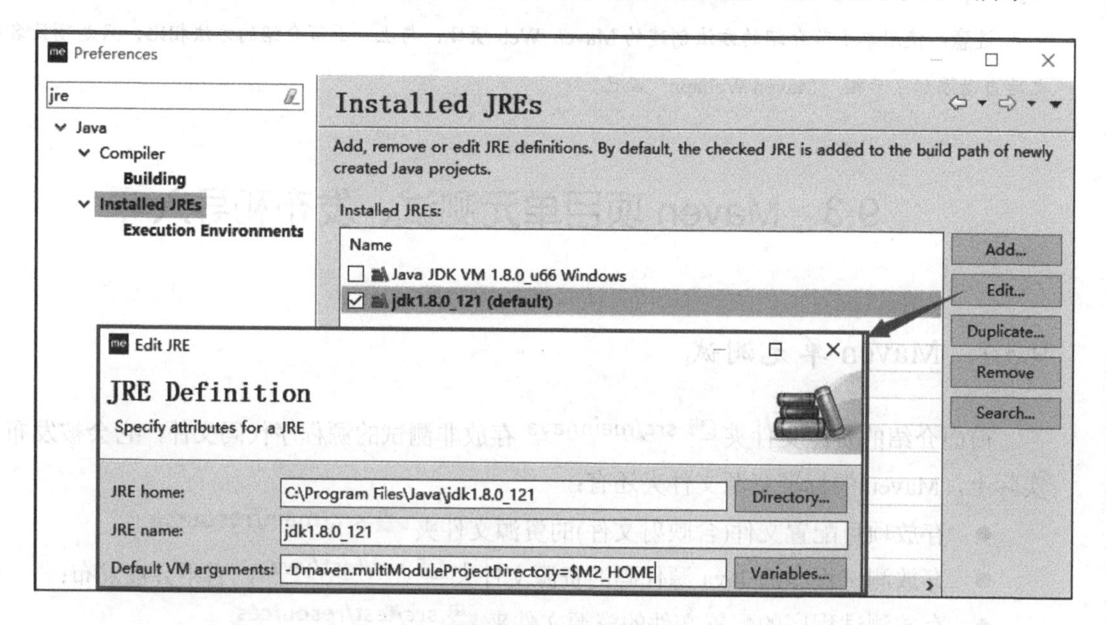

图 9.3.2 设置 JRE 的默认虚拟机参数

右击项目名称，选择 Run As 后，再选择 Maven install，即可发布项目到文件夹 target 里，同时将项目打成.war 包。选择 Maven clean 时，将会清除文件夹 target 里发布的项目及打包文件，操作如图 9.3.2 所示。

Run As	1 Run on Server　Alt+Shift+X, R
Debug As	2 Java Applet　Alt+Shift+X, A
Profile As	3 Java Application　Alt+Shift+X, J
Team	4 JUnit Test　Alt+Shift+X, T
Compare With	5 Maven build　Alt+Shift+X, M
Restore from Local History...	6 Maven build...
MyEclipse	7 Maven clean　清除.war包时用
Maven4MyEclipse	8 Maven generate-sources
Java EE Tools	9 Maven install　生成.war包时用
Properties　Alt+Enter	Maven test

图 9.3.3　Maven Web 项目的发布与打包

注意：运行 Maven install 命令，将 Maven 项目打成 war 包，易于使用。

系统文件夹 target 在发布前后的变化，如图 9.3.3 所示。

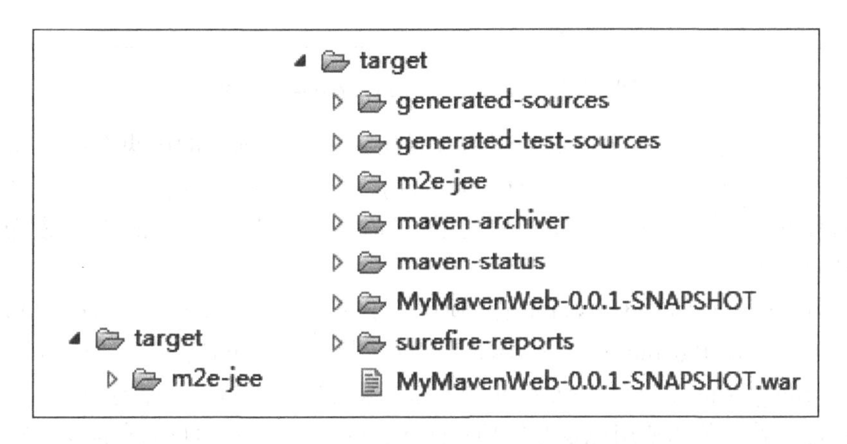

图 9.3.3　Maven 项目生成.war 包前后

注意：

(1)将发布后的.war 包复制到 Tomcat(或 JBoss)服务器后，在启动 Web 服务器时将自动解压。

(2)若项目含有对 MySQL 数据库的访问，则要求 pom.xml 中指定的版本不高于 Windows 系统安装的 MySQL 版本。否则，出现错误信息—Unknown system variable ‘language’。

9.3.3　Maven 项目导入

使用 Eclipse 的菜单“File→Import”，在出现的对话框中，既可按照一般的项目导入方式导入 Maven 项目，也可选择 Existing Maven Projects 完成 Maven 项目的导入。

注意：

(1)　Maven 项目导入时，没有原来导入时的勾选 ☑ Copy projects into workspace。

(2)　Maven 项目导入时，由于存在依赖包的下载，因此，导入的时间比非 Maven 项目长。

9.3.4 Maven 多模块项目的关联使用

Maven 项目默认打包成.war 包。实际上，在打开文件 pom.xml 后，选择 Overview 选项，可以方便地选择其他的项目打包形式，如图 9.3.4 所示。

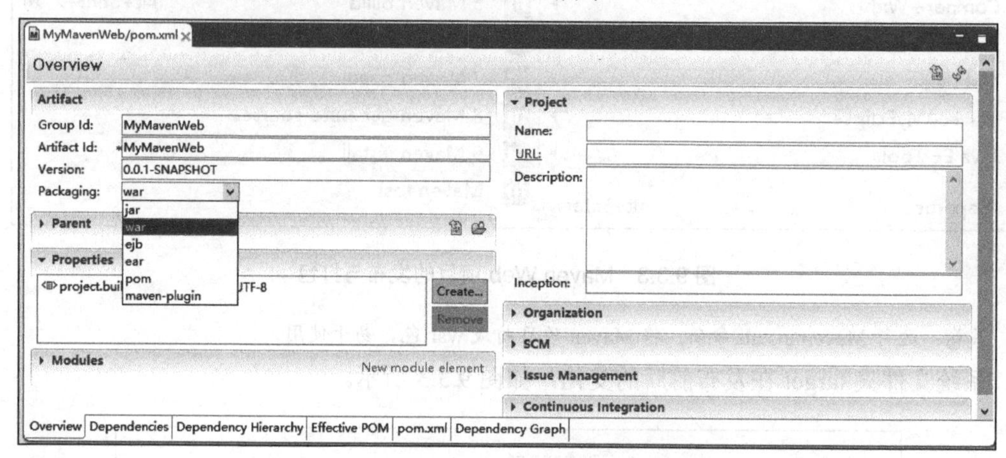

图 9.3.4 Maven POM 的 Overview 视图

实际开发中，有些公司不提供外网给项目组人员使用远程的中央仓库，而是使用由 Nexus 搭建的 Maven 私服(即公司的 Maven 仓库)。一个项目通常会划分为若干子模块，由不同人员合作开发。为了实现模块的关联使用，只需将所需模块打成 jar 包，并发布到 Maven 私服，其要点如下：

(1) 在 Maven 软件的 settings.xml 里，使用<servers>等标签来配置 Maven 私服的相关信息后，项目发布者使用 deploy 命令才能将项目子模块打包发布到公司的 Maven 仓库里。

(2) 在 settings.xml 里，使用<profiles>等标签来设置连接私服仓库的相关信息后，公司内部人员就能依赖下载和使用已发布的项目(可以查看到已发布项目的全部文件)。

习 题 9

一、判断题

1. 在 MyEclipse 中建立项目并勾选 Maven 支持后，项目将不再使用自定义用户库。
2. 在 pom.xml 里，不能将 groupId 和 artifactId 设置为同一值。
3. 应用了 Maven 能力的 Web 项目里的所有 Java 源代码都会被发布。
4 在 Maven 项目里，web.xml 与 struts.xml 应处于相同的目录里。
5. Maven 项目有多种部署方式。

二、选择题

1. 在 Maven 项目的资源文件中，存放 Java 源程序文件的是____。

A. src/main/resources　　B. src/main/java
C. src/test/java　　D. src/test/resources

2. 在 Maven 项目中，Struts 配置文件应存放在____资源文件夹里。

A. src/main/resources　　B. src/main/java
C. src/test/java　　D. src/test/resources

3. 在 pom.xml 中，不是标签<build>内嵌的标签是____。

A. <plugin>　　B. <artifactId>　　C. <version>　　D. <source>

4. 打包 Maven 项目，默认使用的文件格式是____。

A. jar　　B. ear　　C. ejb　　D. war

5. 打包 Maven 项目的命令是____。

A. Maven build　　B. Maven generate-sources
C. Maven install　　D. Maven clean

三、填空题

1. 在 Maven 项目里，库 Maven Dependencies 里的 jar 文件由文件____来决定。
2. 标签<dependency>内嵌____个标签来定义 Maven 依赖包的标识。
3. 定义项目标识，必须使用的标签是 groupId、artifactId、packaging 和____。
4. Maven 项目里的 JSP 页面存放在系统文件夹 src/main 的子文件夹____里。
5. 在 Maven 项目里，与 Maven install 相反的操作是 Maven ____。

实验 9　使用 Maven 管理 Java/Web 项目

一、实验目的

1. 掌握使用 Maven 开发的环境搭建。
2. 掌握本地仓库和远程仓库的区别。
3. 掌握获取 jar 包的 POM 标识的方法。
4. 掌握在 MyEclipse 中创建及发布 Maven Web 项目的方法。
5. 掌握导入 Maven 项目的方法。

二、实验内容及步骤

【预备】访问本课程上机实验网站 http://www.wustwzx.com/javaee，单击第 9 章实验的超链接，下载本章实验内容所需的项目压缩包并解压，得到文件夹 ch9。

(一) 创建一个 Maven Java 项目，测试 MySQL 数据库访问类 MyDb.java

(1) 确保当前网络可用。

(2) 访问 http://www.wustwzx.com，从 Java EE 课程版块里下载 Maven 软件。

(3) 将解压后的 Maven 目录关联至 MyEclipse 中。

(4) 在 MyEclipse 中创建一个名为 MyMavenJava 的 Maven 项目。

(5) 访问 http://www.mvnrepository.com，输入关键字“mysql”，搜索，直至找到 MySQL JDBC 的 Java 驱动包，在获取版本为 5.1.39 的 POM 标识后，粘贴至剪贴板。

(6) 打开项目的 pom.xml 文件，粘贴刚才的标识形成项目依赖包。

(7) 使用与上相同的方法，得到 JUnit 的依赖包。

(8) 在资源文件夹 src/test/java 内建包，复制以前的项目 MemMana3 里的 MyDb.java 到该包内，并建立测试类文件。

(9) 做访问数据库的单元测试。

(二) 导入一个 Maven Web 项目并发布至 Tomcat

(1) 使用 Eclipse 的菜单“File→Import”，在出现的文本过滤框里输入“mav”，然后选择 Existing Maven Projects 。

(2) 选择解压文件夹 ch09 里 Maven Web 项目的 MyMavenWeb。

(3) 打开 pom.xml 文件，查看项目的依赖包。

(4) 查看与 Struts 相关的文件夹和文件。

(5) 发布项目至 Tomcat 后做运行测试。

三、实验小结及思考

(由学生填写，重点写使用 Maven 的好处和上机中遇到的问题。)

习 题 答 案

习 题 1

一、判断题(正确用“T”表示，错误用“F”表示)

1～5：FTTFT　6～8：FFT

二、选择题

1～5：DABDC　6～7：CD

三、填空题

1. Ctrl+Shift+O　2. Ctrl+Shift+F　3. ROOT　4. MySQL　5. utf-8

习 题 2

一、判断题(正确用“T”表示，错误用“F”表示)

1～5：FTTFT　6～8：TF

二、选择题

1～5：BADDC　6～7：DC

三、填空题

1. /　2. file　3. Servlet　4. request　5. {username}　6. request　7. response

习 题 3

一、判断题(正确用“T”表示，错误用“F”表示)

1～5：TFTFT　6～7：TF

二、选择题

1～5：DDABD

三、填空题

1. 数据　2. Ctrl+Shift+O　3. <url-pattern>　4. setCharacterEncoding()

5. setContentType("text/html;charset=utf-8")

6. getRequestDispatcher()　7. items　8. ${pageContext.request.contextPath}

9. multpart/form-data

四、简答题

1. 答：

(1) JSP 是为简化 Web 开发、在 Servlet 之后产生的技术，适合于开发小型应用项目。

(2) 用户请求的 JSP 页面，在服务器端最终被转译成相应的 Servlet 源程序及其目标程序，并由后者处理或响应用户的 HTTP 请求。

2. 答：

(1) 使用标签<servlet>并分别内嵌标签<servlet-name>定义 Servlet 名，内嵌标签<servlet-class>定义 Servlet 类。

(2) 使用标签<servlet-mapping>并分别内嵌标签<servlet-name>定义要映射的 Servlet 名，内嵌标签<url-pattern>定义 Servlet 的访问路径及名称。

3. 答：

将不同程序里共同的代码放入过滤器执行，可以减少代码的冗余。例如，过滤用户请求以确定用户是否登录，统一网站的字符编码等。

习 题 4

一、判断题(正确用“T”表示，错误用“F”表示)

1～5：FTFTT　6～7：TF

二、选择题

1～5：ADBCB

三、填空题

1. ActionSupport　2. ActionContext　3. execute　4. dispatcher　5. redirect
6. String　7. input　8. struts2-json-plugin-2.3.20.jar

四、简答题

1. 答：

(1) 使用 Struts 开发，需要下载 Struts 的 jar 包。

(2) Servlet 项目只有一个配置文件 web.xml；而 Struts 项目还多了一个配置文件 struts.xml，且在 Struts 项目的 web.xml 里使用了一个过滤器，将用户的所有 HTTP 请求转入 Struts 框架来处理。

(3) 一个 Struts 动作控制器在 struts.xml 里可以配置若干动作，用来处理不同的 HTTP 请求；而一个 Servlet 程序只处理某个 HTTP 请求。

(4) Servlet 项目是手工接收表单提交的数据、手工转发数据，通过获得对象 RequestDispatcher 后进行转发；而 Struts 具有自动接收表单数据、自动转发数据(当然也可以手工转发数据)，通过 struts.xml 进行转发(或重定向)处理。

(5) 使用 Servlet 开发，表单设计只能使用 HTML 标签；而在 Struts 项目里，表单除了可以使用 HTML 外，还可以使用功能强大的 Struts 标签。

2. 答：

(1) 在 Servlet 程序里，处理会话信息的代码框架如下：

```
public class LoginServlet extends HttpServlet {
    @Override
    public void doPost(HttpServletRequest request,
```

```
HttpServletResponse response)
            throws ServletException, IOException {
                //……
                HttpSession session=request.getSession();
                session.setAttribute("kn", kv);   //设置会话
}
}
```

(2)在 Struts 2 动作控制器程序里，处理会话信息的代码如下：

```
public class MemberAction extends ActionSupport{
    public String mLogin() throws Exception {
        //……
            HttpSession session=ServletActionContext.getRequest().getSession();
        session.setAttribute("kn", kv) ;   //设置会话
    }
}
```

习　题　5

一、判断题(正确用“T”表示，错误用“F”表示)

1～5：FTFFT

二、选择题

1～5：DDACB

三、填空题

1. <property>　2. assigned　3. native　4. find()　5. list()

四、简答题

1. 答：

使用 Hibernate 框架访问数据库的一般步骤是：

(1) 编写与数据表相对应的实体类的映射文件 xxx.hbm.xml，并使用 id 标签设置主键；

(2) 编写 Hibernate 配置文件 hibernate.cfg.xml，包括数据源信息、JDBC 驱动包和一些选项；

(3) 根据 Hibernate 配置文件，得到 Session 对象；

(4) 调用 Session 的方法 save/delete/update/get，实现对数据记录的增加/删除/修改/获取；

(5) 调用 Session 拥有的 createQuery()方法得到 Query 对象，实现对数据库的选择查询。

2. 答：SQL、HQL 和 JPQL 的用法区别是：

(1) SQL 是关系数据库查询语言，面对的数据库，操作的是表及字段；

(2) HQL 是 Hibernate 等数据库持久化框架提供的内置查询语言，操作的是持久化类及其属性；

(3) JPQL 是 Java 持久化查询语言，也是一种可移植的查询语言，JPQL 是完全面向对象的，具备继承、多态和关联等特性。

3. 答：对比如下的实现代码，可知 Hibernate 的高效。

(1) 在项目 MemMana4 里，控制器 HomeAction 里 execute()的主要代码如下：

```
public String execute() throws Exception {
        List<News> newsList= new ArrayList<News>();   //创建对象
        ResultSet rs = MyDb.getMyDb().query("select * from news");
        while (rs.next()) {
              News ns = new News();
              ns.setContentPage(rs.getString("contentPage"));
              ns.setContentTitle(rs.getString("contentTitle"));
              newsList.add(ns);
        }
        rs.close();
        ActionContext.getContext().put("newsList", newsList); //转发
        return SUCCESS;
}
```

(2) 在项目 MemMana4_h 里，控制器 HomeAction 里 execute()的主要代码如下：

```
public String execute() throws Exception {
        List<News> newsList=MyDb.queryAll("from News);
        ActionContext.getContext().put("newsList", newsList); //转发
        return SUCCESS;
}
```

习 题 6

一、判断题(正确用“T”表示，错误用“F”表示)

1～5：FTTTT

二、选择题

1～4：CABD

三、填空题

1. applicationContext.xml   2. value   3. ref   4. @Autowired

四、填空题

1.答：因为 Struts 动作控制器会为每个用户都持有一份对象，因此，除了配置 Struts 动作控制器对象为多例外，其他都是单例。

2. 答：单独使用 Struts 时，Struts 配置文件里标签<action>的 class 属性值是一个类，而整合时是一个注入的对象。单独使用 Struts 时，由 Strutstruts 内部容器创建对象，而整合之

后Struts的内部创建对象的动作全部交给Spring类统一创建和管理，Struts只需要引用Spring创建好的对象即可。

习　题　7

一、判断题(正确用“T”表示，错误用“F”表示)

1～5：FFTTT

二、选择题

1～5：DBBDC

三、填空题

1. Controller　2. ModelAndView　3. Model　4. ModelAndView　5. @Resource

习　题　8

一、判断题(正确用“T”表示，错误用“F”表示)

1～5：TTTFT

二、选择题

1～5：DCABC

三、填空题

1. Serializable　2. Properties　3.Bean　4. mysql-ds.xml　5. JTA

习　题　9

一、判断题(正确用“T”表示，错误用“F”表示)

1～5：TFFFT

二、选择题

1～5：BACDC

三、填空题

1. pom.xml　2. 3　3. version　4. webapp　5. clean

参 考 文 献

[1] 吴志祥. 网页设计理论与实践[M]. 北京：科学出版社，2011.

[2] 吴志祥，李光敏，郑军红. 高级 Web 程序设计——ASP.NET 网站开发[M]. 北京：科学出版社，2013.

[3] 吴志祥，王新颖，曹大有. 高级 Web 程序设计——JSP 网站开发[M]. 北京：科学出版社，2013.

[4] 吴志祥，王小峰，周彩兰，等. PHP 动态网页设计与网站架设[M]. 武汉：华中科技大学出版社，2015.

[5] 李刚. 轻量级 Java EE 企业应用实战[M]. 3 版. 北京：电子工业出版社，2011.